超人气 PPT 模版设计素材展示

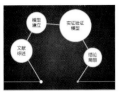  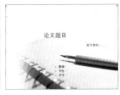  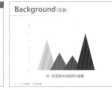

  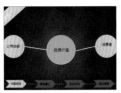  

 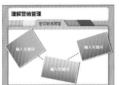  

 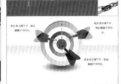   

    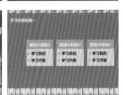

毕业答辩类模板

教育培训类模板

U0230635

商务类模板

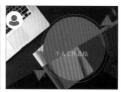

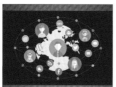

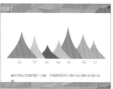

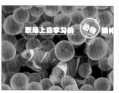

生活类模板

龙马高新教育

◎编著

新手学

五笔打字+Word办公

从入门到精通

北京大学出版社
PEKING UNIVERSITY PRESS

内 容 提 要

本书通过精选案例引导读者深入学习，系统地介绍了学五笔打字和用 Word 办公的相关知识与应用方法。

全书分为 4 篇，共 20 章。第 1 篇"五笔打字篇"主要介绍五笔打字前的准备工作、五笔字型基础知识及字根分布、五笔字型的拆分与输入、简码与词组及提高五笔打字速度技巧等；第 2 篇"Word 办公应用篇"主要介绍 Word 2016 的安装与基本操作、字符和段落格式的基本操作、表格的编辑与处理、使用图表、图文混排、文档页面的设置及长文档的排版技巧等；第 3 篇"职场实战篇"主要介绍 Word 在行政文秘中的应用、在人力资源中的应用及在市场营销中的应用等；第 4 篇"高手秘籍篇"主要介绍 Word 文档的打印与共享、文档自动化处理、Word 与其他 Office 组件协作及 Office 的跨平台应用——移动办公等。

在本书附赠的 DVD 多媒体教学光盘中，包含了 11 小时与图书内容同步的教学录像及所有案例的配套素材和结果文件。此外，还赠送了大量相关学习内容的教学录像及扩展学习电子书等。为了满足读者在手机和平板电脑上学习的需要，光盘中还赠送龙马高新教育手机 APP 软件，读者安装后可观看手机版视频学习文件。

本书不仅适合电脑初级、中级用户学习，也可以作为各类院校相关专业学生和电脑培训班学员的教材或辅导用书。

图书在版编目（CIP）数据

新手学五笔打字+Word 办公从入门到精通 / 龙马高新教育编著. — 北京：北京大学出版社，2017.1

ISBN 978-7-301-27889-5

Ⅰ.①新… Ⅱ.①龙… Ⅲ.①五笔字型输入法—基本知识②文字处理系统—基本知识 Ⅳ.①TP391.1

中国版本图书馆 CIP 数据核字 (2016) 第 306141 号

书　　　名	新手学五笔打字+Word 办公从入门到精通
	XINSHOU XUE WUBI DAZI+Word BANGONG CONG RUMEN DAO JINGTONG
著作责任者	龙马高新教育 编著
责 任 编 辑	尹毅
标 准 书 号	ISBN 978-7-301-27889-5
出 版 发 行	北京大学出版社
地　　　址	北京市海淀区成府路 205 号　100871
网　　　址	http://www.pup.cn　　　新浪微博：@ 北京大学出版社
电 子 信 箱	pup7@ pup.cn
电　　　话	邮购部 62752015　发行部 62750672　编辑部 62580653
印 刷 者	三河市博文印刷有限公司
经 销 者	新华书店
	787 毫米×1092 毫米　16 开本　彩插 1　24 印张　565 千字
	2017 年 1 月第 1 版　2017 年 1 月第 1 次印刷
印　　　数	1-3000 册
定　　　价	59.00 元

新手学五笔打字 +Word 办公很神秘吗？

不神秘！

新手学五笔打字 +Word 办公难吗？

不难！

阅读本书能掌握五笔打字 +Word 办公的使用方法吗？

能！

为什么要阅读本书

Word 是现代公司日常办公中不可或缺的工具，被广泛地应用于财务、行政、人事、统计和金融等众多领域。本书从实用的角度出发，结合实际应用案例，模拟真实的办公环境，介绍新手学五笔打字 +Word 办公的使用方法和技巧，旨在帮助读者全面、系统地掌握新手学五笔打字 +Word 在办公中的应用。

本书内容导读

本书共分为 4 篇，共设计了 20 章，内容如下。

第 0 章 共 4 段教学录像，主要介绍了五笔打字和 Word 办公最佳学习方法，使读者在阅读本书前对五笔打字和 Word 有初步了解。

第 1 篇（第 1～5 章）为五笔打字篇，共 29 段教学录像。主要介绍五笔打字前的准备工作、五笔字型基础知识及字根分布、五笔字型的拆分与输入、简码与词组及提高五笔打字速度技巧。通过对本篇的学习，读者可以快速地知道五笔打字的应用。

第 2 篇（第 6～12 章）为 Word 办公应用篇，共 55 段教学录像。主要介绍 Word 办公的各种操作。通过对本篇的学习，读者可以掌握 Word 2016 的安装与基本操作、字符和段落格式的基本操作、表格的编辑与处理、使用图表和图文混排等操作。

第 3 篇（第 13～15 章）为职场实战篇，共 9 段教学录像。主要介绍 Word 在行政文秘中的应用、在人力资源中的应用及在市场营销中的应用等内容。

第 4 篇（第 16～19 章）为高手秘籍篇，共 24 段教学录像。主要介绍 Word 文档的打印与共享、文档自动化处理、Word 与其他 Office 组件协作及 Office 的跨平台应用——移动办公等。

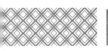

📕 选择本书的 N 个理由

❶ 简单易学，案例为主

以案例为主线，贯穿知识点，实操性强，与读者需求紧密吻合，模拟真实的工作学习环境，帮助读者解决在工作中遇到的问题。

❷ 高手支招，高效实用

每章最后提供有一定质量的实用技巧，满足读者的阅读需求，也能解决在工作学习中一些常见的问题。

❸ 举一反三，巩固提高

每章案例讲述完后，提供一个与本章知识点或类型相似的综合案例，帮助读者巩固和提高所学内容。

❹ 海量资源，实用至上

光盘中，赠送大量实用的模板、实用技巧及学习辅助资料等，便于读者结合光盘资料学习。另外，本书附赠《手机办公 10 招就够》手册，在强化读者学习的同时也可以为读者在工作中提供便利。

☢ 超值光盘

❶ 11 小时名师视频指导

教学录像涵盖本书所有知识点，详细讲解每个实例及实战案例的操作过程和关键点。读者可更轻松地学会用五笔打字和掌握 Word 2016 的使用方法与技巧，而且扩展性讲解部分可使读者获得更多的知识。

❷ 超多、超值资源大奉送

随书奉送常用汉字五笔编码查询手册、通过互联网获取学习资源和解题方法、办公类手机 APP 索引、办公类网络资源索引、Office 十大实战应用技巧、200 个 Office 常用技巧汇总、1000 个 Office 常用模板、Excel 函数查询手册、Office 2016 软件安装指导录像、Windows 10 安装指导录像、Windows 10 教学录像、《微信高手技巧随身查》手册、《QQ 高手技巧随身查》手册及《高效能人士效率倍增手册》等超值资源，以方便读者扩展学习。

❸ 手机 APP，让学习更有趣

光盘附赠了龙马高新教育手机 APP，用户可以直接安装到手机中，随时随地问同学、问专家，尽享海量资源。同时，我们也会不定期向您手机中推送学习中常见难点、使用技巧、行业应用等精彩内容，让您的学习更加简单有效。扫描下方二维码，可以直接下载手机 APP。

💿 光盘运行方法

1．将光盘印有文字的一面朝上放入光驱中，几秒钟后光盘就会自动运行。

2．若光盘没有自动运行，可在【计算机】窗口中双击光盘盘符，或者双击"MyBook.exe"光盘图标，光盘就会运行。播放片头动画后便可进入光盘的主界面，如下图所示。

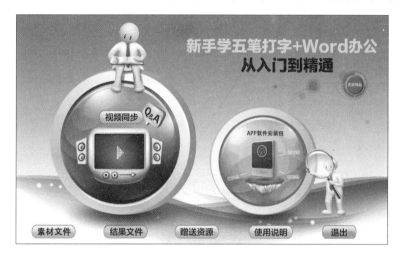

3．单击【视频同步】按钮，可进入多媒体教学录像界面。在左侧的章节按钮上单击鼠标左键，在弹出的快捷菜单上单击要播放的小节，即可开始播放相应小节的教学录像。

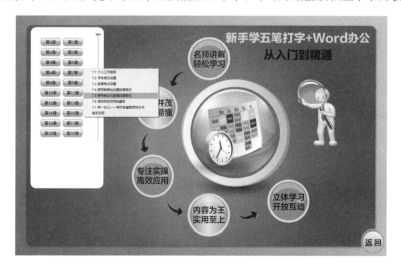

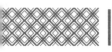
4. 另外，主界面上还包括 APP 软件安装包、素材文件、结果文件、赠送资源、使用说明和支持网站 6 个功能按钮，单击可打开相应的文件或文件夹。

5. 单击【退出】按钮，即可退出光盘系统。

本书读者对象

1. 没有任何办公软件应用基础的初学者。

2. 有一定办公软件应用基础，想精通五笔打字 +Word 办公的人员。

3. 有一定办公软件应用基础，没有实战经验的人员。

4. 大专院校及培训学校的老师和学生。

后续服务：QQ 群（218192911）答疑

为了更好地服务读者，我们专门设置了 QQ 群"办公之家"为读者答疑解惑，读者在阅读和学习本书过程中可以把遇到的疑难问题整理出来，在群里探讨学习。另外，群文件中还会不定期上传一些办公小技巧，帮助读者更方便、快捷地操作办公软件。"办公之家"的群号是 218192911，读者也可直接扫描下方二维码加入本群。欢迎加入"办公之家"！

创作者说

本书由龙马高新教育策划，左琨任主编，李震、赵源源任副主编，为您精心呈现。您读完本书后，会惊奇地发现"我已经是 Word 办公达人了"，这也是让编者最欣慰的结果。

本书编写过程中，我们竭尽所能地为您呈现最好、最全的实用功能，但仍难免有疏漏和不妥之处，敬请广大读者不吝指正。若您在学习过程中产生疑问，或有任何建议，可以通过 E-mail 与我们联系。

读者信箱：2751801073@qq.com

投稿邮箱：pup7@pup.cn

目录
Contents

第 0 章　五笔打字和 Word 办公最佳学习方法

第 1 篇　五笔打字篇

第 1 章　五笔打字前的准备工作

本章 6 段教学录像

　　在学习五笔打字前，要先了解五笔输入法以及其他的输入法，再了解电脑键盘的结构和操作键盘的方法，这样在开始五笔打字时才不会显得手忙脚乱。

高手支招

第 2 章　五笔字型基础知识及字根分布

本章 5 段教学录像

　　字根是五笔打字的基础，本章介绍了五笔字根的基础、字根的区位分布等知识，还介绍了记忆五笔字根的方法。通过本章的学习，读者可以快速牢记字根，为深入学习五笔打字奠定基础。

第 3 章　五笔字型的拆分与输入

📽 本章 9 段教学录像

通过前面的学习，读者已经掌握了打字指法和字根的分布，除此之外，在使用五笔输入法时，还要掌握汉字的结构划分、拆分汉字的原则和输入汉字等内容，这样才能正确地输入汉字。

第 4 章　简码与词组

📽 本章 4 段教学录像

每个汉字的编码最多有 4 码，如果每码都输入太浪费时间了，所以为了提高五笔输入法输入汉字的速度，五笔输入法制订了一级、二级和三级简码输入以及词组输入。本章就来介绍一下输入简码与词组。

第 5 章　提高五笔打字速度技巧

📽 本章 5 段教学录像

在五笔输入法中，掌握了字根及输入方法，能快速地输入汉字，但还有些其他的小技巧，可以使你的打字速度更快。

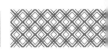
高手支招

第 2 篇　Word 办公应用篇

第 6 章　Word 2016 的安装与基本操作

■ 本章 8 段教学录像

　　Word 2016 是 Office 2016 办公系列软件的一个重要组成部分，主要用于文档处理。本章将为读者介绍 Word 2016 的安装与卸载、启动与退出以及文档的基本操作等。

高手支招

第 7 章　字符和段落格式的基本操作

■ 本章 8 段教学录像

　　使用 Word 可以方便地记录文本内容，并能够根据需要设置文字的样式，从而制作总结报告、租赁协议、请假条、邀请函、思想汇报等各类说明性文档。本章主要介绍输入文本，编辑文本，设置字体格式、段落格式，设置背景及审阅文档等内容。

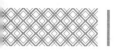

第 8 章 表格的编辑与处理

本章 9 段教学录像

在 Word 中可以插入简单的表格,不仅可以丰富表格的内容,还可以更准确地展示数据。在 Word 中可以通过插入表格、设置表格格式等完成表格的制作。本章就以制作产品销售业绩表为例介绍表格的编辑与处理。

第 9 章 使用图表

本章 6 段教学录像

如果能根据数据表格绘制一幅统计图,会使数据的展示更加直观,分析也更为方便。本章就以制作公司销售报告为例介绍在 Word 2016 中使用图表的操作。

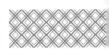

高手支招

第 10 章　图文混排

本章 7 段教学录像

一篇图文并茂的文档，不仅看起来生动形象、充满活力，还可以使文档更加美观。在 Word 中可以通过插入艺术字、图片、组织结构图以及自选图形等展示文本或数据内容。本章就以制作企业宣传单为例介绍在 Word 文档中图文混排的操作。

高手支招

第 11 章　文档页面的设置

本章 8 段教学录像

在办公与学习中，经常会遇到一些错乱文档，通过设置页面、页面背景、页眉和页脚，分页和分节及插入封面等操作，可以对这些文档进行美化。本章就以制作企业文化管理手册为例，介绍一下文档页面的设置。

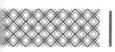
第 12 章　长文档的排版技巧

📽 本章 9 段教学录像

　　在办公与学习中，经常会遇到包含大量文字的长文档，如毕业论文、个人合同、公司合同、企业管理制度、公司培训资料、产品说明书等，使用 Word 提供的创建和更改样式、插入页眉和页脚、插入页码、创建目录等操作，可以轻松地对这些长文档进行排版。

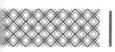
第 3 篇　职场实战篇

第 13 章　在行政文秘中的应用

📽 本章 3 段教学录像

　　行政文秘涉及相关制度的制定和执行、日常办公事务管理、办公物品管理、文书资料管理、会议管理等，其中经常需要使用 Office 办公软件。本章主要介绍 Word 2016 在行政办公中的应用，包括制作排版公司奖惩制度文件、公文红头文件、费用报销单等。

第 14 章　在人力资源中的应用

📽 本章 3 段教学录像

　　人力资源管理是一项系统又复杂的组织工作，使用 Word 2016 系列组件可以帮助人力资源管理者轻松、快速地

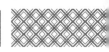

完成各种文档的制作。本章主要介绍员工入职登记表、培训流程图、公司聘用协议文档的制作方法。

第 15 章　在市场营销中的应用

　　本章 3 段教学录像

本章主要介绍 Word 2016 在市场营销中的应用，主要包括使用 Word 制作产品使用说明书、市场调研分析报告等。通过本章的学习，读者可以掌握 Word 2016 在市场营销中的应用。

第 4 篇　高手秘籍篇

第 16 章　Word 文档的打印与共享

　　本章 9 段教学录像

具备办公管理所需的知识与经验，能够熟练操作常用的办公器材，是十分必要的。打印机是自动化办公中不可缺少的组成部分，是重要的输出设备之一。本章主要介绍连接并设置打印机、打印 Word 文档、打印 Excel 表格、打印 PowerPoint 演示文稿的方法。

　　高手支招

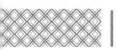

第 0 章

五笔打字和 Word 办公最佳学习方法

本章导读

　　熟练使用五笔打字可以提高打字的速度，减少错误率。Word 2016主要用于文档处理，如文本编辑、文档的美化及排版等。两者结合可以提高处理文档的效率。本章主要介绍五笔打字及 Word 办公的最佳学习方法。

思维导图

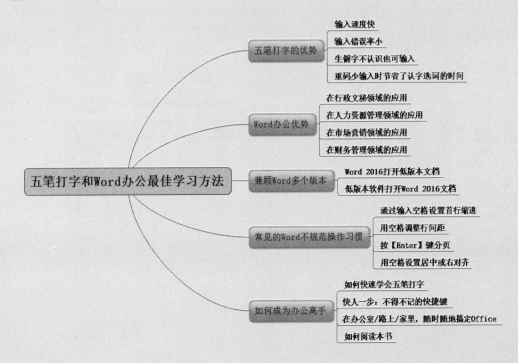

0.1 五笔打字的优势

五笔打字是一种汉字输入法，必须记住字根，才能够提升打字的熟练程度。五笔打字相比拼音打字具有低重码率的特点，熟练后可快速输入汉字。五笔打字的优势如下。

（1）输入速度快。

（2）输入错误率小。

（3）生僻字不认识也可输入。

（4）重码少输入时节省了认字选词的时间。

0.2 Word 办公优势

Word 2016 主要用于实现文档的编辑、排版和审阅，可以应用到各个领域，如人力资源管理、行政文秘管理、市场营销和财务管理等。

（1）在行政文秘领域的应用。

在行政文秘管理领域需要制作出各类严谨的文档，Word 2016 提供有批注、审阅以及错误检查等功能，可以方便地核查制作的文档。使用 Word 2016 可制作委托书、合同、公司各类制度等，下图所示为使用 Word 2016 制作的公司奖惩制度文档。

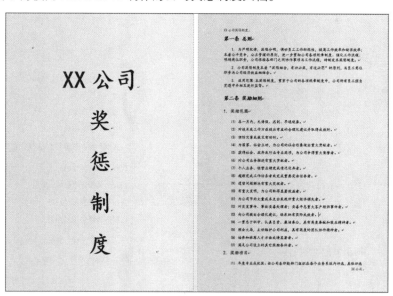

（2）在人力资源管理领域的应用。

人力资源管理是一项系统又复杂的组织工作，使用 Word 2016 组件可以帮助人力资源管理者轻松、快速地完成各种文档。如可以制作各类规章制度、招聘启示、工作报告、培训资料等，下图所示为使用 Word 2016 制作的公司培训资料文档。

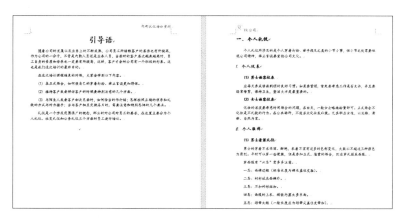

（3）在市场营销领域的应用。

在市场营销领域，可以使用 Word 2016 制作项目评估报告、企业营销计划书、市场调查报告、市场分析及策划方案等，下图所示为使用 Word 2016 制作的产品使用说明书文档。

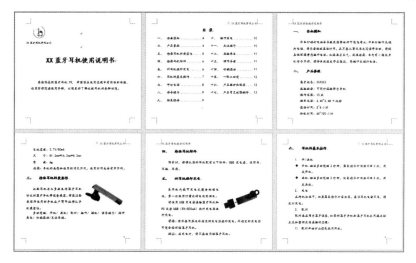

（4）在财务管理领域的应用。

财务管理是一项涉及面广，综合性和制约性都很强的系统工程，通过价值形态对资金运动进行决策、计划和控制的综合性管理，是企业管理的核心内容。在财务管理领域，可以使用 Word 2016 制作询价单、公司财务分析报告等。下图所示为使用 Word 2016 制作的报价单文档。

0.3 万变不离其宗：兼顾 Word 多个版本

Office 的版本由 2003 版更新到 2016 版，高版本的软件可以直接打开低版本软件创建的文件。如果要使用低版本软件打开高版本软件创建的文档，可以先将高版本软件创建的文档另存为低版本类型，再使用低版本软件打开进行文档编辑。

1. Word 2016 打开低版本文档

使用 Word 2016 可以直接打开 2003、2007、2010、2013 格式的文件。将 2003 格式的文件在 Word 2016 文档中打开时，标题栏中会显示出【兼容模式】字样。

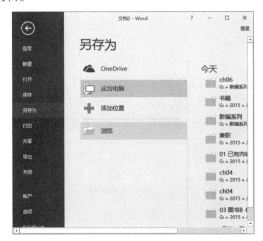

第2步 弹出【另存为】对话框，在【保存类型】下拉列表中选择【Word 97-2003 文档】选项，单击【保存】按钮即可将其转换为低版本。之后，即可使用 Word 2003 打开。

2. 低版本软件打开 Word 2016 文档

使用低版本 Word 软件也可以打开 Word 2016 创建的文件，只需要将其类型更改为低版本类型即可。具体操作步骤如下。

第1步 使用 Word 2016 创建一个 Word 文档，单击【文件】选项卡，在【文件】选项卡下的左侧选择【另存为】选项，在右侧【这台电脑】选项下单击【浏览】按钮。

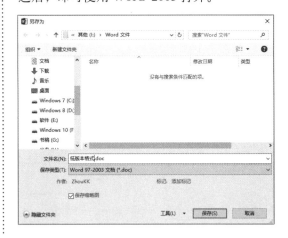

0.4 常见的 Word 不规范操作习惯

在使用 Word 办公时，一些不规范的操作，不仅影响文档制作的时间，降低办公效率，制作的文档看起来还不美观，再次编辑时也不容易修改。下面就简单介绍一些 Word 中常见的不规范操作习惯。

（1）通过输入空格设置首行缩进。

中文文本默认情况下需要段落首行缩进2字符，经常会有初学者通过在段落前输入4个空格的方法设置首行缩进。不仅不规范，还容易造成错误。单击【开始】→【段落】→【段落设置】按钮，在打开的【段落】对话框中设置【特殊格式】为"首行缩进"，设置【缩进值】为"2字符"。

（2）用空格调整行间距。

调整行间距或段间距时，可以使用【段落】对话框【缩进和间距】选项卡下的【间距】组来设置行间距或段间距。

（3）按【Enter】键分页。

使用【Enter】键添加换行符可以达到分页的目的，但如果在分页前的文本中删除或添加文字，添加的换行符就不能起到正确分页的作用，可以单击【插入】选项卡下【页面】组中的【分页】按钮或单击【布局】选项卡下【页面设置】组中的【分隔符】按钮，在下拉列表中添加分页符，也可以直接按【Ctrl+Enter】组合键分页。

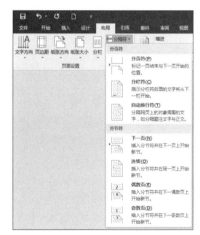

（4）用空格设置居中或右对齐。

设置文本居中或右对齐时，常使用空格键对齐文本，不仅效率低，还不容易对齐文本。可以先选择要设置居中或右对齐的段落，单击【开始】→【段落】→【居中】（【右对齐】）按钮设置文本居中或右对齐。

0.5 如何成为办公高手

（1）如何快速学会五笔打字。

① 要学习五笔打字，就尽量不要用拼音打字。如果已能熟练使用拼音打字，用五笔打字时很有可能会不自觉地以拼音的方式来按键，影响五笔的打字速度。

② 要经常使用练习，如果很长时间不用，容易忘记。

③ 想学好五笔打字，首先要会盲打，要努力记住每个字母在键盘上分布的位置和正确的按键指法。

④ 学五笔一定要有足够丰富的想象力，有些东西需要去联想，做到活学活用。

（2）快人一步：不得不记的快捷键。

掌握 Word 2016 中常用的快捷键可以提高文档编辑速度。

说　明	按　键
创建新文档	Ctrl+N
打开文档	Ctrl+O
关闭文档	Ctrl+W
保存文档	Ctrl+S
复制文本	Ctrl+C
粘贴文本	Ctrl+V
剪切文本	Ctrl+X
复制格式	Ctrl+Shift+C
粘贴格式	Ctrl+Shift+V
撤销上一个操作	Ctrl+Z
恢复上一个操作	Ctrl+Y
增大字号	Ctrl+Shift+>
减小字号	Ctrl+Shift+<
逐磅增大字号	Ctrl+]
逐磅减小字号	Ctrl+[
打开"字体"对话框更改字符格式	Ctrl+D
应用加粗格式	Ctrl+B
应用下划线	Ctrl+U
应用倾斜格式	Ctrl+I
向左或向右移动一个字符	向左键或向右键
向左移动一个字词	Ctrl+ 向左键
向右移动一个字词	Ctrl+ 向右键
向左选取或取消选取一个字符	Shift+ 向左键
向右选取或取消选取一个字符	Shift+ 向右键
向左选取或取消选取一个单词	Ctrl+Shift+ 向左键
向右选取或取消选取一个单词	Ctrl+Shift+ 向右键

续表

说 明	按 键
选择从插入点到条目开头之间的内容	Shift+Home
选择从插入点到条目结尾之间的内容	Shift+End
显示【打开】对话框	Ctrl+F12 或 Ctrl+O
显示【另存为】对话框	F12
取消操作	Esc

（3）在办公室 / 路上 / 家里，随时随地搞定 Office。

移动信息产品的快速发展，移动通信网络的普及，只需要一部智能手机或者平板电脑就可以随时随地进行办公，使得工作更简单、更方便。使用 OneDrive 可实现在电脑和手持设备之间随时传送。

① 在电脑上使用 OneDrive。

第1步 在【此电脑】窗口中选择【OneDrive】选项，或者在任务栏的【OneDrive】图标上单击鼠标右键，在弹出的快捷菜单中选择【打开你的 OneDrive 文件夹】选项，都可以打开【OneDrive】窗口。

第2步 选择要上传的文档"工作报告 .docx"文件，将其复制并粘贴至【文档】文件夹或者直接拖曳文件至【文档】文件夹中。

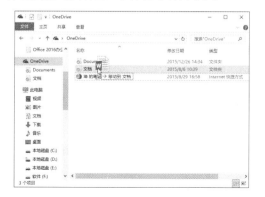

第3步 在【文档】文件夹图标上即显示刷新图标，表明文档正在同步。

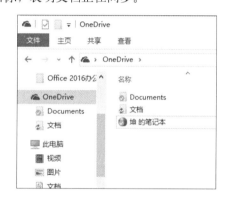

第4步 在任务栏单击【上载中心】图标，在打开的【上载中心】窗口中即可看到上传的文件。

第5步 上载成功后，文件表会显示同步成功的标志，效果如下图所示。

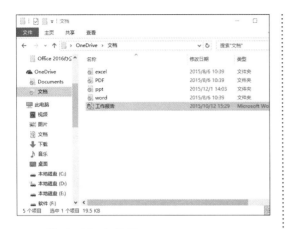

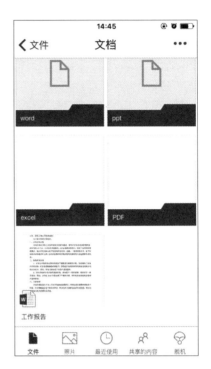

② 在手机上使用 OneDrive。

OneDrive 不仅可以在 Windows Phone 手机中使用，还可以在 iPhone、Android 手机中使用。下面以在 IOS 系统设备中使用 OneDrive 为例介绍在手机设备上使用 OneDrive 的具体操作步骤。

第1步 在手机中下载并登录 OneDrive，即可进入 OneDrive 界面，选择要查看的文件。这里选择【文档】文件夹。

第3步 长按"工作报告"图标，即可选中文件并调出可对文件进行的操作命令。

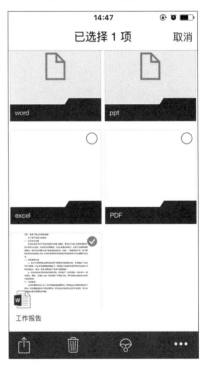

第2步 打开【文档】文件夹，查看文件夹内的文件，上传的工作报告文件也在文件夹内。

③ 在手机中打开 OneDrive 中的文档。下面就以在手机上通过 Microsoft Word

打开 OneDrive 中保存的文件并进行编辑保存的操作为例介绍随时随地办公的操作。

第1步 下载并安装 Microsoft Word 软件，并在手机中使用同一账号登录后，即可显示 OneDrive 中的文件。

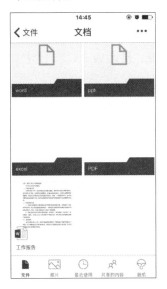

第2步 单击"工作报告 .docx"文档，即可将该文件下载至手机。

第3步 下载完成后会自动打开该文档，效果如下图所示。

第4步 对文件中字体进行简单的编辑，并插入工作表，效果如下图所示。

第5步 编辑完成后，单击左上角的【返回】按钮，即可自动将文档保存至 OneDrive。

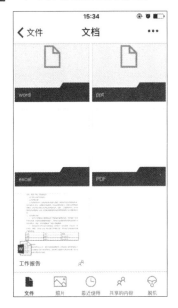

（4）如何阅读本书。

本书以学习五笔打字和 Word 办公的最佳结构来分配章节，第 0 章可以使读者了解五笔打字的优势以及如何学习 Word。第 1 篇可使读者掌握五笔打字的知识，包括准备工作、五笔字型基础知识及字根分布、五笔字型的拆分与输入、简码与词组以及提高五笔打字速度技巧等。第 2 篇帮助读者掌握 Word 2016 的基本操作，包括 Word 2016 的安装与基本操作、字符和段落格式的基本操作、表格的编辑与处理、使用图表、图文混排、文档页面的设置、长文档的排版技巧等。第 3 篇主要介绍职场实战，包括 Word 在行政文秘中的应用、在人力资源中的应用及在市场营销中的应用等操作。第 4 篇可使读者掌握高效办公秘籍，包括 Word 文档的打印与共享、文档自动化处理、Word 与其他 Office 组件的协作以及移动办公等。

五笔打字篇

第1篇

本篇主要介绍五笔打字的各种操作。通过本篇的学习，读者可以掌握五笔打字前的准备工作、五笔字型基础知识及字根分布、五笔字型的拆分与输入、简码与词组及提高五笔打字速度技巧等实用操作技巧。

第1章

五笔打字前的准备工作

📖 本章导读

在学习五笔打字前，要先了解五笔输入法以及其他的输入法，再了解电脑键盘的结构和操作键盘的方法，这样在开始五笔打字时才不会显得手忙脚乱。

◉ 思维导图

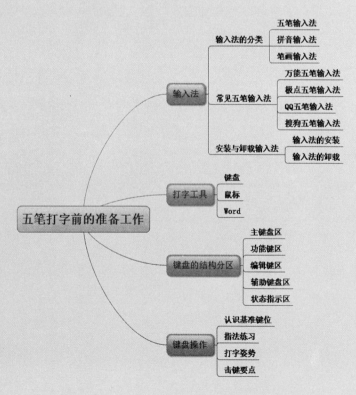

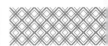
 输入法

输入法是指为了将各种符号输入计算机或其他设备（如手机）而采用的编码方法。汉字输入的编码方法，基本上都是采用将音、形、义与特定的键相联系，再根据不同汉字进行组合来完成汉字的输入的。

1.1.1 输入法的分类

1. 五笔输入法

五笔字型输入法（简称五笔）是王永民教授在 1983 年 8 月发明的一种汉字输入法。五笔是完全依据笔画和字形特征对汉字进行编码的典型的形码输入法。五笔是目前常用的汉字输入法之一。五笔相对于拼音输入法具有重码率低的特点，熟练后可快速输入汉字。五笔字型自 1983 年诞生以来，先后推出三个版本：86 五笔、98 五笔和新世纪五笔。

五笔输入法具有以下优势。

（1）打字如写字——打出一个字的过程与手写极为相似，提高了打字速度。

（2）汉字拼积木——如果把字根比作"汉字积木"，用五笔打字就成了类似儿童拼积木一样的游戏。如"美"，是"丷 + 王 + 大"，而不是"丷 + 四横 + 人"；"尴"的半包围部分是尢，而并非"九"。使用五笔打字相当于请了一位免费的语文老师。

（3）与拼音类输入法相比——五笔打字法速度快，还可以彻底解放写作者的思维与眼球。

（4）与语音类输入法相比——五笔打字的应用范围更广，不会受到场合、时间、方言和多音字等因素的影响。

（5）与录音（或摄像）相比——用五笔打出的文字，可以直接阅读、编辑或打印，甚至电脑可以朗读。

（6）与手写类输入法相比——五笔只打

单字就比手写速度快，准确率高，也更节省眼力。手写输入等于又回到了没有电脑的时代——以手写字的原点。手写输入法只解决了电脑手写输入汉字的"能"与"不能"的问题，并没有考虑效率问题。

（7）与笔画类输入法相比——五笔以"字块"组字，显然比用单个的笔画组字更加直观，也更有效率。例如，我们可以轻易地说出"明"字是由"日"和"月"两个字根组成的，但却无法一口说出它有多少笔画。

2. 拼音输入法

拼音输入法是按照拼音规定来输入汉字的，不需要特殊记忆，符合人的思维习惯，只要会拼音就可以输入汉字。目前主流拼音是立足于义务教育的拼音知识、汉字知识和普通话水平之上，所以对使用者普通话和识字及拼音水平的提高有促进作用。拼音输入法是目前常用的输入法之一。

（1）全拼输入：在输入时，需要输入字的全拼中的所有字母，如"五笔"的全拼"wubi"。

（2）首字母输入法（又叫简拼输入）：只需输入汉字全拼中的第一个字母，如"wb"。

（3）双拼输入（也称双打）：是指建立在全拼输入基础上的一种改进输入，通过将汉语拼音中每个含多个字母的声母或韵母各自映射到某个按键上，使得每个音都可以用最多两次按键打出。目前流行的拼音输入法都支持双拼输入，不过现在拼音输入以词组输入甚至短句输入为主，双拼的效率低于全拼和简拼综合在一起的混拼输入，从而边缘化了。双拼多用于低配置的且按键不太完备的手机、电子字典等。

3. 笔画输入法

笔画输入法（俗称"百虎输入法"）是现今最简单易学的一种汉字输入法。由于电脑键盘上没有"横竖撇捺折"5个笔画的键，所以使用"12345"5个数字进行对应笔画输入，故叫"12345数字打字输入法"。

笔画输入法的开发初衷是专门为那些不懂汉语拼音而又希望在最短时间内学会一种汉字输入法，以进入电脑实用阶段的人量身定做的，也是现今最简单的一种学打字的输入法。

笔画输入法使用的基本笔画的数量不确定，最常用的基本笔画是五个基本笔画"横和提、竖、撇、捺和点、折"。这种笔画输入法以5个键分别代表汉字的5个基本笔画，成为一种真正使用简单、易学、易记的五笔画输入法。用户不需记忆烦琐的字根和编码，只要会写字就会打字。

笔画输入法的5个基本笔画分类如下。

（1）从左到右（一）横（包括"提"）；

（2）从上到下（丨）竖；

（3）从右上到左下（丿）撇；

（4）从左上到右下（、）点（包括"捺"）；

（5）所有带转折弯钩的笔画（乙）折。

1.1.2 常见五笔输入法

1. 万能五笔输入法

万能输入法的万能系列产品，有"万能快笔""万能五笔""万能英译中""万能拼音""万能笔画"等。"万能五笔输入法"是集国内流行的五笔字型及拼音、英语、笔画、拼音+笔画等多种输入法为一体的多元输入法。全部输入法只在一个输入法窗口里，不需要切换。如果输入五笔时，找不到要输入的字，可以用拼音或英语单词输入想要输入的任意字词。

万能五笔具有以下优点。

（1）全部输入都是智能化，不用切来换去。

（2）万能五笔打字不用切换，想怎么打就怎么打，可用五笔、拼音、笔画连着打。

（3）万能五笔有不同的窗口类型，可选择所喜欢的窗口。

（4）万能五笔可以换肤，可选择所喜欢的肤色，还可以设置自己的靓照和帅照在输入法窗口上。

（5）有强大的词组联想以及反查功能。

2. 极点五笔输入法

极点五笔输入法，全称为"极点中文汉字输入平台"，作者杜志民。极点五笔是一款完全免费的，以五笔输入为主，拼音输入为辅的中文输入软件。它同时支持86版和98版两种五笔编码，全面支持GBK，避免了以往传统五笔对于镕/堃/喆/玥/冇/啰等汉字无法录入的尴尬。

（1）屏幕取词：随选随造，可以包含任意标点与字符。

（2）屏幕查询：在屏幕上选词后复制到剪切板再按它就行了。

（3）在线删词：有重码时可以使用此快捷键删除不需要的词组。

（4）在线调频：当要调整重码的顺序时按此键，同时也可选用自动调频。

（5）删除刚刚录入的词组：如果想从系统词库中删除刚刚录入的词组，按此键即可。

（6）自动智能造词：首次以单字录入，第 2 次后即可以词组形式录入。

3. QQ 五笔输入法

QQ 五笔输入法（以下简称 QQ 五笔）是腾讯公司继 QQ 拼音输入法之后，推出的一款界面清爽，功能强大的五笔输入法软件。QQ 五笔吸取了 QQ 拼音的优点和经验，结合五笔输入的特点，专注于易用性、稳定性和兼容性，实现各输入风格的平滑切换，同时引入分类词库、网络同步、皮肤等个性化功能，让五笔用户在输入中不但感觉更流畅、打字效率更高，界面也更漂亮、更容易享受书写的乐趣。

（1）词库开放：提供词库管理工具，用户可以方便地替换系统词库。

（2）输入速度快：输入速度快，占用资源小，让五笔输入更顺畅。

（3）兼容性高，更加稳定：专业的兼容性测试，让 QQ 五笔表现更加稳定。

（4）大量精美皮肤：提供多套精美皮肤，让书写更加享受。

（5）五笔拼音混合输入：使输入更方便、更快捷。

4. 搜狗五笔输入法

搜狗五笔输入法是搜狗旗下产品搜狗输入法的一种，采用 86 版五笔编码。搜狗五笔输入法与传统输入法不同，它不仅支持随身词库，还有五笔＋拼音、纯五笔、纯拼音等多种模式可选；拥有兼容多种输入习惯、界面美观、搜狗手写等特点，使得输入适合更多用户人群。

（1）多种输入模式向用户提供便捷输入途径：五笔拼音混合输入、纯五笔、纯拼音多种输入模式供用户选择，尤其在混输模式下，用户再也不用切换到拼音输入法下去输入一暂时用五笔打不出的字词了，并且所有五笔字词均有编码提示，是增强五笔能力的有力助手。

（2）词库随身：包括自造词在内的便捷的同步功能，对用户配置、自造词甚至皮肤，都能上传下载。

（3）人性化设置：兼容多种输入习惯：即便是在某一输入模式下，也可以对多种输入习惯进行配置，如四码唯一上屏、四码截止输入、固定词频与否等，可以随心所欲地让输入法随你而变。

（4）界面美观：兼容所有搜狗拼音可用的皮肤。

（5）搜狗手写：在搜狗的菜单选中拓展功能 - 手写输入安装，手写还可以关联 QQ，适合不会打字的人使用。

1.1.3 安装与卸载输入法

电脑自身就带有输入法，但不见得符合用户的需求，在这时我们就要对一些输入法进行安装和卸载。在安装之前，要先下载需要的输入法。

1. 输入法的安装

下面以万能五笔输入法为例，来学习一下输入法的安装步骤。

第 1 步 双击下载的安装文件，即可启动万能五笔输入法的安装向导。单击【一键安装】按钮。

第 2 步 选择适合自己的常用设置后，单击【下一步】按钮。

第 3 步 根据自己的习惯来设定后，单击【下一步】按钮。

第 4 步 选择喜欢的皮肤后，单击【下一步】按钮。

第 5 步 安装完成，如果想使用可以单击【立即体验】按钮。

2. 输入法的卸载

第1步 选择【开始】，单击【控制面板】命令，在打开的【所有控制面板项】窗口，选择【程序和功能】选项。

第2步 在出现的【程序和功能】对话框，选择要卸载的输入法，单击鼠标右键会出现【卸载／更改】按钮，单击【卸载／更改】按钮即可。

第3步 在出现的对话框中选择【直接卸载】单选项，单击【下一步】按钮。

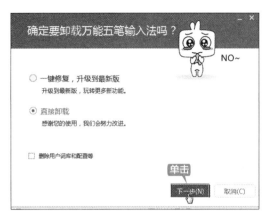

第4步 选择相应的卸载原因（也可不选择）后，单击【开始卸载】按钮。

第5步 卸载完成，在出现的界面中单击【完成】按钮即可。

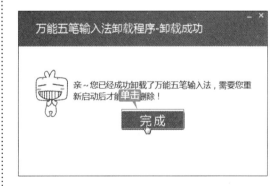

1.2 打字工具

使用电脑打字，需要认识常用的电脑打字工具，包括键盘、鼠标以及 Word 字处理软件。

1.2.1 键盘

键盘是指经过系统安排操作一台机器或设备的一组键，主要的功能是输入资料。电脑键盘是电脑的外设之一，通过键盘可以输入字符，也可以控制电脑的运行。通常，电脑键盘由矩形或近似矩形的一组按钮或者称为"键"组成，键的上面印有字符。大部分情况下，按一个键就打出对应的一个符号，如字母、数字或标点符号等。不同的输入法定义了不同的输出符号。

使用电脑打字时常用的区域是主键盘区、编辑键区和辅助键区，下面主要介绍这3个区域在电脑打字中的作用。

（1）主键盘区。它位于键盘的左下部，是键盘的最大区域。它既是键盘的主体部分，也是电脑打字时经常操作的部分。主键盘区主要用于输入英文单词，在进行拼音和五笔汉字输入时，也需要使用主键盘区。此外，主键盘区也可以用来输入常用标点符号。

（2）编辑键区。在电脑打字时，编辑键区可以辅助定位光标的位置，按【↑】键可将鼠标光标上移一行，按【↓】键可将鼠标光标下移一行，按【←】键可向左移动一个字符单位，按【→】键可向右移动一个字符单位。

（3）辅助键区。主要是输入数字0~9以及加（+）、减（－）、乘（*）、除（/）等运算符号。

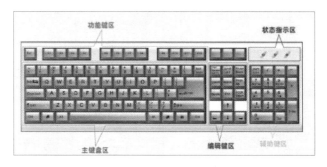

1.2.2 鼠标

鼠标（Mouse）是一种很常见及常用的电脑输入设备，它可以对当前屏幕上的游标进行定位，并通过按键和滚轮装置对游标所经过位置的屏幕元素进行操作。

（1）正确持握鼠标，有利于长时间的工作和学习，而不至于感觉到疲劳。正确的鼠标握法是：手腕自然放在桌面上，用右手拇指和无名指轻轻夹住鼠标的两侧，食指和中指分别对准鼠标的左键和右键，手掌心不要

紧贴在鼠标上，这样有利于鼠标的移动操作。

（2）鼠标的基本操作包括指向、单击、双击、右击和拖动等。

指向：指移动鼠标，将鼠标指针移动到操作对象上。下图所示为指向【此电脑】桌面图标，图中白色箭头为鼠标指针。使用电脑打字时，也可以用鼠标光标指向某一文本位置。

单击：指快速按下并释放鼠标左键。单击一般用于选定一个操作对象。在打字过程中，单击可以定位鼠标光标所在位置，即选择要插入文字的位置。

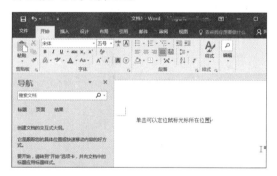

双击：指连续两次快速按下并释放鼠标左键。双击一般用于打开窗口，或启动应用程序。下图所示为双击【此电脑】桌面图标，打开【此电脑】窗口。电脑打字时使用双击操作可以选择鼠标光标所在位置的字符。

拖动：指按下鼠标左键，移动鼠标指针到指定位置，再释放按键的操作。拖动一般用于选择多个操作对象、复制或移动对象等。打字过程中拖动操作可选择多个文字。下图所示为拖动鼠标光标选择 Word 文档中的文字。

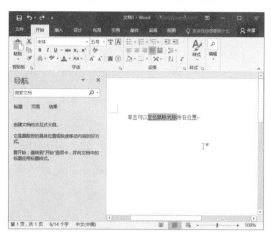

右击：指快速按下并释放鼠标右键。右击一般用于打开一个与操作相关的快捷菜单。下图为右击【此电脑】桌面图标打开快捷菜单的操作。在电脑打字的过程中，一般不使用右击操作，但在设置字体样式等操作时右击可弹出相关快捷菜单。

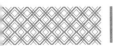
1.2.3 Word

Word 是微软公司 Office 办公系列软件的一个套件，不仅可以显示输入的文字，还具有强大的文字编辑功能。下图所示为 Word 2016 软件的操作界面。

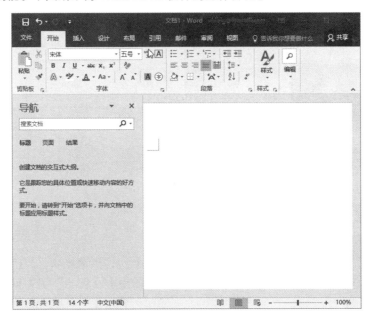

1.3 键盘的结构分区

键盘是电脑的搭档，是用来向电脑输入信息的设备。根据应用的途径可分为台式键盘和笔记本键盘。无论是哪种键盘，其划分都是相同的。

键盘是由常用的 101 个标准键按钮和 3 个用于 Windows 系统的操作键按钮【Wake Up】唤醒按钮、【Sleep】转入睡眠按钮和【Power】电源管理按钮）构成的。键盘分为主键盘区、功能键区、编辑键区、辅助键盘区和状态指示区，外加 3 个操作键，如下图所示。

1.3.1 主键盘区

主键盘区是键盘区域中最大的部分，也是使用最为频繁的区域。它位于键盘的左下方，分为字母键、数字键、控制键和符号键等，如下图所示。

下表为各键的功能作用。

按键名称	作　用
A~Z 字母键 （26 个）	用于输入英文字母或者汉字。其中【F】键跟【J】键是基键，其下方有一个突出的小杠，用于定位手指在键盘上的位置
0~9 数字键 （10 个）	用于输入数字跟特殊符号。每个按键由上下两种字符组成，由【Shift】键来控制其上下档的切换
标点符号键 （11 个）	位于主键盘区的右侧，用于输入标点符号，也包括上下两种类型符号，由【Shift】键来控制其上下档的切换
【Tab】	制表键，用于移动光标至下一个制表的位置
【Caps Lock】	换档键，用于大小写字母的输入切换。处于大写字母状态时，键盘上大写字母指示灯会处于亮的状态
【Shift】	上档键，用于输入按键上方的符号；也可用于一次性选择多个文件或文件夹
【Ctrl】	控制键，不能单独使用，要与其他键配合使用，如【Ctrl+C】组合键为复制命令
【Windows】	用于打开电脑的"开始"菜单
【Alt】	转换键，需与其他键搭配使用
空格键	空格键，用于输入空格
快捷菜单键	快捷菜单键，按该键后会弹出快捷菜单，作用与单击鼠标右键相同
退格键	退格键，用于删除插入光标左侧的字符
【Enter】	回车键，主要用于换行

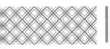
1.3.2 功能键区

功能键区位于键盘最上方，共有 13 个键，包括【Esc】键和【F1】~【F12】键，如下图所示。

下表为各键的功能作用。

按键名称	作　用
【Esc】 Esc	用于撤销当前的操作状态，在一些应用程序中起到了退出程序的作用
【F1】 F1	在应用程序窗口中按【F1】键就可以获取该程序的帮助信息
【F2】 F2	在资源管理器中用于对文件或文件夹的重命名
【F3】 F3	用于打开系统的搜索窗口
【F4】 F4	用于打开 IE 浏览器的地址栏列表
【F5】 F5	用来刷新 IE 或资源浏览器中当前窗口的内容
【F6】 F6	用于快速在资源管理器及 IE 中定位到地址栏
【F7】 F7	在 Windows 中没有任何作用。不过在 DOS 窗口中，它的作用是弹出 DOS 命令列表
【F8】 F8	在启动电脑时，可以用它来显示启动菜单，可以进入不同的模式状态
【F9】 F9	在某些媒体播放器中用于控制音量
【F10】 F10	用来激活 Windows 或当前使用的程序中的菜单
【F11】 F11	用于使当前的资源管理器 IE 变为全屏显示
【F12】 F12	在 Word 2007 以上版本中，按下它会快速弹出【另存为】对话框

1.3.3 编辑键区

编辑键区在主键盘右侧，由 10 个键组成，主要用于移动光标和翻页，如下图所示。

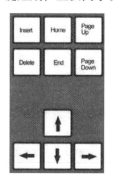

下表为各键的功能作用。

按键名称	作　用
【Print Screen SysRq】 PrtScr SysRq	用于将整个屏幕上的显示内容复制到剪切板上
【Scroll Lock】 Scroll Lock	滚动锁定键，用于锁定或取消锁定屏幕滚动
【Pause Break】 Pause Break	暂停健，可中止某些程序的执行
【Insert】 Insert	插入键，用来切换输入模式
【Delete】 Delete	删除键，用于删除光标右侧的字符
【Home】 Home	首键，在处理文档时，将光标移动到编辑窗口或非编辑窗口的第 1 行的第 1 个字上
【End】 End	尾键，在处理文档时，将光标移动到当前行的行尾
【Page Up】 Page Up	向上翻页键，在编辑文档时，用于向上翻页
【Page Down】 Page Down	向下翻页键，在编辑文档时，用于向下翻页
↑ ↓ ← → 键 ↑ ← ↓ →	方向键，用于控制光标的位置

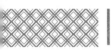
1.3.4 辅助键盘区

辅助键盘区又称数字键区，也称小键盘区。它位于键盘的最右侧，主要用于快速输入数字和常用的运算符号，如下图所示。

下表为各键的功能作用。

按键名称	作　用
【Num Lock】 Num Lock	小键盘锁定键，可以打开或关闭小键盘
+、-、*、/ 运算键	在使用计算器或在 Excel 工作簿中用于计算
【0】~【9】数字键和【.】键	输入数字 0~9 和标点 .
【Enter】 Enter	回车键，跟主键区的【Enter】键一样，主要用于换行

1.3.5 状态指示区

状态指示灯区位于键盘区上方，共有 3 个指示灯，分别为【Num Lock】数字键盘区的锁定灯、【Caps Lock】大写字母锁定灯和【Scroll Lock】滚屏锁定灯，如下图所示。

（1）【Num Lock】数字键盘区的锁定灯亮：表示可用数字键区输入数字。

（2）【Caps Lock】大写字母锁定灯亮：表示可用字母键输入大写字母。

（3）【Scroll Lock】滚屏锁定灯亮：表示在 DOS 状态下可使屏幕滚动显示。

1.4 键盘操作

使用电脑输入文字或者输入操作命令时，必须用到键盘。为了防止长时间使用电脑劳累，用户要掌握正确的坐姿和击键要点，只有这样才能劳逸结合，减小使用电脑给身体带来的劳累。

1.4.1 认识基准键位

使用键盘进行输入时，每个手指都有属于自己的键区。键盘中有 8 个按键，其中【F】键和【J】键是基准键，是打字时其他位置的标准，从左到右依次是【A】【S】【D】【F】【G】【H】【J】【K】【L】和【；】。两个拇指位于空格键上，具体情况如下图所示。

A S D F G H J K L ：

1.4.2 指法练习

指法就是指按键的手指分工。手指的分工是指手指和键位的搭配，即把键盘上的全部字符合理地分配给十个手指，并且规定每个手指打哪几个字符键。手指负责按键的分配情况如下。

（1）左手分工。

食指分管 8 个键：【4】【5】【R】【T】【F】【G】【v】和【B】；中指分管 4 个键：【3】【E】【D】和【C】；无名指分管 4 个键：【2】【W】【S】和【X】；小指分管【1】【Q】【A】【Z】及其左边的所有键。

（2）右手分工。

食指分管 8 个键：【6】【7】【Y】【U】【H】【J】【N】和【M】；中指分管 4 个键：【8】【I】【K】和【，】；无名指分管 4 个键：【9】【O】【L】和【。】；小指分管【0】【P】【；】【/】及其右边的所有键。

（3）拇指。

双手拇指用来击打空格键。

1.4.3 打字姿势

打字之前一定要端正坐姿。不正确的坐姿，不但会影响打字速度，而且还很容易疲劳、出错。所以，必须养成良好的打字习惯，要做到以下几点。

（1）两脚平放，腰部挺直，两臂自然下垂，两肘贴于腋边。

（2）身体可略倾斜，离键盘的距离约为 20~30 厘米，眼睛距离显示器的距离为 30~40 厘米，视线与显示器成 15°～20°。

（3）大腿自然平放与小腿成 90°，双脚平放在地面上。

（4）各个手指在键盘上的分工明确，击完键后手指立即回到原始标准位置，按键要轻巧，用力均匀。

（5）打字教材或文稿放在键盘左边，或用专用夹，夹在显示器旁边。

正确的打字姿势如下图所示。

在打字时，身体坐得稍微正直点，做到身体自然放松，打字是一件很轻松、很自然的事情。注意随时调整双手和键盘之间的距离，以自我觉得舒适为准。

1.4.4 击键要点

要想准确、快速地输入汉字，除了要了解指法和打字姿势外，还要掌握击键要点。在击键时，主要用力的部位不是手腕，而是手指关节。当练到一定阶段时，手指敏感度加强，可以过渡到指力和腕力并用。下面是打字时的正确击键方法。

（1）手腕保持平直，手臂保持静止，全部动作只限于手指部分，严格按照十指分工来击键。

（2）手指保持弯曲，稍微拱起，指尖的第 1 关节略成弧形，轻放在基本键的中央。

（3）击键时，只允许伸出要击键的手指，击键完毕后必须立即回位，切忌触摸键或停留在非基准键键位上。

（4）以相同的节拍轻轻击键，不可用力过猛。以指尖垂直向键盘瞬间发力，并立即反弹，切不可用手指按键。

（5）击打空格键时，拇指瞬间发力后立即反弹。

（6）用右手小指击打【Enter】键后，右手立即返回基准键键位，返回时右手小指应避免触到【；】键。

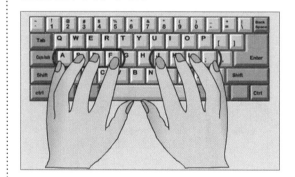

举一反三

运用金山打字通练习指法

要想快速地熟练使用键盘就需要大量的指法练习，在练习中使用正确的坐姿，运用正确的击键方法。那么让我们通过金山打字 2013 来练习一下。

1. 安装金山打字通

在使用金山打字通2013练习打字之前，首先要在电脑上安装金山打字通2013软件。下面是金山打字通2013的安装步骤。

第1步 打开浏览器，输入"金山打字通"的官方网址"www.51dzt.com"，在出现的网站主页中，单击【免费下载】按钮即可。

第2步 下载完成后，打开【金山打字通2013 SP2 安装】窗口，进入【欢迎使用"金山打字通2013 SP2"安装向导】界面，单击【下一步】即可。

第3步 在进入的【许可证协议】界面，单击【我接受】按钮即可。

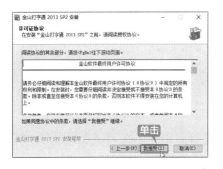

第4步 在进入的【WPS Office】界面中，去除勾选【WPS Office，让你的打字学习更有意义（推荐安装）】选项，单击【下一步】按钮即可。

第5步 进入【选择安装位置】页面，单击浏览按钮，选择软件安装位置，设置完后，单击【下一步】按钮即可。

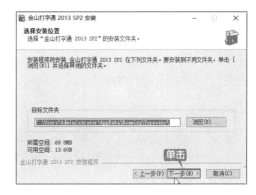

第6步 在进入的【选择"开始菜单"文件夹】界面中，单击【安装】按钮即可。

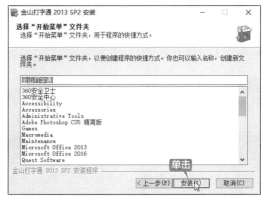

第7步 在进入的【软件精选】界面中，单击【下

一步】按钮即可。

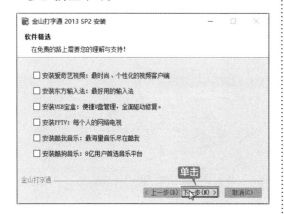

第8步 在打开的【正在完成"金山打字通 2013 SP2"安装向导】界面中，取消选中的复选框，单击【完成】按钮，这样就完成了软件的安装。

要想使用金山打字通 2013 练习打字，启动的方法有两种。

（1）直接双击桌面的【金山打字通】快捷方式即可。

（2）单击电脑的左下角开始键，选择【所有程序】中的【金山打字通】来开启。

2. 熟悉字母键位、输入符号和数字

可以用金山打字通 2013 进行打字练习，它有针对初学者进行的练习。包括打字常识、字母键位、数字键位、符号键位和键位纠错练习，可以让初学者尽快地熟悉键盘。下面以介绍用金山打字通 2013 进行英文打字的步骤为例。

第1步 启动金山打字通 2013 后，单击右上角【登录】按钮。

第2步 在出现的【登录】对话框中的"创建一个昵称"文本框中输入昵称，单击【下一步】按钮。

第3步 在【绑定 QQ】页面，单击选中【自动登录】和【不再显示】复选框，单击【绑定】按钮，完成绑定。

第4步 在金山打字通 2013 主界面中，单击【新手入门】按钮。

第 5 步 在出现的【新手入门】界面中，单击【字母键位】按钮。

第 6 步 在出现的【第二关：字母键位】界面中，可以根据"标准键盘"下方的指法提示，输入字母，进行英文打字练习。

第 7 步 练习后，可以单击右下方【测试模式】按钮，进行测试练习。

第 8 步 用同样的方法，我们可以在【新手入门】界面中的【数字键位】和【符号键位】中，分别进行数字和符号的输入。

◇ 启用粘滞键

粘滞键是专为同时按两个或多个键有困难的人而设计的。其主要的功能是方便【Shift】键、【Ctrl】键、【Windows】键、【Alt】键与其他键的组合。

在使用热键时，如【Ctrl+V】组合键，用粘滞键就可以一次只按一个键来完成粘贴的功能。

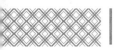

方法 1：使用"控制面板"设置。

第1步 单击【开始】键，选择【控制面板】选项，单击【轻松使用设置中心】选项即可。

第2步 在出现的【轻松使用设置中心】页面中，单击【使键盘易于使用】。

第3步 在出现的页面中，选中【启用粘滞键】复选框，单击【确定】按钮即可启用粘滞键功能。

方法 2：使用快捷方式。

连续按【Shift】键 5 次可以启动，在出现的【粘滞键】对话框中单击【是】按钮即可启用粘滞键功能。

◇ **通过游戏来熟悉指法**

指法练习是一个枯燥、漫长的过程，因此"金山打字通 2013"专门设计了多款打字游戏，将指法练习与游戏结合起来，在不知不觉中提高打字速度。

第1步 打开【金山打字通】软件，单击界面右下方的【打字游戏】按钮。

第2步 进入【打字游戏】界面，即可选择游戏进行打字练习。

第2章
五笔字型基础知识及字根分布

本章导读

字根是五笔打字的基础，本章介绍了五笔字根的基础、字根的区位分布等知识，还介绍了记忆五笔字根的方法。通过本章的学习，读者可以快速牢记字根，为深入学习五笔打字奠定基础。

思维导图

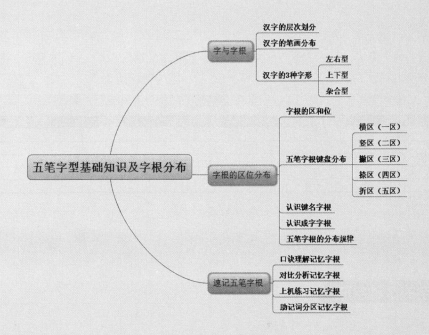

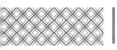

字与字根

五笔字型是通过笔画来划分字根的类别并且根据汉字的字形特点来编码，而汉字的层次划分有助于用户理解汉字的结构。因此学习五笔字型的第 1 步是要了解汉字的层次和笔画的分布知识。

2.1.1 汉字的层次划分

所有的汉字都是由字根组成的，而笔画又构成了字根，所以说汉字是由笔画、字根、单字 3 个层次组成的。笔画是汉字的最小构成单位，是汉字书写时不间断地一次连续写成的一个线条，如横、撇、点等；字根是由若干笔画交叉连接而形成的结构，如"山""土""口"等；单字即单个的汉字，是由字根按一定的位置关系组合成的汉字，如"基""础""识"等。

汉字的基本组成单位是笔画，笔画组成了字根，而字根又是五笔输入法中汉字的基本单元。如"合"字，是由 3 个字根"人""一""口"组成的，而这 3 个字根又是由笔画组成的，如下图所示。

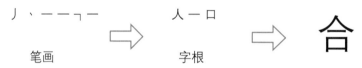

2.1.2 汉字的笔画分布

汉字的构成虽然不同，但它有个共同的构成单位——笔画。五笔输入法被称为五笔是因为将汉字的笔画都归结为 5 类，分别是横（一）、竖（丨）、撇（丿）、捺（丶）和折（乙），通过这 5 种笔画划分了字根，并且为这 5 种笔画设置了代码，分别是 1、2、3、4 和 5。用字根的首笔画作为分类标准，在键盘上分为 5 个区，分别是一区（首笔画为"横"）、二区（首笔画为"竖"）、三区（首笔画为"撇"）、四区（首笔画为"捺"）和五区（首笔画为"折"）。

笔画名称	代码	键盘所属分区	笔画走向	笔画	变形笔画
横	1	一区	左→右或右→左	一	丿
竖	2	二区	上→下	丨	丿
撇	3	三区	右上→左下	丿	
捺	4	四区	左上→右下	丶	丶
折	5	五区	各个方向转折	乙	乚乁乀乛

从上面的表格不难看出，在五笔字型中虽然是只有 5 种基本笔画但是还有一些变形笔画，在判定单笔画时除了看笔画的走向以外，还要注意变形的笔画。识别笔画对于记忆字根和找字根的所在位置是非常重要的，也为后面找出字根的键位、拆分汉字等打下基础。

2.1.3 汉字的 3 种字形

在五笔字型中把一个汉字作为一个整体来看，将汉字的字形分为 3 种，分别是左右型、上

下型和杂合型，并用代码 1、2 和 3 来表示。

1. 左右型

左右型的汉字指的是字根组成关系是左右排列的。在左右型中除了可以明显看出左右两部分字根的汉字，还包括左、中、右 3 个字根以及有些左（或右）半部分由多个字根组成的汉字。

2. 上下型

上下型的汉字指的是字根组成关系是上下排列的。在上下型中除了可以明显看出左右两部分字根的汉字，还包括上、中、下 3 个字根以及有些上（或下）半部分由多个字根组成的汉字。

3. 杂合型

杂合型的汉字是指字根组成没有明确的排列关系的汉字。包括全包围型、半包围型单体字和一些由两个或者多个字根相交组成的汉字。

通过这个表来了解一下 3 种字型。

代　码	字　形	结　构	举　例
1	左右型	双合字	计、仁、加
		三合字	鲫、例、测
		三合字	借、结、流
		三合字	部、剖、封
2	上下型	双合字	草、字、笔
		三合字	芬、意、竟
		三合字	努、型、怒
		三合字	森、薛、崔
3	杂合型	单字体	木、火、水
		全包围	团、圆、困
		半包围	同、凤、风
		半包围	凶、函
		半包围	勺、匀、包

2.2 字根的区位分布

在五笔输入法中，字根既是汉字的基本组成单位，又是输入汉字的主要编码。由于一个汉字包含一个或多个字根，所以将字根分布在除了【Z】键以外的其他 25 个字母键上。为了方便记忆和区分各个键位，需要掌握字根的区位分布。

2.2.1 字根的区和位

了解字根的区和位是学习字根键盘分布的首要步骤。在五笔字型输入法中，将字根分布在除【Z】键外的 25 个字母键上，并把它们分成 5 个区，称为一区、二区、三区、四区和五区。由于是按 5 种笔画进行划分的，也叫作横区、竖区、撇区、捺区、折区。每个区包括 5 个键，每个键即为一个位，从中心向两边，每个键的位号分别为 1~5。如字母 D，它是横区的第 3 个字母，则用区位号表示为 "13"；字母 T，它是撇区的第 1 个字母，则用区位号表示为 "31"，如下表所示。

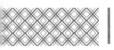
区号	位号	1	2	3	4	5
1 区	横区	G（11）	F (12)	D (13)	S (14)	A (15)
2 区	竖区	H (21)	J (22)	K (23)	L (24)	M (25)
3 区	撇区	T (31)	R (32)	E (33)	W (34)	Q (35)
4 区	捺区	Y (41)	U (42)	I (43)	O (44)	P (45)
5 区	折区	N (51)	B (52)	V (53)	C (54)	X (55)

2.2.2 五笔字根键盘分布

字根是五笔输入法的基础，为了便于记忆字根，将字根有规律地排列在除【Z】键外的其他字母键上。五笔字根的键位分布如下图所示。

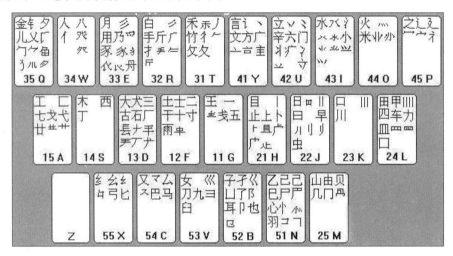

1. 横区（一区）

横是笔画走向从左到右或从右到左的笔画，在五笔字型中，"提"也包括在横区。横区有5个按键，分别是【G】【F】【D】【S】和【A】。字根在横区的键位分布图如下图所示。

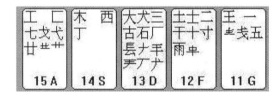

2. 竖区（二区）

竖是笔画走向从上到下的笔画，在竖区内，把"竖左钩"也视为竖。竖区有5个按键，分别是【H】【J】【K】【L】和【M】。字根在竖区的键位分布如下图所示。

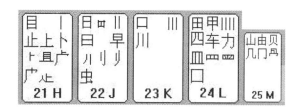

3. 撇区（三区）

撇是笔画走向从右上到左下的笔画，同时把其他不同角度的撇也归于撇区内。撇区有 5 个按键，分别是【T】【R】【E】【W】和【Q】。字根在撇区的键位分布如下图所示。

4. 捺区（四区）

捺是笔画走向从左上到右下的笔画，同时，把"点"也视为捺。捺区有 5 个按键，分别是【Y】【U】【I】【O】和【P】。字根在捺区的键位分布如下图所示。

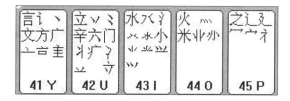

5. 折区（五区）

折是各个方向运笔都带有折的笔画（除竖左钩外），如"乚""𠃌""乛"和"乀"等。折区有 5 个按键，分别是【N】【B】【V】【C】和【X】。字根在折区的键位分布如下图所示。

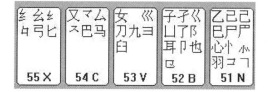

2.2.3 认识键名字根

键名汉字是指在五笔字根的键盘分布图中，每个字母键位上的第 1 个字根，也是字根口诀中的第 1 个字。键名汉字共有 25 个，使用的频率相当高，因此在五笔输入法的学习中，记住这 25 个键名汉字显得非常重要。记住键名汉字有利于记忆整个字根表中的字根。键名字根如下图所示。

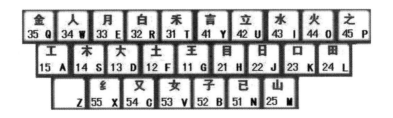

2.2.4 认识成字字根

在介绍五笔的键盘分布的时候我们已经看到，键盘有成字字根和键名汉字，其中除了 25 个键名汉字外，剩下的都是成字字根。成字字根如下表所示。

字根区	成字字根				
	1位	2位	3位	4位	5位
横区（一区）	一五戋	土士干二雨	犬古石三厂	木丁西	工戈七卝
竖区（二区）	目卜上止	日早虫	口川	田四车力	山由几贝
撇区（三区）	禾竹	白手斤	月乃用	人八	金钅儿
捺区（四区）	言文方广	力六辛门	水小氵	火米灬	之廴辶
折区（五区）	已心羽乙	子耳卩	女刀九臼	又巴马	匕幺弓

2.2.5 五笔字根的分布规律

掌握五笔字根的分布规律，有助于记忆字根，还可以加快打字的速度。下面具体介绍字根的分布规律。

（1）首字根是键名字根：键名字根位于每个字母键的左上角，除了是一个汉字外（除【X】键上的"纟"外），还是字根中最具有代表性的字根。例如，【F】键上的键名字根为"土"。

（2）成字字根：字母键位上除了有键名字根，还有一些完整的汉字。如【G】键上的"五"，【J】键上的"早"。

（3）字根第 1 笔可判断字根所在的区位：就是说要用一个字根时，如果它的首笔是横就在一区内查找，首笔是竖就在二区内查找等。

（4）字根的第 2 笔基本上与它所在的位号一致：就是说，如果某字根第 2 笔是横，一般来说，它应在某区的第 2 个键位上。根据上述两点，可以帮助我们较快地找到所需字根。

（5）字根可以通过笔画来判定：例如，"一、丨、丿、乙"的笔画数都是"1"，都在各自对应区的第 1 位；"二、刂、冫、巛"的笔画数都是"2"，都在各自对应区的第 2 位；"三、彡、氵、巛"的笔画数都是"3"，都在各自对应区的第 3 位。字根位号和区号的对应关系如下表所示。

位号 区号	1	2	3	4
1 区	一	二	三	-
2 区	丨	刂	川	
3 区	丿	〃	彡	
4 区	丶	冫	氵	
5 区	乙	巜	巛	-

（6）个别字根按拼音分位："力"字拼音为"Li"，就放在 L 位；"口"的拼音为"Kou"，就放在 K 位。

（7）有些字根所在的位是依据意思相近来划分的：如传统的偏旁单立人和"人"、竖心和"心"、提手和"手"等。

（8）同一键位上的字形相近：在五笔字型中将与键名字根外形相近或相似的字根分配在同一个键位上。如"王"在【G】键上，同在【G】键上的有跟其字形相似的"五"。

速记五笔字根

由于五笔字根数量繁多，形态各异，不容易记忆，成为用户学习五笔打字的重大障碍，所以在五笔的发展过程中，除了最初的口诀记忆外，还产生了很多帮助记忆的方法。本节就来介绍一下如何快速记忆五笔字根。

2.3.1 口诀理解记忆字根

了解了字根在键盘上的分布规律之后，那么接下来就是记忆字根了。为了更好、更快地记忆字根，王永民教授编制了 25 句五笔字根口诀，如下表所示。

分区	键位	区位	键名字根	字根	记忆口诀	高频字
横区（一区）	G	11	王	王キ戈五一	王旁青头戈（兼）五一	一地在要工
	F	12	土	土士二干十寸雨	土士二干十寸雨	
	D	13	大	大犬三羊古石厂ナ县	大犬三羊古石厂	
	S	14	木	木木丁西覀	木丁西	
	A	15	工	工戈弋廾匚匸七卝廿	工戈草头右框七	
竖区（二区）	H	21	目	目止卜丨丨虍	目具上止卜虎皮	上是中国同
	J	22	日	日早刂虫日	日早两竖与虫依	
	K	23	口	口川	口与川，字根稀	
	L	24	田	田甲四车力皿罒凵	田甲方框四车力	
	M	25	山	山由贝冂几	山由贝，下框几	
撇区（三区）	T	31	禾	禾竹ノ彳夂攵	禾竹一撇双人立，反文条头共三一	和的有人我
	R	32	白	白手扌斤	白手看头三二斤	
	E	33	月	月彡乃彐豕冢用	月彡（衫）乃用家衣底	
	W	34	人	人亻癶八	人和八，三四里	
	Q	35	金	金釒钅勹儿乂乂犬	金（钅）勹缺点无尾鱼，犬旁留乂儿一点夕，氏无七（妻）	

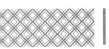

续表

分区	键位	区位	键名字根	字根	记忆口诀	高频字
捺区（四区）	Y	41	言	言讠讠文方广亻丶冫	言文方广在四一，高头一捺谁人去	主产不为这
	U	42	立	立辛丷丬丷六门疒	立辛两点六门疒（病）	
	I	43	水	水氵小⺍氺	水旁兴头小倒立	
	O	44	火	火米灬	火业头，四点米	
	P	45	之	之宀冖礻衤廴	之字军盖建道底，摘礻（示）衤（衣）	
折区（五区）	N	51	已	已巳己乛乙乚尸忄心羽	已半巳满不出己，左框折尸心和羽	民了为以经
	B	52	子	了子孑卩耳了也凵巛阝	子耳了也框向上	
	V	53	女	女九臼巛彐	女刀九臼山朝西	
	C	54	又	又巴马厶	又巴马，丢矢矣	
	X	55	弓	弓幺匕纟	慈母无心弓和匕，幼无力	

2.3.2 对比分析记忆字根

在五笔字根中，位于同一个字母键上的字根大多数形态相似，将它们与口诀联系起来，通过对比分析来记忆字根，不仅能加快速度，还可加深记忆。

1. 横区（一区）

字根如下图所示。

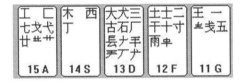

口诀如下。

王旁青头戋（兼）五一

土士二干十寸雨

大犬三羊古石厂

木丁西

工戈草头右框七

通过上边的字根图和口诀的对比，我们可以发现，横区的字根第1笔都是"横"，当我们在打字的时候，看到第1笔是"横"的字根时，如"王""干""大"，首先就可以确定它们在【G】【F】【D】【S】和【A】这5个键位中，缩短了找键位的时间，加快了打字速度。

2. 竖区（二区）

字根如下图所示。

口诀如下。

目具上止卜虎皮

日早两竖与虫依

口与川，字根稀

田甲方框四车力

山由贝，下框几

通过上边的字根图和口诀的对比，我们可以发现，竖区的字根第 1 笔都是 "竖"，当我们在打字的时候，看到第 1 笔是 "竖" 的字根时，如 "日" "口" "山"，首先就可以确定它们在【H】【J】【K】【L】和【M】这 5 个键位中，缩短了找键位的时间，加快了打字速度。

3. 撇区（三区）

字根如下图所示。

口诀如下。

禾竹一撇双人立，反文条头共三一

白手看头三二斤

月彡（衫）乃用家衣底

人和八，三四里

金（钅）勹缺点无尾鱼，犬旁留乂儿一点夕，氏无七（妻）

通过上边的字根图和口诀的对比，我们可以发现，撇区的字根第 1 笔都是 "撇"，当我们在打字的时候，看到第 1 笔是 "撇" 的字根时，如 "金" "人" "竹"，首先就可以确定它们在【T】【R】【E】【W】和【Q】这 5 个键位中，缩短了找键位的时间，加快了打字速度。

4. 捺区（四区）

字根如下图所示。

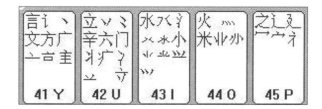

口诀如下。

言文方广在四一，高头一捺谁人去

立辛两点六门疒（病）

水旁兴头小倒立

火业头，四点米

之字军盖建道底，摘 礻（示）衤（衣）

通过上边的字根图和口诀的对比，我们可以发现，捺区的字根第 1 笔都是"捺"，当我们在打字的时候，看到第 1 笔是"捺"的字根时，如"立""米""辛"，首先就可以确定它们在【Y】【U】【I】【O】和【P】这 5 个键位中，缩短了找键位的时间，加快了打字速度。

5. 折区（五区）

字根如下图所示。

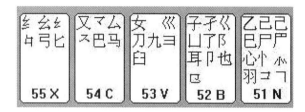

口诀如下。

已半巳满不出己，左框折尸心和羽

子耳了也框向上

女刀九臼山朝西

又巴马，丢矢矣

慈母无心弓和匕，幼无力

通过上边的字根图和口诀的对比，我们可以发现，折区的字根第 1 笔都是"折"，当我们在打字的时候，看到第 1 笔是"折"的字根时，如"巴""马""耳"，首先就可以确定它们在【N】【B】【V】【C】和【X】这 5 个键位中，缩短了找键位的时间，加快了打字速度。

2.3.3 上机练习记忆字根

上机练习打字是让用户尽快掌握五笔输入法的方法之一。在练习的时候要借助一些专业的打字软件，加深对字根的记忆，提高打字速度。

目前常用的练习打字的软件有金山打字通、打字高手、五笔打字通、打字先锋和快打一族等，接下来就分别介绍这几种打字软件的特点。

1. 金山打字通

金山打字通是一款功能齐全、数据丰富、界面友好、集打字练习和测试于一体的打字软件。主要由英文打字、拼音打字、五笔打字、打字游戏等六部分组成。所有练习用词汇和文章都分专业和通用两种，用户可根据需要进行选择。英文打字由键位记忆到文章练习逐步让用户盲打并提高打字速度。五笔打字分 86 和 98 两个版本的编码，从字根、简码到多字词组逐层逐级地练习。拼音打字特别加入异形难辨字练习、连音词练习、方言模糊音纠正练习，以及 HSK（汉语水平考试）字词的练习。这些练习给初学汉语或者汉语拼音水平不高的用户提供了极大的方便，

同时也非常适合中小学生及外国留学生的汉语教学工作。

2. 打字高手

打字高手是国产简体中文共享软件。它是一款集教学、训练、测试及网络监控为一体的指法及五笔字型专业培训考核软件，功能强大实用，使用简易方便，性能稳定可靠，已广泛应用于家庭、学校及培训考核机构。该软件在教学中有许多独到之处，如指法训练的手形演示，对帮助初学者尽快掌握指法及规范指法非常有用，五笔教学的字根拆解，它为每一个爱好五笔的人提供了一个极好的学习环境，让五笔练习成为一种看得见、摸得着的实践活动，帮助用户在极短的时间内掌握五笔输入法。

3. 五笔打字通

五笔打字通是专门为五笔初学者设计的，它操作简单化，不用看帮助文档就可上手；独有的空心字提示非常直观；设计的存档功能，可以接着上一次练习继续学习；在文章练习中，按【Enter】键就可以得到帮助。软件功能有：五笔字根练习，常用字 1 至 4 练习，键名字，成字字根练习，二字词组、三字词组、四字词组练习，文章练习，打字游戏，自由录入等。

4. 打字先锋

打字先锋是一款功能丰富、精巧的五笔练习绿色软件，自带输入法，适用于各级五笔学习者。具有以下特点：（1）自带输入法（五笔 86 版、五笔 98 版）。（2）练习功能包括字符、字根、单字、词组、文章、自由等练习，每类又有细分，如单字包括各级简码、常用字、难拆字、百家姓等。练习内容丰富，而且完全随机。用户自定义练习方式包括定时、定量、自由。各练习中随时显示字数、时间、速度、正确率等统计信息。（3）内置了五笔输入法的记事本。（4）查询待测词组或已输入词组的五笔编码，随时按【F1】键显示字根键位图。

5. 快打一族

快打一族软件是一个很好的练打字软件。现在共有电脑基础练习、中文打字练习、英文打字练习、五笔专区、数字打字练习、自定义练习、保存的文章练习等多种练习类型，每种练习都有多篇文章。除此之外还有游戏方式。快打一族有将打字成绩提交上软件网站排名的功能。

2.3.4 助记词分区记忆字根

1. 键盘的一区（横区）

横区包括【G】【F】【D】【S】和【A】这 5 个按键，大多数都是以横"一"起笔的字根，可通过分析字根并结合口诀来记忆字根，如下表所示。

键位	记忆口诀	字根图	字根详解
G	王旁青头戋（兼）五一	王　一 圭 戋五 **11 G**	（1）"王旁"即指汉字"王"，又指偏旁为"王"的汉字；"青头"指的是"青"字的上半部"主" （2）"戋"与"兼"字同音 （3）"五"与"王"形似 （4）"一"为字根，变形为"提"
F	土士二干十寸雨	土士 二 干 十寸 雨 中 **12 F**	首笔为"横"，次笔为"竖"
D	大犬三羊古石厂	大犬 三 古石厂 镸 𠂇手 見 丆 犭 **13 D**	（1）首笔为"横"，次笔为"撇" （2）是由"犬"字演变而来 （3）"古"与"石"形似 （4）"丆"与"厂"形似
S	木丁西	木　西 丁 **14 S**	与记忆口诀相同，"覀"与"西"形似
A	工戈草头右框七	工　匚 七 戈弋 廿 卄艹 **15 A**	（1）首笔为"横"，次笔为"折" （2）右框指开口向右的"匚" （3）"草头"指"艹"，"廿卄艹"与"艹"相似

2. 键盘的二区（竖区）

竖区包括【H】【J】【K】【L】和【M】这 5 个按键，大多数都是以竖"丨"起笔的字根，可通过分析字根并结合口诀来记忆字根，如下表所示。

键位	记忆口诀	基本字根	字根详解
H	目具上止卜虎皮	21 H	（1）"具上"是指"具"字的上半部 （2）"虎皮"是指"虎"和"皮"字的部首
J	日早两竖与虫依	22 J	（1）"与虫依"是指"虫" （2）"曰"和"早"字与"日"字相似
K	口与川，字根稀	23 K	"字根稀"是指字根少
L	田甲方框四车力	24 L	（1）"甲"与"田"相似 （2）方框是指字根"囗" （3）"车"和"力"字也在此键位上
M	山由贝，下框几	25 M	（1）"下框"是指"冂" （2）"山"是键名字根

3. 键盘的三区（撇区）

撇区包括【T】【R】【E】【W】和【Q】这 5 个按键，大多数都是以撇"丿"起笔的字根，可通过分析字根并结合口诀来记忆字根，如下表所示。

键位	记忆口诀	基本字根	字根详解
T	禾竹一撇双人立，反文条头共三一	31 T	（1）"一撇"指"丿" （2）"双人立"指"彳" （3）"反文"指"攵" （4）"条头"指"夂"

键位	记忆口诀	基本字根	字根详解
R	白手看头三二斤	白 彡 手 斤 广 扌 手 一 斤 **32 R**	（1）"看头"是指"看"的上半部 （2）"扌"是由"手"字演变来的
E	月彡（衫）乃用家衣底	月 彡 四 用 乃 豕 豕 彐 似 匕 舟 **33 E**	（1）"乃用"与"月"字相似 （2）"家衣底"指"家"和"衣"字的底部 （3）"衫"指"彡"
W	人和八，三四里	人 八 亻 癶 死 **34 W**	（1）"人和八"是字根"人"与"八" （2）"亻"和"人"相似 （3）"癶"与"八"相似
Q	金（钅）勹缺点无尾鱼，犬旁留乂儿一点夕，氏无七（妻）	金 钅 夕 儿 乂 厂 勹 ク 鱼 彡 儿 夕 **35 Q**	（1）"钅"与"金"音相同 （2）"无尾鱼"指"鱼"字上半部 （3）"留乂儿"指"乂"和"儿" （4）"勹缺点"指"勹"

4. 键盘的四区（捺区）

捺区包括【Y】【U】【I】【O】和【P】这 5 个按键，大多数都是以捺"丶"起笔的字根，可通过分析字根并结合口诀来记忆字根，如下表所示。

键位	记忆口诀	基本字根	字根详解
Y	言文方广在四一，高头一捺谁人去	言 讠 丶 文 方 广 一 亠 圭 **41 Y**	（1）"文方广"是指字根"文""方"和"广" （2）"高头"指"高"字的上半部
U	立辛两点六门疒（病）	立 丷 冫 辛 六 门 氵 丬 丶 宀 **42 U**	（1）"六门疒"是指字根"六""门"和"疒" （2）"两点"指"冫丷丬"

续表

键位	记忆口诀	基本字根	字根详解
I	水旁兴头小倒立	水 氺 氵 灬 水 小 业 业 小 **43 I**	（1）"水旁"是指"氵" （2）"小倒立"指"小"和"业"
O	火业头，四点米	火 灬 米 业 灬 **44 O**	（1）"业头"是指业的上部 （2）"四点米"指"灬"和"米"
P	之字军盖建道底，摘礻（示）衤（衣）	之 辶 廴 宀 冖 礻 **45 P**	（1）"字军盖"是指"字"和"军"字的上部"宀"和"冖" （2）"建道底"指"辶"和"廴"

5. 键盘的五区（折区）

折区包括【N】【B】【V】【C】和【X】这 5 个按键，大多数都是以折"乙"起笔的字根，可通过分析字根并结合口诀来记忆字根，如下表所示。

键位	记忆口诀	基本字根	字根详解
N	已半巳满不出己，左框折尸心和羽	乙 已 己 巳 尸 尸 心 忄 灬 羽 コ フ **51 N**	（1）"已半"是指"已"，"巳满"是指"巳"，"不出己"是指"己" （2）"折"指"乙" （3）"心和羽"指字根"心"和"羽"
B	子耳了也框向上	子 孑 巜 山 了 阝 耳 卩 也 凵 **52 B**	（1）"框向上"是指"凵" （2）"耳"与"阝"同音，"阝"与"卩"相似
V	女刀九臼山朝西	女 巛 刀 九 彐 臼 **53 V**	（1）"山朝西"是指"彐" （2）"女刀九臼"是指字根"女""刀""九"和"臼"

续表

键位	记忆口诀	基本字根	字根详解
C	又巴马，丢矢矣	 又マム ス巴马 54 C	（1）"丢矢矣"是指"厶" （2）"又巴马"是指字根"又""巴"和"马"
X	慈母无心弓和匕，幼无力	 纟幺纟 �弓匕 55 X	（1）"幼无力"是指"纟" （2）"慈母无心"是指"慈"字去掉心

举一反三

记忆字根

为了更好、更快地记忆字根，我们需要勤加练习。用户可以通过"金山打字通"软件练习五笔字型的输入。

第1步 打开【金山打字通】软件，在主页面选择【五笔打字】图标选项，就可以进入【五笔打字】页面。

第2步 单击【单字练习】图标选项，就可以在输入框内输入文字，也可以通过下面提示进行输入。

第3步 单击右上方【课程选择】右侧的下拉按钮，可以在出现的下拉列表中选择课程内容，也可以自定义课程内容。

第4步 单击【测试模式】，会出现下图，可以进行打字通关测试。

第5步 如果需要练习五笔词组，须返回【五笔打字】界面，单击【词组练习】图标选项即可。

第6步 如果需要练习文章，须返回【五笔打字】界面，单击【文章练习】即可。

除了在金山打字通软件中练习，还可以在 Word 文档中练习。

第1步 打开 Word 新建一个 Word 文档。

第2步 在新建文档中练习打字，如下图所示。

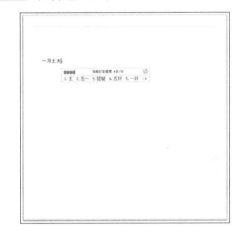

◇ **使用软键盘输入特殊字符**

使用五笔输入法的软键盘可以输入特殊的字符。下面以使用搜狗五笔输入法的软键盘输入特殊字符为例介绍。

第1步 在搜狗五笔输入法的【软键盘】按键图标上单击鼠标右键。

第2步 在弹出的【软键盘】页面中，选择【特殊符号】选项。

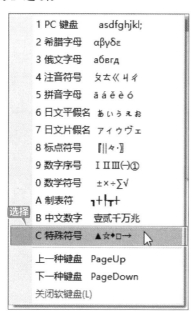

第3步 在出现的软键盘上，单击要插入的特殊字符按键，即可完成使用软键盘输入特殊字符的操作。

◇ **输入法的按键设置**

用户可以根据需要设置输入的按键。下面以设置搜狗五笔输入法按键为例介绍输入法的按键设置的具体操作步骤。

第1步 在搜狗五笔输入法状态条上单击【菜单】按钮，在出现的界面上选择【设置属性】选项。

第2步 弹出【搜狗五笔输入法设置】对话框，在左侧选择【快捷键】选项，出现一些常用的系统快捷键，为了使用方便，我们可以改成自己习惯的按键。如果要设置已存在的，可以按【Delete】键删除已有的，再重新设置即可。

第3章
五笔字型的拆分与输入

📖 本章导读

通过前面的学习，读者已经掌握了打字指法和字根的分布，除此之外，在使用五笔输入法时，还要掌握汉字的结构划分、拆分汉字的原则和输入汉字等内容，这样才能正确地输入汉字。

📎 思维导图

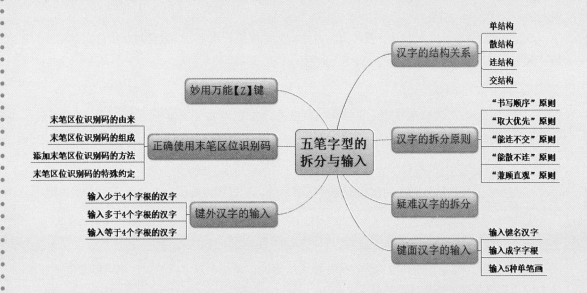

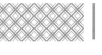

 3.1 汉字的结构关系

汉字的结构关系也就是构成汉字的字根间的结构关系。总的来说，可以将汉字分为 4 种结构关系，分别是单结构、散结构、连结构和交结构。

结构类型	概　念	举　例
单结构	单结构是指汉字本身就是一个五笔字根，不能再进行拆分。主要是键名汉字和成字字根汉字	木、古、四、田、言、水
散结构	散结构是指构成汉字的不只一个字根，在各个字根间保持一定距离，不相连也不相交。字根之间的位置分为左右型散结构、上下型散结构和杂合型散结构 3 种字形	左右型散结构：汗、找、孙 上下型散结构：字、员、灾 杂合型散结构：陪、剖、园
连结构	连结构是指汉字由一个基本字根和一单笔画组成或者是带点的结构	自、太、且、久、勺、舟
交结构	交结构是指汉字由两个或者两个以上的字根互相交叉形成的汉字	农、击、夷、出、由、井

 3.2 汉字的拆分原则

在五笔字型输入法中，一个汉字只有一种编码，所以想要正确录入汉字就必须掌握正确的拆分方法。在拆分汉字时，除了键名汉字和成字字根汉字外，必须遵循 5 大原则，分别是"书写顺序"原则、"取大优先"原则、"能连不交"原则、"能散不连"原则和"兼顾直观"原则，下面来详细介绍一下这些原则。

（1）"书写顺序"原则是指依据汉字在书写时从左到右、从上到下、从外到内的顺序进行拆分。

例如，"汉"字是左右结构，要按照左右结构的顺序进行书写，所以要将其拆分为字根"氵"与"又"，如下所示。

$$汉 \rightarrow 氵+又$$

"字"字是上下结构,要按照上下结构的顺序进行书写,所以要将其拆分为字根"宀"与"子",如下所示。

$$字 \rightarrow 宀+子$$

"团"字是按照从外到内的结构顺序进行书写的，所以要将其拆分为字根"囗"与"才"，如下所示。

$$团 \rightarrow 囗+才$$

（2）"取大优先"原则也称为"优先取大"原则，是指在汉字拆分时，尽可能取笔画较多的字根，从而保证拆分的字根数最少。

例如，"世"字既可拆成"艹""一"和"乙"3 个字根，也可以拆成"廿"和"乙"两个字根，根据"取大优先"原则应该采用第 1 种,如下所示。

$$世→廿+乙$$

"胡"字既可以拆成"十""口"和"月"3 个字根,又可以拆成"古"和"月"两个字根,根据"取大优先"原则应该采用第 2 种,如下所示。

$$胡→古+月$$

"章"字既可以拆成"立""日"和"十"3 个字根,又可以拆成"立"和"早"两个字根,根据"取大优先"原则应该采用第 2 种,如下所示。

$$章→立+早$$

(3)"兼顾直观"是指在拆分相交结构和包围型汉字时,除按照书写顺序等原则,还要符合视觉直观,顾全字根的完整性。为了突出字根的直观特征,要放弃其他原则。

例如,"国"字,按"书写顺序"原则应拆成"冂""王""丶"和"一"这几个字根,但这样违背了汉字构造的直观性,故拆成"囗""王"和"丶",如下所示。

$$国→囗+王+丶$$

"自"字,按"取大优先"原则应拆成"亻""乙"和"三"这几个字根,但这样拆,不仅不直观,而且也有悖于"自"字的字源(这个字的字源是"一个手指指着鼻子"),故只能拆作"丿"和"目",如下所示。

$$自→丿+目$$

"交"字,按"书写顺序"原则应拆成"亠""八"和"乂"这几个字根,但这样违背了汉字构造的直观性和"取大优先"原则,故只能拆成"六"和"乂",如下所示。

$$交→六+乂$$

(4)"能连不交"原则是指在拆分汉字时,如果汉字的组成字根之间是相连或者相交的关系,那么就要以拆成互相连接的字根为准。

例如,"于"字,能拆成"一"和"十",而不能拆成"二"和"丿",如下所示。

$$于→一+十$$

"丑"字,能拆成"乙"和"土",而不能拆成"刀"和"二",如下所示。

$$丑→乙+土$$

"天"字,能拆成"二"和"人",而不能拆成"一"和"大",如下所示。

$$天→二+人$$

(5)"能散不连"原则是指在拆分汉字时,如果汉字的字根是"散"的位置排列关系,就不能按照"连"的位置关系进行拆分。有些字根的位置排列关系介于"散"与"连"之间,拆分时以"散"结构优先,其次为"连"结构。

例如,"非"字,在拆分的时候只能拆成"三""刂"和"三",如下所示。

$$非→三+刂+三$$

"占"字，在拆分的时候只能拆成"卜"和"口"，如下所示。

占→卜+口

"甘"字，在拆分的时候只能拆成"廿"和"二"，如下所示。

甘→廿+二

3.3 疑难汉字的拆分

在拆分疑难汉字时，由于它们不容易被拆分成基本的字根，对于这样的汉字，我们应该反复练习，加深记忆。

汉 字	拆 分	编 码
甫	一月丨丶	GNYN
世	廿乙	ANV
载	土戈车	FALD
单	丷日十	UJFJ
丑	乙土	NFD
考	土丿一乙	FTGN
贵	口丨一贝	KHGM
卤	卜口乂	HLQ
涂	氵人禾	IWTY
美	丷王大	UGDU
洲	氵丶丨	IYTH
练	纟七乙八	XANW
皁	白丿十	RTFJ
翱	白大十羽	RDFN
发	乙丿又丶	NTCY
尺	尸丶	NYI
卫	卩一	BGD
疟	疒匚一	UAGD
瓦	一乙丶乙	GNYN
击	二山	FMK
敢	乙耳攵	NBTY
长	丿七丶	TAYI
成	厂乙乙丿	DNNT
寒	宀二丿冫	PFJU
鬼	白儿厶	RQCI
买	乛冫大	NUDU
亲	立木	USU
末	木一	GSI
似	亻乙丶人	WNYW
片	丿丨一乙	THGN
报	扌卩又	RBCY
特	丿扌土寸	TRFF
我	丿扌乙丿	TRNT

续表

汉 字	拆 分	编 码
拽	扌田七	RJXT
交	六乂	URU

3.4 键面汉字的输入

3.4.1 输入键名汉字

在五笔输入法中，除了【Z】键以外的其他字母键都对应一个键名汉字，如下图所示。

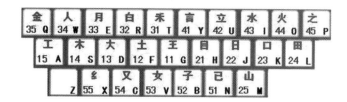

键名汉字共有 25 个，输入键名汉字的方法是：连续按 4 次键名汉字所在的字母键。键名汉字的输入见下表。

键名汉字	编码	键名汉字	编码	键名汉字	编码	键名汉字	编码
王	GGGG	目	HHHH	禾	TTTT	言	YYYY
土	FFFF	日	JJJJ	白	RRRR	立	UUUU
大	DDDD	口	KKKK	月	EEEE	水	IIII
木	SSSS	田	LLLL	人	WWWW	火	OOOO
工	AAAA	山	MMMM	金	QQQQ	之	PPPP
已	NNNN	子	BBBB	女	VVVV	又	CCCC
幺	XXXX	—	—	—	—	—	—

3.4.2 输入成字字根

成字字根是指除了键名汉字以外，本身是完整汉字的一类字根称为成字字根。如"早、雨、甲、羽……"。

成字字根的输入方法如下。

（1）"报户口"，即敲该字根所在的键位。

（2）按书写顺序，依次敲击首笔笔画、次笔笔画和末笔笔画键位，若不足 4 码按空格键补足。

下面举例说明成字字根的输入方法。

成字字根	报户口	首笔笔画	次笔笔画	末笔笔画	编 码
古	D	一	l	一	DGHG
甲	L	l	乙	l	LHNH
早	J	l	乙	l	JHNH
雨	F	一	l	、	FGHY
弓	X	乙	一	乙	XNGN
竹	T	ノ	一	J	TTGH
米	O	、	ノ	、	OYTY

3.4.3 输入 5 种单笔画

在五笔字型中，有5种单笔画，它们是横（一）、竖（丨）、撇（ノ）、捺（、）和折（乙），分别位于键盘上的【G】【H】【T】【Y】和【N】键上。其输入方法为：连续敲击其所在键位两次，然后再补敲【L】键两次。

单笔画	第 1 码	第 2 码	第 3 码	第 4 码	编 码
一	G	G	L	L	GGLL
l	H	H	L	L	HHLL
ノ	T	T	L	L	TTLL
、	Y	Y	L	L	YYLL
乙	N	N	L	L	NNLL

3.5 键外汉字的输入

键外汉字在五笔字根表中是找不到的，因此输入键外汉字必须将其拆分成字根，然后按照相应的规则输入其对应的编码完成汉字的输入。

3.5.1 输入少于 4 个字根的汉字

在拆分汉字中，当遇到少于4个字根的汉字时，就必须添加末笔识别码，仍不足时要补空格键。输入的方法是：依次输入第1个字根所在键、第2个字根所在键、第3个字根所在键和末笔识别码。看下表来举例说明一下。

汉字	第 1 个字根	第 2 个字跟	第 3 个字根	末笔识别码	编 码
术	木	、	无	K	SYI
完	宀	二	儿	B	PFQB
汉	氵	又	无	Y	ICY
码	石	马	无	G	DCG
闲	门	木	无	I	USI

3.5.2 输入多于 4 个字根的汉字

在拆分汉字中，遇到超过 4 个字根的汉字时，输入的方法是：依次敲击第 1 个字根所在键、第 2 个字根所在键、第 3 个字根所在键和末字字根所在键。看下表来举例说明一下。

汉 字	第 1 个字根	第 2 个字根	第 3 个字根	末字字根	编 码
器	口	口	犬	口	KKDK
滞	氵	一	川	丨	IGKH
整	一	口	小	止	SKTH
嘱	口	尸	丿	丶	KNTY
缀	纟	又	又	又	XCCC

3.5.3 输入等于 4 个字根的汉字

在拆分汉字中，遇到正好 4 个字根的汉字时，输入的方法是：依次敲击第 1 个字根所在键、第 2 个字根所在键、第 3 个字根所在键和第 4 个字根所在键。看下表来举例说明一下。

汉 字	第 1 个字根	第 2 个字根	第 3 个字根	第 4 个字根	编 码
铸	钅	三	丿	寸	QDTF
撞	扌	立	日	土	RUJF
照	日	刀	口	灬	JVKO
暑	日	土	丿	日	JFTJ
娱	女	口	一	大	VKGD

3.6 正确使用末笔区位识别码

在五笔输入法中，在输入拆分不足 4 个字根的汉字时，我们要用末笔区位识别码来补位。

3.6.1 末笔区位识别码的由来

由于一些汉字字根的构成比较简单，拆分出来的编码太短，信息量不足，在输入的时候就会出现大量的重码字，所以为了解决这一难题，在为这些不足 4 个字根的汉字编码时，在字根码的后面追加了末笔识别码。

3.6.2 末笔区位识别码的组成

末笔区位识别码是由汉字的末笔笔画代码与字型的代码构成。当拆分不足 4 个字根的汉字时，依次输入字根所在键位后，补加一个末笔区位识别码；如果补完末笔区位识别码后仍然不足 4 码，则需敲击空格键。也就是说末笔区位识别码是由两位数字组成的，第 1 位数字，是末笔笔画的代码，分别为横（1）、竖（2）、撇（3）、捺（4）和折（5），第 2 位数字，是字形结构的代码，分别为左右型（1）、上下型（2）和杂合型（3）。如"笔"字，末笔笔画是折，区码为 5，汉字字型结构是上下型，位码为 2，则"笔"的末笔区位识别码为 52（B）。

3.6.3 添加末笔区位识别码的方法

末笔区位识别码是汉字的末笔笔画代码与字型的代码共同构成的。所以添加末笔区位识别码须先找末笔笔画，再观察字形结构，如下表所示。

末 笔	字 型	左右型 1	上下行 2	杂合型 3
横	1	G（11）	F（12）	D（13）
竖	2	H（21）	J（22）	K（23）
撇	3	T（31）	R（32）	E（33）
捺	4	Y（41）	U（42）	I（43）
折	5	N（51）	B（52）	V（53）

3.6.4 末笔区位识别码的特殊约定

在添加末笔区位识别码时，有些汉字的末笔笔画是有一些特殊约定的，下面来介绍一下。

（1）半包围和全包围的汉字末笔笔画是被包围部分的末笔笔画。如"困"字是全包围结构，则末笔笔画为"捺（、）"；"迄"字是半包围结构，则末笔笔画为"折（乙）"。

（2）对于末笔笔画的选择与书写顺序不一致的汉字。如"成""我"等字，遵从"从上到下"的原则，视撇"丿"为末笔。

妙用万能【Z】键

【Z】键叫辅助学习键。在使用五笔字型输入汉字时，如果忘记某一字根的所在键或者不知道末笔区位识别码，可用万能【Z】键来替代；如果对一个汉字一无所知，可以将 4 个代码敲成 ZZZZ。

例如，"纠"字，在敲击完第 1 个和第 2 个字根所在键位后，不记得第 3 个字根的所在键位，就可以直接敲击【Z】键，如下图所示。

从图上可以看出，"纠"字在第 4 个，还标注出了竖的所在键位为【H】键，这样不仅打出了汉字，还告诉我们"纠"字的编码，加深了对"纠"字编码的记忆。

单字输入

接下来介绍如何用金山打字通软件进行输入单字的练习。

第1步 在桌面上打开金山打字通 2013，单击 【五笔打字】图形选项。

第2步 在出现的界面中，单击【单字练习】按钮。

第3步 在出现的界面中进行打字练习。也可根据下方提示按键进行输入。

第4步 单击右上方【课程选择】右侧的下拉按钮，可以在出现的下拉列表中选择课程内容，也可以自定义课程内容。

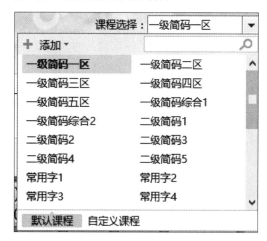

第5步 也可单击下方【测试模式】按钮，在出现的界面中进行打字练习。

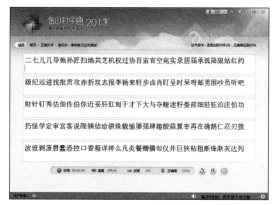

◇ **汉字的输入方法**

汉字的输入方法是如何约定的

（1） 键名字的输入方法是把键名字所在的键连续按下 4 次。

（2） 成字字根的输入方法是成字字根所在的键，再加第 1、第 2 末笔笔画（不足四码补按空格键）。

（3） 正好四码的汉字输入方法是一次输入拆完的字根即可。

（4） 超过四码的汉字输入方法是取一、二、三和末笔字根取码输入。

（5）不足四码的汉字输入方法是字根输入完成后，追加末笔字型识别码，如果仍不足四码，补按空格键。

第4章

简码与词组

本章导读

每个汉字的编码最多有4码，如果每码都输入太浪费时间了，所以为了提高五笔输入法输入汉字的速度，五笔输入法制订了一级、二级和三级简码输入以及词组输入。本章就来介绍一下输入简码与词组。

思维导图

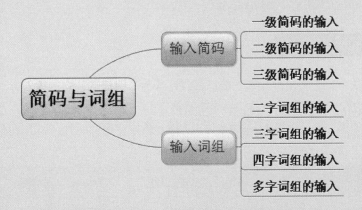

在五笔输入法中使用一级、二级和三级简码输入，大大提高了输入汉字的速度。下面分别介绍这些简码输入法。

4.1.1 一级简码的输入

在五笔输入法中将最常用的 25 个汉字归纳为一级简码，分别位于 25 个字母键上（除【Z】键外），每个键位对应的汉字，如下图所示。

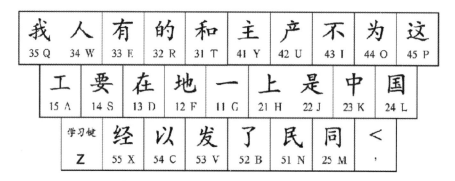

输入一级简码的方法：先敲击一级简码所在键，再敲击空格键。

例如，输入"中"字，先按【K】键，再按空格键即可，如下图所示。

4.1.2 二级简码的输入

在五笔输入法中将一些使用频率比较高的汉字作为二级简码，它的输入方法是：先敲击汉字的第 1 个和第 2 个字根所在的键位，再敲击空格键。

例如，输入"早"字，先按【J】键和【H】键，再按空格键即可，如下图所示。

在五笔输入法中，除去一些空字，大约有 600 个二级简码，下表列出了这些二级简码。

区号 位号	G F D S A 11 ~ 15	H J K L M 21 ~ 25	T R E W Q 31 ~ 35	Y U I O P 41 ~ 45	N B V C X 51 ~ 55
G (11)	五于天末开	下理事画现	玫珠表珍列	玉平不来	与屯妻到互
F (12)	二寺城霜载	直进吉协南	才垢圾夫无	坟增示赤过	志地雪支
D (13)	三夺大厅左	丰百右历面	帮原胡春克	太磁砂灰达	成顾肆友龙
S (14)	本村枯林械	相查可楞机	格析极检构	术样档杰棕	杨李要权楷
A (15)	七革基苛式	牙划或功贡	攻匠菜共区	芳燕东芝	世节切芭药
H (21)	睛睦睚盯虎	止旧占卤贞	睡睥肯具餐	眩瞳步眯瞎	卢眼皮此
J (22)	量时晨果虹	早是蝇曙遇	昨蝗明蛤晚	景暗晃显晕	电最归紧昆
K (23)	呈叶顺呆呀	中虽吕另员	呼听吸只史	嘛啼吵噗喧	叫啊哪吧哟
L (24)	车轩因困轼	四锟加男轴	力斩胃办罗	罚较辚边	思团轨轻累
M (25)	同财央朵曲	由则崭册	几贩骨内风	凡赠峭赕迪	岂邮凤嵬
T (31)	生行知条长	处得各务向	笔物秀答称	入科秒秋管	秘季委么第
R (32)	后持拓打找	年提扣押抽	手折扔失换	扩拉朱搂近	所报扫反批
E (33)	且肝须采肛	胖胆肿肋肌	用遥朋脸胸	及胶腔膊爱	甩服妥肥脂
W (34)	全会估检代	个介保佃仙	作伯仍从你	信们偿伙	亿他分公化
Q (35)	钱针然钉氏	外旬名甸负	儿铁角欠多	久匀乐炙锭	包凶争色
Y (41)	主计庆订度	让刘训为高	放诉衣认久	方说变这	记离良充率
U (42)	闰半关亲并	站间部曾尚	产瓣前闪交	六立冰普帝	决闻妆冯北
I (43)	汪法尖洒江	小浊澡渐没	少泊肖兴光	注洋水淡迷	断籽娄烃糨
O (44)	业灶类灯煤	粘烛炽烟灿	烽煌粗粉炮	米料炒炎迷	沁池当汉涨
P (45)	定守害宁宽	寂审宫军宙	客宾家空宛	社实宵灾之	官字安它
N (51)	怀导居民	收慢避惭届	必怕愉懈	心习悄屡忱	忆敢恨怪尼
B (52)	卫际承阿陈	耻阳职阵出	降孤阴队隐	防联孙耿辽	也子限取陛
V (53)	姨寻姑杂毁	叟旭如舅妯	九奶婚	妗嫌录灵巡	刀好妇妈姆
C (54)	骊对参骠戏	骡台劝观	矣牟能难允	驻驼	马邓艰双
X (55)	线结顷红	引旨强细纲	张绵级给约	纺弱纱继综	纪驰绿经比

4.1.3 三级简码的输入

三级简码是由单字全码中的前三个字根组成。三级简码的输入方法是：依次敲击第 1 个字根所在键、第 2 个字根所在键和第 3 个字根所在键，再补击空格键。

例如，"洲"字，依次敲击【I】【Y】和【T】键，再补击空格键即可，如下图所示。

4.2 输入词组

使用五笔输入法输入的词组，按字数可分为二字词组、三字词组、四字词组和多字词组 4 种类型。无论是哪种词组都是由 4 码组成。

4.2.1 二字词组的输入

二字词组的输入方法为：分别取每个字的前两个字根，即依次敲击第 1 个汉字的第 1 个字根所在键、第 1 个汉字的第 2 个字根所在键、第 2 个汉字的第 1 个字根所在键和第 2 个汉字的第 2 个字根所在键。下面举例说明二字词组的输入方法。

例如，电脑 = 日（J）+ 乙（N）+ 月（E）+ 亠(Y)，如下图所示。

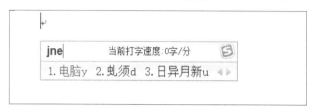

下表举例说明二字词组的编码规则。

二字词组	第 1 个汉字的第 1 个字根	第 1 个汉字的第 2 个字根	第 2 个汉字的第 1 个字根	第 2 个汉字的第 2 个字根	编码
汉字	氵	又	宀	子	ICPB
输入	车	人	丿	丶	LWTY
电脑	日	乙	月	亠	JNEY
编码	纟	丶	石	马	XYDC
假如	亻	乙	女	口	WNVK
太阳	大	丶	阝	日	DYBJ
约定	纟	勹	宀	一	XQPG

4.2.2 三字词组的输入

三字词组的输入方法为：分别取前两个字的第 1 个字根和第 3 个字的前两个字根，即依次敲击第 1 个汉字的第 1 个字根所在键、第 2 个汉字的第 1 个字根所在键、第 3 个汉字的第 1 个和第 2 个字根所在键。下面举例说明三字词组的输入方法。

例如，百家姓 = 厂（D）+ 宀（P）+ 女（V）+ 丿（T），如下图所示。

下表举例说明三字词组的编码规则。

三字词组	第 1 个汉字的第 1 个字根	第 2 个汉字的第 1 个字根	第 3 个汉字的第 1 个字根	第 3 个汉字的第 2 个字根	编码
你好吗	亻	女	口	马	WVKC
大家好	大	宀	女	子	DPVB
百家姓	厂	宀	女	丿	DPVT
奥运会	丿	二	人	二	TFWF
大药房	大	艹	丶	尸	DAYN
破落户	石	艹	丶	尸	DAYN
飞机场	乙	木	土	乙	NSFN

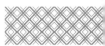

4.2.3 四字词组的输入

四字词组的输入方法为：分别取每个字的第 1 个字根，即依次敲击第 1 个汉字的第 1 个字根所在键、第 2 个汉字的第 1 个字根所在键、第 3 个汉字的第 1 个字根所在键和第 4 个汉字的第 1 个字根所在键。下面举例说明四字词组的输入方法。

例如，惊天动地 = 忄（N）+ 一（G）+ 二（F）+ 土（F），如下图所示。

下表举例说明四字词组的编码规则。

四字词组	第 1 个汉字的第 1 个字根	第 2 个汉字的第 1 个字根	第 3 个汉字的第 1 个字根	第 4 个汉字的第 1 个字根	编码
一心一意	一	心	一	立	GNGU
三心二意	三	心	二	立	DNFU
万事如意	ㄉ	一	女	立	DGVU
惊天动地	忄	一	二	土	NGFF
五湖四海	五	氵	四	氵	GILI
赏心悦目	丷	心	忄	目	INNH
含情脉脉	人	忄	月	月	WNEE

4.2.4 多字词组的输入

多字词组的输入方法为：分别取第 1、第 2、第 3 和最后一个字的第 1 个字根，即依次敲击第 1 个汉字的第 1 个字根所在键、第 2 个汉字的第 1 个字根所在键、第 3 个汉字的第 1 个字根所在键和最后一个汉字的第 1 个字根所在键。下面举例说明多字词组的输入方法。

例如，更上一层楼 = 一（G）+ 上（H）+ 一（G）+ 木（S），如下图所示。

下表举例说明多字词组的编码规则。

多字词组	第 1 个汉字的第 1 个字根	第 2 个汉字的第 1 个字根	第 3 个汉字的第 1 个字根	最后一个汉字的第 1 个字根	编码
白日依山尽	白	日	亻	尸	RJWN
更上一层楼	一	上	一	木	GHGS
唯恐天下不乱	口	工	一	丿	KADT
只缘身在此山中	口	纟	丿	口	KXTK
床前明月光	广	丷	日	丷	YUJI
汗滴禾下土	氵	氵	禾	土	IITF

词组输入

第1步 打开金山打字通软件,单击【五笔打字】即可。

第2步 在出现的界面中,单击【词组练习】图标选项即可。

第3步 在出现的界面中输入汉字,练习打字。

第4步 单击右上方【课程选择】右侧的下拉按钮,可以在出现的下拉列表中选择课程内容,也可以自定义课程内容。

第5步 还可以单击下方的【测试模式】,进行词组输入练习。

◇ **设置搜狗五笔输入法为默认输入法**

第1步 在桌面系统单击屏幕右下角的输入法框，在出现的页面中单击【语言首选项】，在弹出的【设置】页面中，单击【中文（中华人民共和国）】中的【选项】按钮。

第2步 在出现的【中文（中华人民共和国）】页面中，单击【添加键盘】选项。

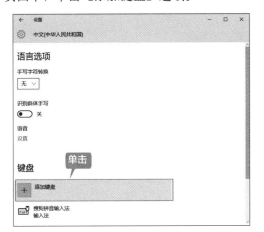

第3步 在【添加键盘】列表中找到【搜狗拼音输入法】，单击即可设置为默认输入法。

第4步 设置完成后在【键盘】区会出现【搜狗五笔输入法】选项。

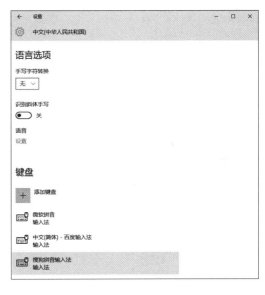

◇ **造词和删除造的新词**

在使用五笔输入法的过程中，由于打字时的需要，我们常常要造词。下面是造词的两种方法和造词步骤。

1. 造词

①用手动造词添加新词。

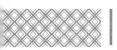
第1步 在搜狗五笔输入法状态条上单击【菜单】，在出现的界面上单击【常用工具】选项，接着单击【五笔造新词】选项即可。

第2步 弹出【造新词】对话框，如下图所示。

第3步 在【新词】文本框中输入新词组，【编码】文本框中会自动加上新的编码；若有重码，在【已有重码】文本框中会显示已有重码词条。添加完成后，单击【确定】按钮即可。

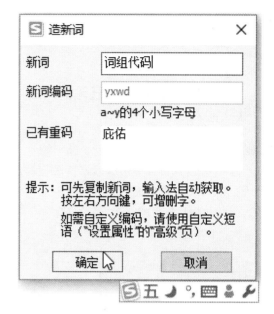

第4步 在搜狗五笔输入法状态条上单击【菜单】，在出现的界面上单击【设置属性】按钮。在弹出的【搜狗五笔输入法设置】页面中，选择【词库】选项就可以看到新造的词。

②用添加词条造词。

第1步 在搜狗五笔输入法状态条上单击【菜单】，在出现的界面上单击【设置属性】按钮。

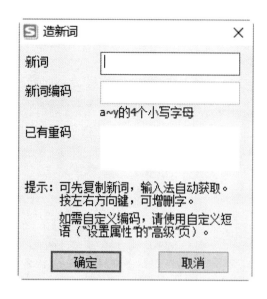

第2步 在弹出的【搜狗五笔输入法设置】页面中，选择【词库】选项，接着单击【添加词条】按钮。

第3步 在弹出的【造新词】对话框中，添加新词即可。接下来的步骤与手动造词的步骤相同。

2. 删除造的新词

在使用的过程中，有些词我们不经常使用了，以免影响打字的速度。下面是删除造词的步骤。

第1步 在搜狗五笔输入法状态条上单击【菜单】，在出现的界面上单击【设置属性】按钮。

第2步 在弹出的【搜狗五笔输入法设置】页面中，选择【词库】选项，然后选中要删除

的词条,单击【删除词条】按钮。

第 3 步 在出现的【确定要删除所选此条?】对话框中,单击【是】按钮即可删除词条。

第5章
提高五笔打字速度技巧

本章导读

在五笔输入法中，掌握了字根及输入方法，能快速地输入汉字，但还有些其他的小技巧，可以使你的打字速度更快。

思维导图

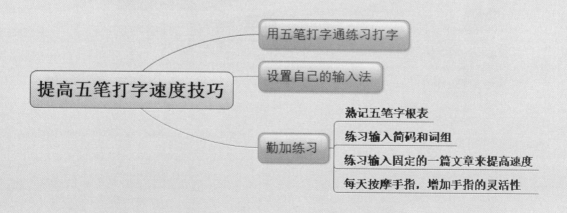

5.1 用五笔打字通练习打字

安装五笔打字通。

第1步 双击下载的"五笔打字通"安装包，在弹出的【您想将 五笔打字通 安装到何处？】页面中，单击【更改】按钮。

第2步 选择要安装的位置后，单击【确定】按钮。

第3步 接着单击【下一步】按钮。

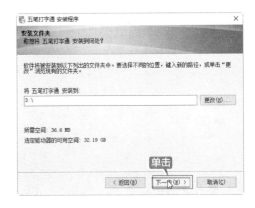

第4步 在弹出的【安装成功】页面中，单击【完成】按钮。

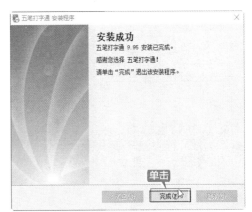

第5步 双击桌面上的"五笔打字通"快捷方式，弹出下图所示的"五笔打字通"打字页面。

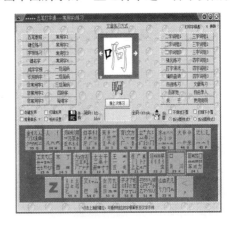

第 6 步 在"五笔打字通"打字页面的两侧有进行打字练习的选项，可根据自己的需要选择练习的内容。

五笔教程	常用字1
键位练习	常用字2
字根练习	常用字3
键名字	常用字4
成字字根	一级简码
识别码字	二级简码
非常用字1	三级简码
非常用字2	四码字
非常用字3	疑难字

二字词组1	三字词组1
二字词组2	三字词组2
二字词组3	三字词组3
强化练习	四字词组1
打字游戏	四字词组2
编码查询	四字词组3
自选练习	文章练习
百家姓	自由录入
关 于	使用说明

第 7 步 当想要进行字根练习时，单击【字根练习】选项，就会出现如下的练习页面。

第 8 步 当想要进行文章练习时，单击【文章练习】选项，就会出现下图所示的练习页面。

选择要练习的文章，单击即可进入。

第 9 步 在页面中还有 3 个选项，【自选英文文章】【自选中文文章】和【更多文章】，例如，选择【自选中文文章】时，会出现下图所示的【请选择中文文章】页面，选择想要练习的文章，单击【打开】即可。

第 10 步 单击【更多文章】按钮，会出现更多文章，选择喜欢的练习即可。

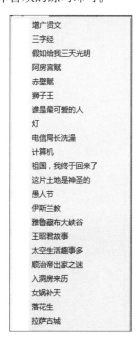

增广贤文
三字经
假如给我三天光明
阿房宫赋
赤壁赋
狮子王
谁是最可爱的人
灯
电信局长洗澡
计算机
祖国，我终于回来了
这片土地是神圣的
愚人节
伊斯兰教
雅鲁藏布大峡谷
王昭君故事
太空生活趣事多
顺治帝出家之谜
入洞房来历
女娲补天
落花生
拉萨古城

5.2 设置自己的输入法

为了方便自己使用，我们要根据自己的需求来设置输入法，这样会大大提高打字速度。下面以搜狗五笔输入法为例来介绍一下设置输入法。

第1步 在搜狗五笔输入法状态条上单击【菜单】按钮，在出现的界面上单击【设置属性】选项。

第2步 在出现的【常规】页面中，选择适合自己的选项，单击下方的【确定】按钮即可。

第3步 在搜狗五笔输入法状态条上单击【菜单】按钮，在出现的界面上单击【设置向导】选项。阅读完出现的【欢迎您使用搜狗五笔输入法】，单击【下一步】按钮即可。

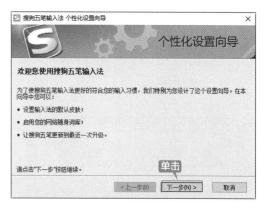

第4步 在出现的【让搜狗五笔成为您的个人专属输入法】页面中，选择适合自己的输入模式，单击【下一步】按钮即可。

第5步 在出现的【启用您的网络随身输入法】页面中，单击【下一步】按钮即可。

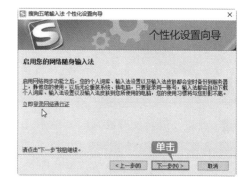

第6步 在出现的【输入法皮肤设置】页面中，设置喜欢的皮肤，单击【下一步】按钮即可。

第7步 在出现的【感谢您使用搜狗五笔输入

法设置向导】页面中，单击【完成】按钮即完成了对输入法的设置。

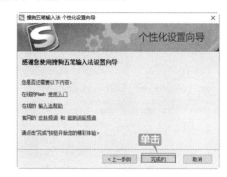

5.3 勤加练习

在用五笔输入法打字时，除了记住字根的键位，还要学会迅速地拆分汉字，在不断的练习中提高打字的速度。下面是练习的方法。

（1）熟记五笔字根表，在键盘上输入键名汉字以及成字字根，不要求速度多快，但是每个字必须准确。

（2）练习输入简码和词组，这比输入单个汉字缩减了时间，同时也会提高打字的速度。

（3）练习输入固定的一篇文章来提高速度。当速度达到 100 字 / 分时，再换一篇文章，直至随便一篇文章的打字速度都达到 100 字 / 分以上。

（4）每天按摩手指，多做些动手性强的活动，多用力握拳，这样做有利手上的血液流通，可以增加手指的灵活性。

举一反三

输入一篇文章

第1步 打开金山打字通软件，单击【五笔打字】图标即可。

第2步 在出现的界面中，单击【文章练习】图标。

第3步　在出现的界面中输入汉字，练习打字。

第4步　单击右上方【课程选择】，可以在出现的下拉列表中选择课程内容，也可以自定义课程内容。

第5步　还可以单击下方的【测试模式】，进行文章输入练习。

◇ **单字的五笔字根表编码歌诀**

通过前面的学习,关于五笔输入法已经学习得差不多了,下面是单字的五笔字根表编码歌诀。

五笔字型均直观,依照笔顺把码编;

键名汉字打四下,基本字根请照搬;

一二三末取四码,顺序拆分大优先;

不足四码要注意,交叉识别补后边。

歌诀中包括了五笔汉字的拆分原则和五笔汉字的输入规则。

（1）"依照笔顺把码编"说明了取码的顺序是依照从左到右、从上到下、从外到内的书写顺序。

（2）"键名汉字打四下"说明了键名汉字的输入方法。

（3）"一二三末取四码"说明了在字根数等于或大于四时,按一、二、三、末字根顺序取四码。

（4）"不足四码要注意,交叉识别补后边"说明了在不足四个字根时,打完字根识别码后,在尾部补交叉识别码。

歌诀中"基本字根请照搬"句和"顺序拆分大优先"是拆分原则。就是说在拆分中以基本字根为单位,并且在拆分时"取大优先",尽可能先拆出笔画最多的字根,或者说拆分出的字根数要尽量少。

Word 办公应用篇

第**2**篇

本篇主要介绍 Word 办公应用的各种操作。通过本篇的学习，读者可以掌握 Word 2016 的安装与基本操作、字符和段落格式的基本操作、表格的编辑与处理、文档页面的设置及长文档的排版技巧等操作。

第6章

Word 2016 的安装与基本操作

本章导读

Word 2016 是 Office 2016 办公系列软件的一个重要组成部分，主要用于文档处理。
本章将为读者介绍 Word 2016 的安装与卸载、启动与退出以及文档的基本操作等。

思维导图

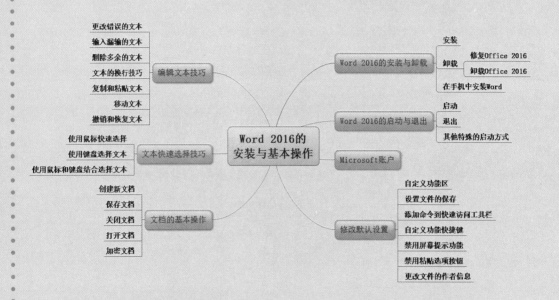

6.1 Word 2016 的安装与卸载

在使用 Word 2016 前，首先需要在计算机上安装该软件。同样地，如果不需要再使用 Word 2016，可以从计算机中卸载该软件。下面介绍 Word 2016 的安装与卸载的方法。

6.1.1 安装

Word 2016 是 Office 2016 的组件之一，若要安装 Word 2016，首先要启动 Office 2016 的安装程序，然后按照安装向导的提示一步一步地操作，即可完成 Word 2016 的安装。具体的操作步骤如下。

第 1 步 将 Office 2016 的安装光盘插入到电脑的 DVD 光驱中，双击其中的可执行文件，即可打开安装窗口。Office 2016 自动默认安装，显示安装的内容为 Office 2016 的组件，并显示安装的进度。

第 2 步 安装完成后，显示一切完成，单击【开始】按钮中的所有程序，即可启动该办公软件。

6.1.2 卸载

Word 2016 是 Office 2016 的组件之一，如果使用 Office 2016 的过程中程序出现问题，可以修复 Office 2016，不需要使用时可以将其卸载。

1. 修复 Office 2016

安装 Word 2016 后，当 Office 使用过程中出现异常情况，可以对其进行修复。

第 1 步 单击【开始】→【Windows系统】→【控制面板】菜单命令。

第2步 打开【控制面板】窗口，单击【程序和功能】连接。

第3步 打开【程序和功能】对话框，选择【Microsoft Office 专业增强版 2016 – zh-cn】选项，单击【更改】按钮。

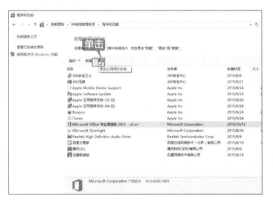

第4步 在弹出的【Office】对话框中单击选中【快速修复】单选项，单击【修复】按钮。

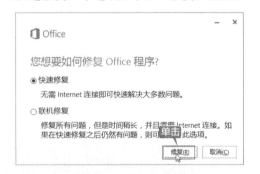

第5步 在【准备好开始快速修复？】界面单

击【修复】按钮，即可自动修复 Office 2016。

2. 卸载 Office 2016

第1步 打开【程序和功能】对话框，选择【Microsoft Office 专业增强版 2016 – zh-cn】选项，单击【卸载】按钮。

第2步 在弹出的对话框中单击【卸载】按钮即可开始卸载 Office 2016。

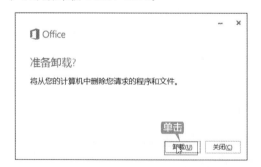

6.1.3 在手机中安装 Word

Office 2016 推出了手持设备版本的 Office 组件，支持 Android 手机、Android 平板电脑、iPhone、iPad、Windows Phone、Windows 平板电脑，下面就以在 Android 手机中安装 Word 组件为例进行介绍。

第1步 在 Android 手机中打开任一下载软件的应用商店，如腾讯应用宝、360 手机助手、百度手机助手等，这里打开 360 手机助手程序，并在搜索框中输入"Word"，单击【搜索】按钮，即可显示搜索结果。

第2步 在搜索结果中单击【微软 Office Word】右侧的【下载】按钮，即可开始下载 Microsoft Word 组件。

第3步 下载完成，打开安装界面，单击【安装】按钮。

第4步 安装完成，在安装成功界面单击【打开】按钮。

第5步 即可打开并进入 Word 界面。

6.2 Word 2016 的启动与退出

在系统中安装好 Word 2016 之后，要想使用该软件编辑与管理表格数据，还需要启动 Word。下面介绍启动与退出 Word 2016 的方法。

6.2.1 启动

用户可以通过以下 3 种方法启动 Word 2016。

方法 1：通过【开始】菜单启动。

单击桌面任务栏中的【开始】按钮，在弹出的菜单中依次选择【所有应用】→【W】→【Word 2016】菜单命令，即可启动 Word 2016。

方法 2：通过桌面快捷方式图标启动。

双击桌面上的 Word 2016 快捷方式图标 ，即可启动 Word 2016。

方法 3：通过打开已存在的 Word 文档启动。

在计算机中找到一个已存在的 Word 文档（扩展名为 .docx），双击该文档图标，即可启动 Word 2016。

> **| 提示 |**
>
> 通过前两种方法启动 Word 2016 时，Word 2016 会自动创建一个空白工作簿。通过第三种方法启动 Word 2016 时，Word 2016 会打开已经创建好的文档。

6.2.2 退出

与退出其他应用程序类似，通常有 5 种方法可退出 Word 2016。

方法 1：通过文件操作界面退出。

在 Word 工作窗口中，选择【文件】选项卡，进入文件操作界面，单击左侧的【关闭】菜单命令，即可退出 Word 2016。

方法 2：通过【关闭】按钮退出。

该方法最为简单直接，在 Word 工作窗口中，单击右上角的【关闭】按钮 ×，即可退出 Word 2016。

方法 3：通过控制菜单图标退出。

在 Word 工作窗口中，在标题栏右击，在弹出的菜单中选择【关闭】菜单命令，即可退出 Word 2016。

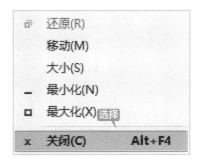

方法 4：通过任务栏退出。

在桌面任务栏中，选中 Word 2016 图标，右击鼠标，选择【关闭窗口】菜单命令，即可退出 Word 2016。

方法 5：通过组合键退出。

单击选中 Word 窗口，按【Alt+F4】组合键，即可退出 Word 2016。

6.2.3 其他特殊的启动方式

除了使用正常的方法启动 Word 2016 外，还可以在 Windows 桌面或文件夹的空白处单击鼠标右键，在弹出的快捷菜单中选择【新建】→【Microsoft Word 文档】命令。执行该命令后即可创建一个 Word 文档，用户可以重新命名该新建文档。双击该新建文档，Word 2016 就会打开这篇新建的空白文档。

6.3 随时随地办公的秘诀——Microsoft 账户

Office 2016 具有账户登录功能，在使用该功能前，用户需要一个 Microsoft 账户，然后登录账号，实现随时随地处理工作，还可以联机保存 Office 文件。

注册 Microsoft 账户的具体操作步骤如下。

第1步 打开 IE 浏览器，输入网址 http://login.live.com/，单击【立即注册】链接。

第2步 打开【创建账户】页面，输入相关信息。

第3步 输入信息完成，输入验证字符，单击【创建账户】按钮，即可完成账户的创建。

第4步 创建账户成功后或者已有 Microsoft 账户，即可使用账户登录 Word 2016，配置账户。打开 Word 2016 软件，单击软件界面右上角的【登录】链接。

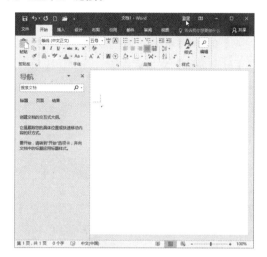

第5步 弹出【登录】界面，在文本框中输入电子邮件地址，单击【下一步】按钮。

第6步 在打开的界面输入账户密码，单击【登录】按钮。

第7步 登录后即可在界面右上角显示用户名称。单击【账户设置】选项。

第8步 在【账户】区域可以查看账户信息，并根据需要更改账户照片或者设置 Office 的背景或主题。

6.4 提高你的办公效率——修改默认设置

在 Word 2016 中，用户可以根据实际工作需求修改界面的设置，从而提高办公效率。

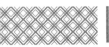
6.4.1 自定义功能区

功能区中的各个选项卡可以由用户自定义设置,包括命令的添加、删除、重命名、次序调整等。

第1步 在功能区的空白处单击鼠标右键,在弹出的快捷菜单中选择【自定义功能区】选项。

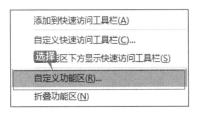

第2步 打开【Word 选项】对话框,单击【自定义功能区】选项下的【新建选项卡】按钮。

第3步 系统会自动创建一个【新建选项卡】和一个【新建组】选项。

第4步 单击【新建选项卡(自定义)】选项,单击【重命名】按钮。弹出【重命名】对话框,在【显示名称】文本框中输入"附加选项卡"字样,单击【确定】按钮。

第5步 单击【新建组(自定义)】选项,单击【重命名】按钮,弹出【重命名】对话框。在【符号】列表框中选择组图标,在【显示名称】文本框中输入"学习"字样,单击【确定】按钮。

第6步 返回【Word 选项】对话框,即可看到选项卡和选项组已被重命名,单击【从下列位置选择命令】右侧的下拉按钮,在弹出的列表中选择【所有命令】选项,在列表框中选择【词典】项,单击【添加】按钮。

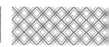

第7步 此时就将其添加至新建的【附加选项卡（自定义）】下的【学习】组中。

6.4.2 设置文件的保存

保存文档时经常需要选择文件保存的位置及保存类型，如果需要经常将文档保存为某一类型并且保存在某一个文件夹内，可以在 Office 2016 中设置文件默认的保存类型及保存位置。具体操作步骤如下。

第1步 在打开的 Word 2016 文档中选择【文件】选项卡，选择【选项】选项。

> **提示**
>
> 单击【上移】和【下移】按钮，可改变选项卡和选项组的顺序和位置。

第8步 单击【确定】按钮，返回 Word 界面，即可看到新增加的选项卡、选项组及按钮。

> **提示**
>
> 如果要删除新建的选项卡或选项组，只需要选择要删除的选项卡或选项组，并单击鼠标右键，在弹出的快捷菜单中单击【删除】选项即可。

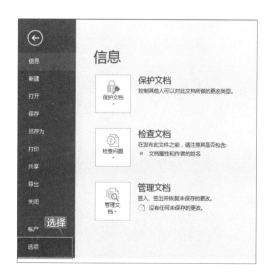

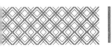

第2步 打开【Word 选项】对话框，在左侧
选择【保存】选项，在右侧【保存文档】区
域单击【将文件保存为此格式】后的下拉按
钮，在弹出的下拉列表中选择【Word 文档
（*.docx）】选项，将默认保存类型设置为
"Word 文档（*.docx）"格式。

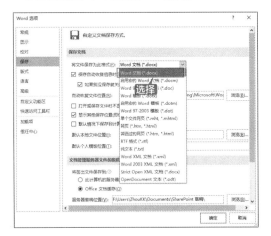

第3步 单击【默认本地文件位置】文本框后
的【浏览】按钮。

第4步 打开【修改位置】对话框，选择文档
要默认保存的位置，单击【确定】按钮。

第5步 返回【Word 选项】对话框后即可看
到文档的默认保存位置已经改变，单击【确定】
按钮。

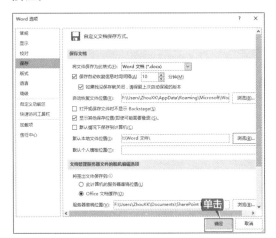

第6步 在 Word 文档中单击【文件】选项卡，
选中【保存】选项，并在右侧单击【浏览】按钮，
即可打开【另存为】对话框，可以看到将自
动设置为默认的保存类型并自动打开默认的
保存位置。

6.4.3 添加命令到快速访问工具栏

Word 2016 的快速访问工具栏在软件界面的左上方，默认情况下包含保存、撤销和恢复几个按钮，用户可以根据需要将命令按钮添加至快速访问工具栏。具体操作步骤如下。

第1步 单击快速访问工具栏右侧的【自定义快速访问工具栏】按钮 ，在弹出的下拉列表中可以看到包含有新建、打开等多个命令按钮，选择要添加至快速访问工具栏的选项。这里选择【新建】选项。

第2步 即可将【新建】按钮添加至快速访问工具栏，并且选项前将显示"√"符号。

> **提示**
>
> 　使用同样方法可以添加【自定义快速访问工具栏】列表中的其他按钮。如果要取消按钮在快速访问工具栏中的显示，只需要再次选择【自定义快速访问工具栏】列表中的按钮选项即可。

第3步 此外，还可以根据需要添加其他命令至快速访问工具栏。单击快速访问工具栏右侧的【自定义快速访问工具栏】按钮 ，在弹出的下拉列表中选择【其他命令】选项。

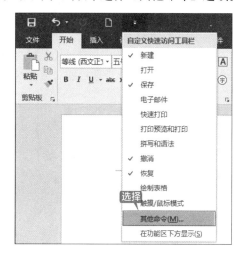

第4步 打开【Word 选项】对话框，在【从下列位置选择命令】列表中选择【常用命令】选项，在下方的列表中选择要添加至快速访问工具栏的按钮。这里选择【查找】选项，单击【添加】按钮。

第5步 即可将【查找】选项添加至右侧的列表框中，单击【确定】按钮。

第6步 返回 Word 2016 界面，即可看到【查

找】按钮已添加至快速访问工具栏中。

> **提示**
>
> 在快速访问工具栏中选择【查找】按钮并单击鼠标右键，在弹出的快捷菜单中选择【从快速访问工具栏删除】选项，即可将其从快速访问工具栏中删除。

6.4.4 自定义功能快捷键

在 Word 2016 中可以根据需要自定义功能快捷键，便于执行某些常用的操作。在 Word 2016 中设置添加"☞"符号功能快捷键的具体操作步骤如下。

第1步 单击【插入】选项卡下【符号】选项组中的【符号】按钮 Ω 符号· 的下拉按钮，在弹出的下拉列表中选择【其他符号】选项。

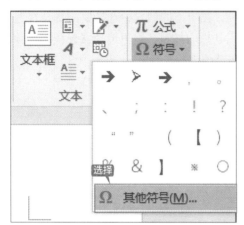

第2步 打开【符号】对话框，选择要插入的符号"☞"，单击【快捷键】按钮。

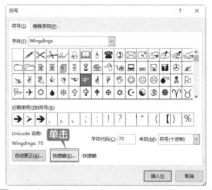

第3步 弹出【自定义键盘】对话框，将鼠标光标放置在【请按新快捷键】文本框内，要设置的快捷键，这里按【Ctrl+1】组合键，然后单击【指定】按钮。

第4步 即可将设置的快捷键添加至【当前快捷键】列表框内，单击【关闭】按钮。

第5步 返回【符号】对话框，即可看到设置的快捷键，单击【关闭】按钮。

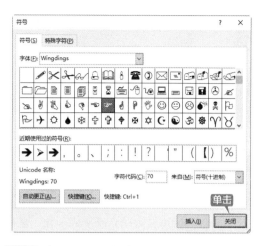

第6步 在 Word 文档中按【Ctrl+1】快捷键，即可输入"☞"符号。

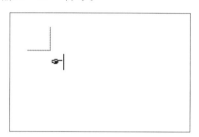

6.4.5 禁用屏幕提示功能

在 Word 2016 中将鼠标光标放置在某个按钮上，将提示按钮的名称以及作用，可以通过设置，禁用这些屏幕提示功能。具体操作步骤如下。

第1步 将鼠标光标放置在任意一个按钮上，例如，放在【开始】选项卡下【字体】组中的【加粗】按钮上，稍等片刻，将显示按钮的名称以及作用。

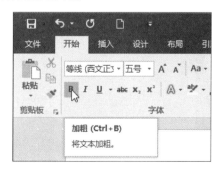

第2步 选择【文件】选项卡，选择【选项】选项，打开【Word 选项】对话框，选择【常规】选项，在右侧【用户界面选项】组中单击【屏幕提示样式】后的下拉按钮，在弹出的下拉列表中选择【不显示屏幕提示】选项，单击【确定】按钮。

第3步 即可禁用屏幕提示功能。

6.4.6 禁用粘贴选项按钮

默认情况下使用粘贴功能后，将会在文档显示【粘贴选项】按钮 (Ctrl)，方便用户选择粘贴选项，可以通过设置禁用粘贴选项按钮。具体操作步骤如下。

第1步 在 Word 文档中复制一段内容后，按【Ctrl+V】组合键，将在 Word 文档中显示【粘贴选项】按钮，如下图所示。

第2步 如果要禁用【粘贴选项】按钮，可以选择【文件】选项卡，选择【选项】选项，打开【Word选项】对话框，选择【高级】选项，

在右侧【剪切、复制和粘贴】组中撤销选中【粘贴内容时显示粘贴选项按钮】复选框，单击【确定】按钮，即可禁用粘贴选项按钮。

6.4.7 更改文件的作者信息

使用 Word 2016 制作文档时，文档会自动记录作者的相关信息，可以根据需要更改文件的作者信息。具体操作步骤如下。

第1步 在打开的 Word 文档中选择【文件】选项卡，选择【信息】选项，即可在右侧【相关人员】区域显示作者信息。

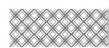

第 2 步 在作者名称上单击鼠标右键，在弹出的快捷菜单中选择【编辑属性】菜单命令。

第 3 步 弹出【编辑人员】对话框，在【输入姓名或电子邮件地址】文本框中输入要更改的作者名称，单击【确定】按钮。

第 4 步 返回 Word 界面，即可看到已经更改了作者信息。

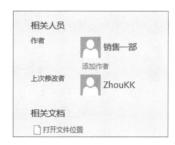

6.5 文档的基本操作

在使用 Word 2016 处理文档之前，首先需要掌握创建新文档、保存文档、关闭文档、打开及加密文档的操作。

6.5.1 创建新文档

在 Word 2016 中有 4 种方法可以创建新文档。

1. 启动创建空白文档

创建空白文档的具体操作步骤如下。

第 1 步 单击【开始】→【所有应用】→【W】→【Word 2016】命令。

第 2 步 即可打开 Word 2016 的初始界面。单击【空白文档】按钮。

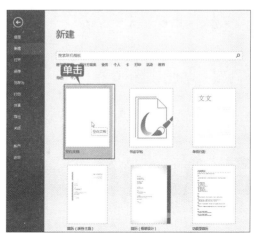

第3步 即可创建一个名称为"文档1"的空白文档。

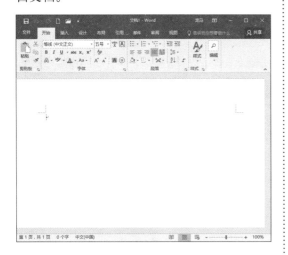

2. 使用新建命令创建新文档

如果已经启动了 Word 2016 软件，可以通过执行【新建】命令新建空白文档。具体操作步骤如下。

第1步 单击【文件】选项卡，在弹出的下拉列表中选择【新建】选项，在【新建】区域单击【空白文档】按钮。

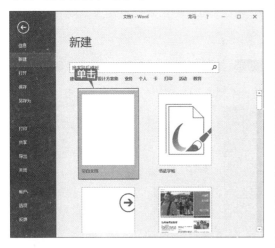

第2步 即可创建一个名称为"文档2"的空白新文档。

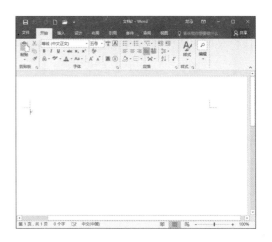

> **提示**
>
> 单击【快速访问工具栏】中的【新建空白文档】按钮或者按【Ctrl+N】组合键，也可以快速地创建空白文档。

3. 使用本机上的模板新建文档

Office 2016 系统中有已经预设好的模板文档，用户在使用的过程中，只需在指定位置填写相关的文字即可。例如，对于需要制作一个毛笔临摹字帖的用户来说，通过 Word 2016 就可以轻松实现。具体操作步骤如下。

第1步 打开 Word 文档，选择【文件】选项卡，在其列表中选择【新建】选项，在打开的【新建】区域单击【书法字帖】选项。

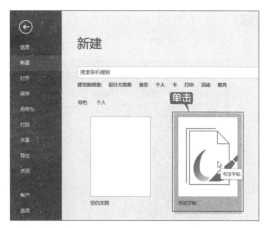

第2步 弹出【增减字符】对话框，在【可用字符】列表中选择需要的字符，单击【添加】按钮可将所选字符添加至【已用字符】列表。

> **提示**
>
> 如果在【已用字符】列表中有不需要的字符，可以选择该字符并单击【删除】按钮。

第3步 使用同样的方法，添加其他字符，添加完成后单击【关闭】按钮，完成书法字帖的创建。

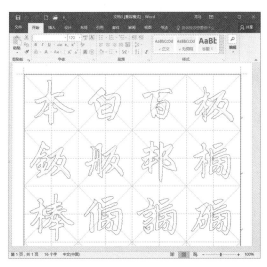

4. 使用联机模板新建文档

除了 Office 2016 软件自带的模板外，

微软公司还提供有很多精美的专业联机模板。可以在联网的情况下下载使用，使用联机模板新建文档的具体操作步骤如下。

第1步 单击【文件】选项卡，在弹出的下拉列表中选择【新建】选项，在【搜索联机模板】搜索框中输入想要的模板类型。这里输入"卡片"，单击【搜索】按钮。

第2步 即可显示有关"卡片"的搜索结果。在搜索的结果中选择【字母教学卡片】选项。

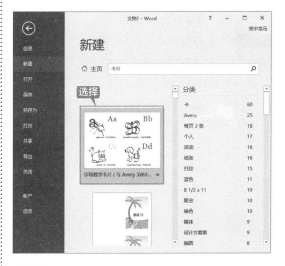

第3步 在弹出的"字母教学卡片"预览界面中单击【创建】按钮，即可下载该模板。下载完成后会自动打开该模板。

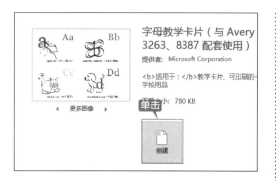

第4步 创建效果如右图所示。

6.5.2 保存文档

文档创建或修改好后，如果不保存，就不能被再次使用，我们应养成随时保存文档的好习惯。在 Word 2016 中需要保存的文档有未命名的新建文档、已保存过的文档、需要更改名称及格式或存放路径的文档等。

1. 保存新建文档

在第 1 次保存新建文档时，需要设置文档的文件名、保存位置和格式等，然后保存到电脑中。具体操作步骤如下。

第1步 单击【快速访问工具栏】上的【保存】按钮圆，或单击【文件】选项卡，在打开的列表中选择【保存】选项。

| 提示 |

按【Ctrl+S】组合键可快速进入【另存为】界面。

第2步 在右侧的【另存为】区域单击【浏览】按钮。

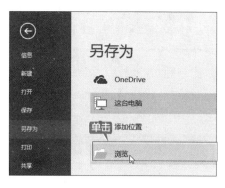

第3步 在弹出的【另存为】对话框中设置保存路径和保存类型并输入文件名称，然后单击【保存】按钮，即可将文件另存。

2. 保存已保存过的文档

对于已保存过的文档，如果对该文档修改后，单击【快速访问工具栏】上的【保存】按钮🖫，或者按【Ctrl+S】组合键可快速保存文档，且文件名、文件格式和存放路径不变。

3. 另存为文档

如果对已保存过的文档编辑后，希望修改文档的名称、文件格式或存放路径等，则可以使用【另存为】命令，对文件进行保存。例如，将文档保存为 Office 2003 兼容的格式。

第1步 单击【文件】选项卡，在打开的列表中选择【另存为】选项，或按【Ctrl+Shift+S】组合键进入【另存为】界面。

第2步 双击【这台电脑】选项，在弹出的【另存为】对话框中，输入要保存的文件名，并选择要保存的位置，然后在【保存类型】下拉列表框中选择【Word 97–2003 文档】选项，单击【保存】按钮，即可保存为 Office 2003 兼容的格式。

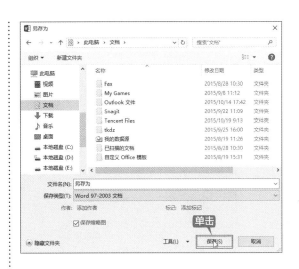

4. 自动保存文档

在编辑文档的时候，Office 2016 会自动保存文档，在用户非正常关闭Word的情况下，系统会根据设置的时间间隔，在指定时间对文档自动保存，用户可以恢复最近保存的文档状态。默认"保存自动恢复信息时间间隔"为 10 分钟，用户可以单击【文件】→【选项】→【保存】选择，在【保存文档】区域的【保存自动恢复信息时间间隔】微调框中设置时间间隔，如"8"分钟。

6.5.3 关闭文档

文档制作完成后可以关闭文档，关闭文档常用的有 5 种方法。

（1）单击标题栏右侧的 ✕ 按钮。

（2）单击【文件】选项卡下的【关闭】选项。

（3）在标题栏中单击鼠标右键，在弹出的快捷菜单中选择【关闭】菜单命令。

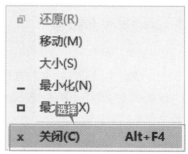

（4）按【Alt+F4】组合键可快速关闭文档。

（5）在【快速访问工具栏】左侧位置单击鼠标左键，选择【关闭】菜单命令，或者直接在该位置处双击鼠标左键，均可关闭文档。

6.5.4 打开文档

Word 2016 提供了多种打开已有文档的方法，下面介绍几种常用的方法。

1. 双击已有文件打开文档

在要打开的文档图标上双击即可启动 Word 2016 并打开该文档。

2. 使用【打开】命令

如果已经启动了 Word 2016，可以使用【打开】命令打开文档。

第1步 单击【快速访问工具栏】中的【打开】按钮；或者按【Ctrl+O】组合键；再或者单击【文件】选项卡下的【打开】命令，在右侧的【打开】区域选择【这台电脑】选项，单击【浏览】按钮，都可以打开【打开】对话框。

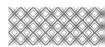

第2步 选择文档存储的位置，并选择要打开的文档，单击【打开】按钮，即可打开选择的文档。

3. 打开最近使用过的文档

启动 Word 2016 后，单击【文件】选项卡，在其下拉列表中选择【打开】选项，在

右侧的【最近使用的文档】区域列出了最近使用的文档名称，选择将要打开的文件名称，即可快速打开最近使用过的文档。

6.5.5 加密文档

使用 Word 2016 完成文档编辑后，其他用户也可以打开并查看文档内容，为了防止重要内容的泄露，可以为文档加密。加密文档的具体操作步骤如下。

第1步 打开随书光盘中的"素材 \ch06\ 工作报告 .docx"文件，依次单击【文件】→【信息】→【保护文档】→【用密码进行加密】选项。

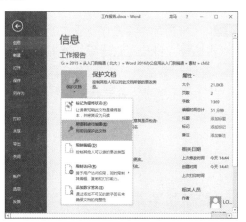

第2步 弹出【加密文档】对话框，在【密码】文本框中输入密码（这里设置密码为"123456"），单击【确定】按钮。

第3步 弹出【确认密码】对话框，在【重新输入密码】文本框中再次输入设置的密码，单击【确定】按钮。

第4步 即可看到此时文档处于被保护状态，需要提供密码才能打开。

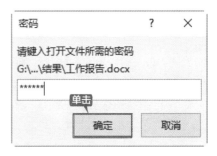

第 5 步 保存并关闭文档后，执行【打开】命令，将会弹出【密码】对话框，需要在文本框中输入设置的密码并单击【确定】按钮，才能打开该文档。

6.6 文本快速选择技巧

选定文本时既可以选择单个字符，也可以选择部分或整篇文档。下面介绍文本快速选择的方法。

6.6.1 使用鼠标快速选择

选定文本最常用的方法就是拖曳鼠标选取。采用这种方法可以选择文档中的任意文字，该方法是最基本和最灵活的选取方法。

第 1 步 打开随书光盘中的"素材 \ch06\ 工作报告 .docx"文件，将鼠标光标放在要选择的文本的开始位置，如放置在第 2 段第 1 行的中间位置。

第 2 步 按住鼠标左键并拖曳，这时选中的文本会以阴影的形式显示。选择完成，释放鼠标左键，鼠标光标经过的文字就被选定了。单击文档的空白区域，即可取消文本的选择。

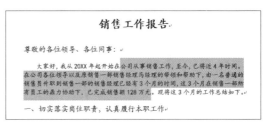

第 3 步 通常情况下，在 Word 文档中的文字上双击鼠标左键，可选中鼠标光标所在位置处的词语。如果在单个文字上双击鼠标左键，如"的""嗯"等，则只能选中一个文字。

第 4 步 将鼠标光标放置在段落前的空白位置，单击鼠标左键，可选择整行。如果将鼠标光标放置在段落内，双击鼠标左键，可选择鼠

标光标所在位置后的词组。

第 5 步 将鼠标光标放置在段落前的空白位置，双击鼠标左键，可选择整个段落。

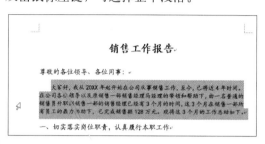

第 6 步 将鼠标光标放置在段落前的空白位置，连续 3 次单击鼠标左键，可选择整篇文档。

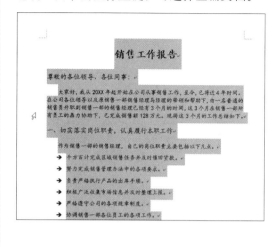

6.6.2 使用键盘选择文本

在不使用鼠标情况下，我们可以利用键盘组合键来选择文本。使用键盘选定文本时，需先将插入点移动到将选文本的开始位置，然后按相关的组合键即可。

组合键	功　能
【Shift+ ← 】	选择光标左边的一个字符
【Shift+ → 】	选择光标右边的一个字符
【Shift+ ↑ 】	选择至光标上一行同一位置之间的所有字符
【Shift+ ↓ 】	选择至光标下一行同一位置之间的所有字符
【Shift + Home 】	选择至当前行的开始位置
【Shift + End 】	选择至当前行的结束位置
【Ctrl+A 】/【Ctrl+5 】	选择全部文档
【Ctrl+Shift+ ↑ 】	选择至当前段落的开始位置
【Ctrl+Shift+ ↓ 】	选择至当前段落的结束位置
【Ctrl+Shift+Home 】	选择至文档的开始位置
【Ctrl+Shift+End 】	选择至文档的结束位置

6.6.3 使用鼠标和键盘结合选择文本

除了使用上面介绍的方法实现快速选择文本的操作外，还可以使用鼠标和键盘结合的方式选择文本。

第 1 步 用鼠标在起始位置单击，然后按住【Shift】键的同时单击文本的终止位置，此时可以看到起始位置和终止位置之间的文本已被选中。

第2步 取消之前的文本选择，然后按住【Ctrl】键的同时拖曳鼠标，可以选择多个不连续的文本。

6.7 编辑文本技巧

文本的编辑方法包括更改错误文本、输入漏输文本、删除多余文本、替换文本、复制和粘贴文本、移动文本以及撤销和恢复文本等。

6.7.1 更改错误的文本

如果输入的文本有误，可以直接选择错误的文本内容，直接输入正确的文本内容，也可以切换至改写模式，直接输入正确内容。

第1步 打开随书光盘中的"素材 \ch06\ 工作报告 .docx"文件，选择输入错误的文本内容"销售员"。

第2步 直接输入正确的文本内容"销售职员"，即可完成更改错误文本的操作。

第3步 此外，还可以按【Insert】键，切换至改写模式，然后将鼠标光标放置在错误文本前，如定位至"升职"文本前。

第4步 直接输入正确的文本内容"晋升"，即可自动替换错误的文本。

提示

在改写模式下，每输入一个字符，Word 2016 会删除一个字符，因此，要避免输入的正确内容字数多于错误文本字数，以将正确内容替换掉。再次按【Insert】键，即可切换至正常模式。

6.7.2 输入漏输的文本

编辑文本时，如果发现有漏输的文本内容，可以直接将鼠标光标定位至漏输文本的位置，直接输入漏掉的内容即可。

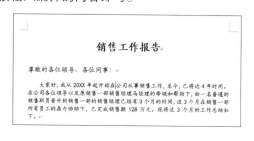

6.7.3 删除多余的文本

删除错误或多余的文本，是文档编辑过程中常用的操作。删除多余文本的方法有以下几种。

（1）使用【Delete】键删除文本。

选定错误的文本，然后按键盘上的【Delete】键即可。

（2）使用【Backspace】键删除文本。

将鼠标光标定位在想要删除字符的后面，按键盘上的【Backspace】键。

6.7.4 文本的换行技巧

输入文本内容时，当到达一行最右端后，继续输入文本内容，新输入的内容将会在下一行显示。如果需要在任意位置执行换行操作，可以按【Enter】键，将会再产生一个新段落，并且上一个段落后方将会显示一个段落标记"↵"，上一行和下一行属于两个段落，如下左图所示。

如果希望不结束上一个段落，仅执行换行操作，可以按【Shift+Enter】组合键，此时将产生一个手动换行标记"↓"。不仅达到了换行的目的，上一行和下一行仍然属于同一个段落，如下右图所示。

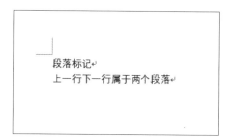

6.7.5 复制和粘贴文本

当需要多次输入同样的文本时，可以使用复制文本节约时间，提高效率。复制文本的具体操作步骤如下。

第1步 选择文档中需要复制的文字，单击鼠标右键，在弹出的快捷菜单中选择【复制】选项。也可以单击【开始】选项卡下【剪贴板】组中的【复制】按钮 复制。

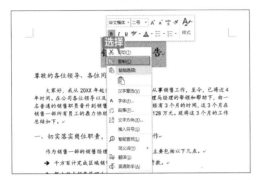

第2步 此时所选内容已被放入剪贴板，将鼠标光标定位至要粘贴到的位置，单击【开始】选项卡下【剪贴板】组中的【剪贴板】按钮，在打开的【剪贴板】窗口中单击复制的内容，即可将复制内容插入到文档中光标所在位置。

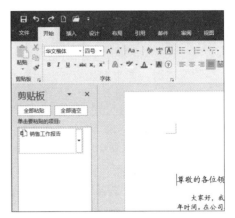

第3步 此时文档中已被插入刚刚复制的内容，但原来的文本信息还在原来的位置。

提示

用户也可以使用【Ctrl+C】组合键复制内容，使用【Ctrl+V】组合键粘贴内容。

6.7.6 移动文本

如果用户需要修改文本的位置，可以使用剪切文本的方法来完成。具体操作步骤如下。

第1步 选择文档中需要修改的文字，单击鼠标右键，在弹出的快捷菜单中选择【剪切】选项。也可以单击【开始】选项卡下【剪贴板】组中的【剪切】按钮 剪切。

第2步 即可看到选择的文本内容已经被剪切掉。

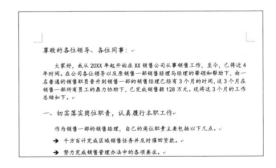

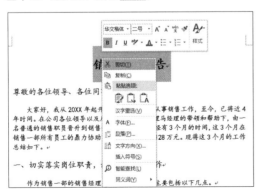

第3步 将鼠标光标放置到要粘贴到的位置，单击【开始】选项卡下【剪贴板】组中的【粘贴】按钮。

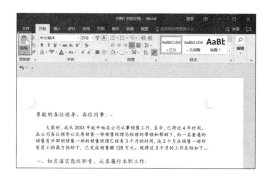

第 4 步 即可完成剪切并粘贴文本的操作。

6.7.7 撤销和恢复文本

撤销和恢复是 Word 2016 中常用的操作，主要用于撤销和恢复输入的文本或者操作。

1. 撤销命令

当执行的命令有错误时，可以单击快速访问工具栏中的【撤销】按钮，或按【Ctrl+Z】组合键撤销上一步的操作。

2. 恢复命令

执行撤销命令后，可以单击快速访问工

具栏中的【恢复】按钮，或按【Ctrl+Y】组合键恢复撤销的操作。

◇ 快速重复输入内容

【F4】键具有重复上一步的操作的作用。如果在文档中输入"文档"，然后按【F4】键，即可重复输入"文档"，连续按【F4】键，即可得到很多"文档"。

文档

文档

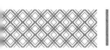

设置文本的颜色为红色，然后选择其他文字按【F4】键，即可将最后一次的设置文本颜色为红色的操作应用至其他文本中。

◇ 设置 Word 默认打开的扩展名

用户可以根据需要设置 Word 默认打开的扩展名。具体操作步骤如下。

第1步 单击【开始】按钮，选择【设置】选项，打开【设置】窗口，单击【系统】连接。

第2步 打开【设置】界面，在左侧列表中选择【默认应用】选项，并在右侧单击【按应用设置默认值】选项。

第3步 打开【设置默认程序】对话框，在左侧列表框中选择【Word 2016】选项，在右侧单击【选择此程序的默认值】选项。

第4步 打开【设置程序关联】对话框，在其中就可以设置 Word 默认打开的扩展名，设置完成，单击【保存】按钮即可。

第7章
字符和段落格式的基本操作

本章导读

使用 Word 可以方便地记录文本内容，并能够根据需要设置文字的样式，从而制作总结报告、租赁协议、请假条、邀请函、思想汇报等各类说明性文档。本章主要介绍设置字体格式、段落格式，使用制表位设置段落格式，使用项目符号和编号等内容。

思维导图

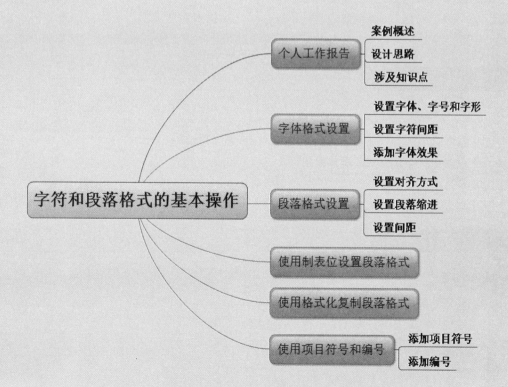

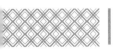

7.1 个人工作报告

在制作个人工作报告的时候要清楚地总结好工作成果以及工作经验。

实例名称：字符和段落格式的基本操作	
实例目的：使用 Word 可以方便地记录文本内容并设置	
素材	素材 \ch07\ 个人工作报告 .docx
结果	结果 \ch07\ 个人工作报告 .docx
录像	视频教学录像 \07 第 7 章

7.1.1 案例概述

工作报告是对一定时期内的工作加以总结、分析和研究，肯定成绩，找出问题，得出经验教训。在制作工作报告时应注意以下几点。

1. 对工作内容的概述

详细描述一段时期内自己所接收的工作任务及工作任务完成情况，并做好内容总结。

2. 对岗位职责的描述

回顾本部门、本单位某一阶段或某一方面的工作，要肯定成绩，也要承认缺点，并从中得出应有的经验、教训。

3. 对未来工作的设想

提出对所属部门工作的前景分析，进而提出下一步工作的指导方针、任务和措施。

7.1.2 设计思路

制作个人工作报告可以按照以下思路进行。

（1）输入文档内容，包含题目、工作内容、成绩与总结等。

（2）设置正文字体格式、字体效果等。

（3）设置段落格式、添加项目符号和编号等。

（4）保存文档。

7.1.3 涉及知识点

本案例主要涉及以下知识点。

（1）设置字体格式、添加字体效果等。

（2）设置段落对齐、段落缩进、段落间距等。

（3）使用项目和编号等。

7.2 字体格式设置

在输入所有内容之后，用户即可设置文档中的字体格式，并给字体添加效果，从而使文档看起来层次分明、结构工整。

7.2.1 设置字体、字号和字形

将文档内容的字体和大小格式统一，具体操作步骤如下。

第 1 步 打开随书光盘中的"素材 \ch07\ 个人工作报告 .docx"文档，并选中文档中第 1 行的标题文本，单击【开始】选项卡【字体】组中的【字体】按钮。

第 2 步 在弹出的【字体】对话框中选择【字体】选项卡，单击【中文字体】文本框后的下拉按钮，在弹出的下拉列表中选择【华文楷体】选项，单击【字形】列表框中的【常规】选项，在【字号】列表框中选择【二号】选项，单击【确定】按钮。

第 3 步 选择"尊敬的各位领导、各位同事："文本，单击【开始】选项卡【字体】组中的【字体】按钮。

第 4 步 在弹出的【字体】对话框中设置【字体】为"华文楷体"，【字形】为"常规"，【字号】为"四号"。设置完成，单击【确定】按钮。

第 5 步 根据需要设置其他标题和正文的字体、字号及字形，设置完成后效果如下图所示。

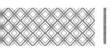
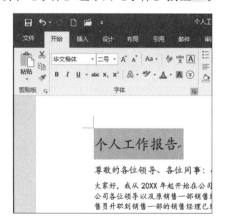

7.2.2 设置字符间距

字符间距主要指每个字符之间的距离，包括设置缩放、间距以及位置等。设置字符间距的具体操作步骤如下。

第1步 选中文档中的标题文本，单击【开始】选项卡【字体】组中的【字体】按钮。

第2步 打开【字体】对话框，选择【高级】选项卡，在【字符间距】组下设置【缩放】为"110%"，设置【间距】为"加宽"、【磅值】为"3.5磅"，设置【位置】为"标准"，单击【确定】按钮。

第3步 即可看到设置字符间距后的效果。

7.2.3 添加字体效果

有时为了突出文档标题，用户也可以给字体添加文本效果。具体操作步骤如下。

第1步 选中文档中的标题，单击【开始】选项卡下【字体】组中【文字效果和版式】按钮后的下拉按钮，在弹出的下拉列表中选择一种字体效果样式。

第 2 步 即可看到添加字体效果后的效果。

第 3 步 再次选择标题内容，在【文字效果和版式】下拉列表中选择【映像】→【映像变体】组中的【半映像，4pt 偏移量】选项。

第 4 步 即可看到为选择的文本添加映像后的效果。

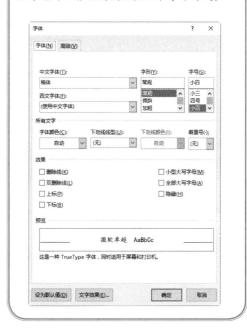

提示

选择要添加字体效果的文本，打开【字体】对话框，在【字体】选项卡下【效果】组中也可以根据需要设置文本字体样式。

7.3 段落格式设置

段落指的是两个段落之间的文本内容，是独立的信息单位，具有自身的格式特征。段落格式是指以段落为单位的格式设置。设置段落格式主要是指设置段落的对齐方式、段落缩进以及段落间距等。

7.3.1 设置对齐方式

Word 2016 的段落格式命令适用于整个段落，将光标置于任意位置都可以选定段落并设置段落格式。设置段落对齐的具体操作步骤如下。

第1步 将鼠标光标放置在要设置对齐方式段落中的任意位置，单击【开始】选项卡下【段落】组中的【段落设置】按钮。

第2步 在弹出的【段落】对话框中选择【缩进和间距】选项卡，在【常规】组中单击【对齐方式】右侧的下拉按钮，在弹出的列表中选择【居中】选项。

第3步 即可将文档中第1段内容设置为居中对齐方式，效果如下图所示。

第4步 将鼠标光标放置在文档末尾处的时间日期后，重复第1步，在【段落】对话框【缩进和间距】选项卡下【常规】组中单击【对齐方式】右侧的下拉按钮，在弹出的列表中选择【右对齐】选项。

第5步 利用同样的方法，将"报告人：张××"设置为"右对齐"，效果如下图所示。

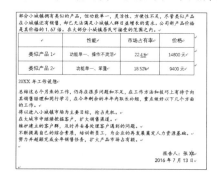

7.3.2 设置段落缩进

段落缩进是指段落到左右页边界的距离。根据中文的书写形式，通常情况下，正文中的每个段落都要首行缩进两个字符。

1. 设置段落左侧右侧缩进

设置段落左侧或右侧缩进也就是设置段落到左右边界的距离。

第1步 选择文档中正文第 1 段内容，单击【开始】选项卡下【段落】组中的【段落设置】按钮 ⬛。

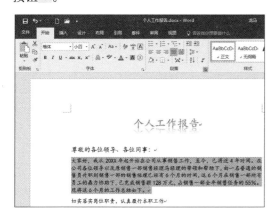

第2步 弹出【段落】对话框，在【缩进】组中设置【左侧】为"4 字符"，【右侧】为"3字符"，单击【确定】按钮。

第3步 即可看到设置段落【左侧】缩进"4字符"、【右侧】缩进"3 字符"后的效果。

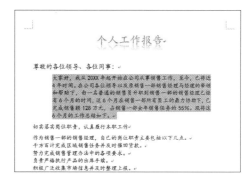

2. 设置特殊格式缩进

特殊格式缩进包括首行缩进和悬挂缩进两种。设置段落特殊格式缩进为首行缩进的具体操作步骤如下。

第1步 选择文档中正文第 1 段内容，单击【开始】选项卡下【段落】组中的【段落设置】按钮 ⬛。

第2步 弹出【段落】对话框，单击【特殊格式】文本框后的下拉按钮，在弹出的列表中选择【首行缩进】选项，并设置【缩进值】为"2字符"，可以单击其后的微调按钮设置，也可以直接输入。设置完成，单击【确定】按钮。

第3步 即可看到为所选段落设置首行缩进后的效果。

7.3.3 设置间距

设置间距指的是设置段落间距和行距，段落间距是指文档中段落与段落之间的距离，行距是指行与行之间的距离。设置段落间距和行距的具体操作步骤如下。

第1步 选中文档中第1段正文内容，单击【开始】选项卡下【段落】组中的【段落设置】按钮 。

第2步 在弹出的【段落】对话框中选择【缩进和间距】选项卡，在【间距】组中分别设

第4步 使用同样的方法为工作报告中其他正文段落设置首行缩进。

| 提示 |

在【段落】对话框中除了设置首行缩进外，还可以设置文本的悬挂缩进。

置【段前】和【段后】为"0.5行"，在【行距】下拉列表中选择【多倍行距】选项，【设置值】为"1.1"，单击【确定】按钮。

第3步 即可完成第1段文本内容间距的设置，效果如图所示。

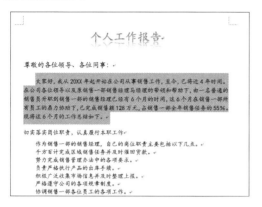

第4步 使用同样的方法设置文档中正文段落

的间距，最终效果如下图所示。

7.4 使用制表位设置段落格式

制表位是指水平标尺上的位置，它指定文字缩进的距离或一栏文字开始的位置。制表位可以让文本向左、向右或居中对齐，或者将文本与小数字符或竖线字符对齐。使用制表位设置段落格式的具体操作步骤如下。

第1步 将鼠标光标放置在正文第5段文本内容中。单击【开始】选项卡下【段落】组中的【段落设置】按钮 。

切实落实岗位职责，认真履行本职工作。

作为销售一部的销售经理，自己的岗位职责主要包括以下几点。
千方百计完成区域销售任务并及时催回货款。
努力完成销售管理办法中的各项要求。
负责严格执行产品的出库手续。
积极广泛收集市场信息并及时整理上报。
协调销售一部各位员工的各项工作。

第2步 打开【段落】对话框，单击左下角的【制表位】按钮。

第3步 打开【制表位】对话框，在【制表位位置】文本框中输入"6字符"，单击选中【对齐方式】组中的【左对齐】单选项，在【前导符】组中单击选中【1 无】单选项，单击【设置】按钮，然后再单击【确定】按钮。

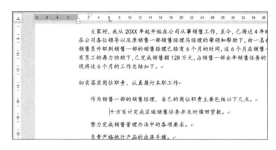

第5步 使用同样的方法将其他段落根据需要设置段落格式。

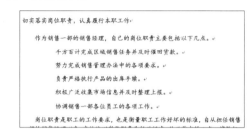

第4步 将鼠标光标放置在要使用制表位设置段落格式的位置，这里放置在第5段最前的位置，按【Tab】键，即可看到文本将向后缩进到6字符位置。

7.5 使用格式化复制段落格式

使用格式刷工具可以快速复制段落格式，并将其应用至其他段落中。使用格式刷复制段落格式的具体操作步骤如下。

第1步 将鼠标光标定位至"竞争对手及价格分析"下方表格第1行第2列的单元格内。

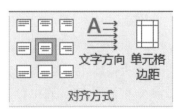

第2步 单击【布局】选项卡下【对齐方式】组中的【水平居中】按钮。

第3步 即可将单元格中的文本设置为"水平居中"对齐。

第4步 单击【开始】选项卡下【剪贴板】组中的【格式刷】按钮，即可复制设置的段落格式，此时鼠标光标将变为样式。

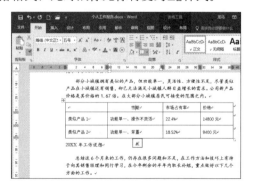

第5步 在第1行第3列的单元格内单击，即可将复制的段落格式应用至该单元格文本中，并结束格式刷工具。

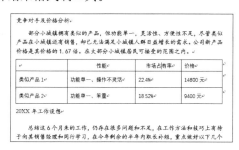

第6步 如果要重复使用格式刷工具，可以双击格式刷按钮，即可重复使用复制的段落格式，复制完成，按【Esc】键即可取消格式刷工具。

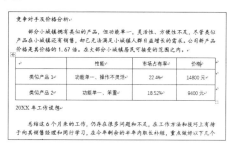

7.6 使用项目符号和编号

在文档中使用项目符号和编号，可以使文档中类似的内容条理清晰，不仅美观，还便于读者阅读，并具有突出显示重点内容的作用。

7.6.1 添加项目符号

项目符号就是在一些段落的前面加上完全相同的符号。添加项目符号的具体操作步骤如下。

第1步 选中需要添加项目符号的内容，单击【开始】选项卡下【段落】组中【项目符号】按钮的下拉按钮，在弹出的项目符号列表中选择一种样式。

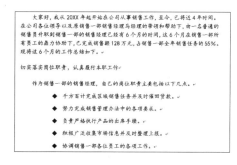

第3步 此外，用户还可以自定义项目符号，在项目符号列表中选择【定义新项目符号】选项。

第2步 即可看到添加项目符号后的效果。

第4步 弹出【定义新项目符号】对话框，单击【项目符号字符】组中的【符号】链接。

第5步 弹出【符号】窗口，在【符号】窗口中下拉列表选择一种符号样式，单击【确定】按钮。

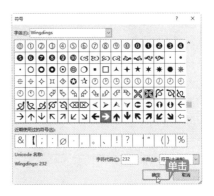

第6步 返回【定义新项目符号】对话框，再次单击【确定】按钮。添加自定义项目符号的效果如下图所示。

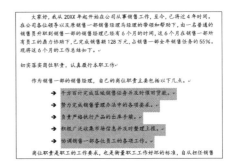

7.6.2 添加编号

文档编号是按照大小顺序为文档中的行或段落添加编号。在文档中添加编号的具体操作步骤如下。

第1步 选中文档中需要添加项目编号的段落，单击【开始】选项卡下【段落】组中【编号】按钮 ≔ 的下拉按钮，在弹出的下拉列表中选择一种编号样式。

第2步 即可看到为所选段落添加编号后的效果。

第3步 选择其他要添加该编号的段落，重复第1步的操作，即可为其他段落添加相同的编号样式。

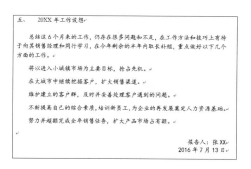

第4步 使用同样的方法，为文档中其他需要添加编号的段落添加编号样式，效果如下图所示。

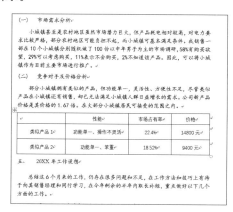

至此，就完成了个人工作报告的制作，最后只需要按【Ctrl+S】组合键保存制作完成的文档即可。

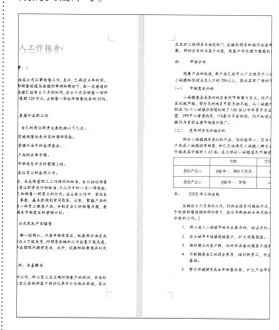

制作房屋租赁协议书

与制作个人工作报告类似的还有制作房屋租赁协议书、制作公司合同、制作产品转让协议等。制作这类文档时，除了要求内容准确、没有歧义外，还要求条理清晰，最好能以列表的形式表明双方应承担的义务及享有的权利，方便查看。下面就以制作房屋租赁协议书为例进行介绍。具体操作步骤如下。

1. 创建并保存文档

新建空白文档，并将其保存为"房屋租赁协议书.docx"文档。

2. 输入内容并编辑文本

根据需求输入房屋租赁协议的内容，并根据需要修改文本内容。

3. 设置字体及段落格式

设置字体的样式，并根据需要设置段落格式。

4. 添加编号或项目符号

根据需要为租赁协议书文档添加项目符号和编号，使其条理清晰明朗，最后保存文档。

◇ 巧用【Esc】键提高办公效率

在使用 Word 办公的过程中，巧妙使用【Esc】键，可以提高办公效率。

1. 取消粘贴时出现的粘贴选项等智能标记

在进行粘贴操作时，会出现粘贴选项智能标记，不仅难以取消，有时还会影响编辑文档的操作，按【Esc】键，即可取消智能标记的显示。

2. 拼写有误时可以清除错误的选字框

输入文本时，如果还没有按空格键确认输入，发现输入的内容有误，可以按【Esc】键取消选字框。

3. 退出无限格式刷的状态

双击格式刷后，可以进入无限的格式刷状态，按【Esc】键即可退出。

4. 取消不小心按【Alt】键产生的大量快捷字符

编辑文档时，按【Alt】键后 Word 2016 界面中会显示大量的快捷字符，以方便用户按快捷键执行相应的命令，但是如果不需要显示这些快捷字符，可以按【Esc】键取消。

5. 终止卡住的操作

如果遇到错误的操作，或者是粘贴大量文本导致 Word 2016 处于卡死的状态时，可以按【Esc】键结束这些操作。

◇ 输入上标和下标

在编辑文档的过程中，输入一些公式定理、单位或者数学符号时，经常需要输入上标或下标，下面具体讲述输入上标和下标的方法。

1. 输入上标

输入上标的具体操作步骤如下。

第1步 在文档中输入一段文字，例如，这里输入"A2+B=C"，选择字符中的数字"2"，单击【开始】选项卡下【字体】组中的【上标】按钮 $\mathbf{x}^2$。

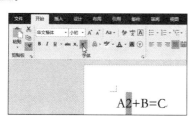

第2步 即可将数字 2 变成上标格式。

$$A^2+B=C$$

2. 输入下标

输入下标的方法与输入上标的方法类似，具体操作步骤如下。

第1步 在文档中输入"H2O"字样，选择字符中的数字"2"，单击【开始】选项卡下【字体】组中的【下标】按钮 $\mathbf{x}_2$。

第2步 即可将数字 2 变成下标格式。

$$H_2O$$

◇ 批量删除文档中的空白行

如果 Word 文档中包含大量不连续的空白行，手动删除既麻烦又浪费时间。下面介绍一个批量删除空白行的方法。具体操作步骤如下。

第1步 单击【开始】选项卡下【编辑】组中的【替换】按钮。

第2步 在弹出的【查找和替换】对话框中选择【替换】选项卡，在【查找内容】选项中输入"^p^p"字符，在【替换为】选项中输入"^p"字符，单击【全部替换】按钮即可。

第8章

表格的编辑与处理

本章导读

在 Word 中可以插入简单的表格，不仅可以丰富表格的内容，还可以更准确地展示数据。在 Word 中可以通过插入表格、设置表格格式等完成表格的制作。本章就以制作产品销售业绩表为例介绍表格的编辑与处理。

思维导图

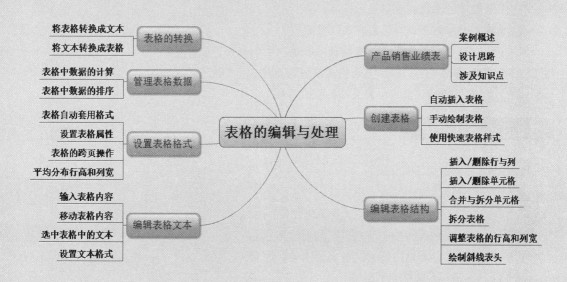

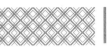
8.1 产品销售业绩表

产品销售业绩表是指在一个时间段或者阶段展开销售业务后的总结，是为记录、展示开展销售业务后实现销售收入的结果而建立的数据表格。

实例名称：表格的编辑与处理	
实例目的：丰富表格的内容，更准确地展示数据	
素材	素材 \ch08\ 产品销售业绩表 .docx
结果	结果 \ch08\ 产品销售业绩表 .docx
录像	视频教学录像 \08 第 8 章

8.1.1 案例概述

产品销售业绩表，应包含以下几个方面。

（1）产品的名称。

（2）工作阶段，如 6 月、7 月、8 月、9 月、10 月、11 月、12 月。

（3）计划销售业绩与销售实绩。

（4）销售的合计。

8.1.2 设计思路

制作产品销售业绩表可以按照以下思路进行。

（1）创建表格、插入与删除表格的行与列。

（2）合并单元格、调整表格的行高与列宽。

（3）输入表格内容，并设置文本格式。

（4）为表格套用表格格式、设置表格属性、平均分布行高和列宽。

（5）计算表格中的数据、为表格数据进行排序。

（6）将表格转换成文本、将文本转换成表格。

8.1.3 涉及知识点

本案例主要涉及以下知识点。

（1）创建表格、绘制斜线表格。

（2）插入 / 删除行与列、插入 / 删除单元格。

（3）合并与拆分单元格、调整表格的行高与列宽。

（4）输入并移动表格内容、选中表格内容、设置文本格式。

（5）计算与排列表格中的数据。

（6）表格内容与文本的相互转换。

8.2 创建表格

表格是由多个行或列的单元格组成,用来展示数据或对比情况,用户可以在表格中添加文字。Word 2016 中有多种创建表格的方法,在制作产品销售业绩表时,用户可以自主选择。

8.2.1 自动插入表格

使用表格菜单可以自动插入表格,但只适合创建规则的、行数和列数较少的表格。最多可以创建 8 行 ×10 列的表格。

将鼠标光标定位在需要插入表格的地方。单击【插入】选项卡下【表格】选项组中的【表格】按钮,在【插入表格】区域内选择要插入表格的行数和列数,即可在指定位置插入表格。选中的单元格将以橙色显示,并在名称区域显示选中的行数和列数。

8.2.2 手动绘制表格

当用户需要创建不规则的表格时,可以使用表格绘制工具来手动绘制表格。具体操作步骤如下。

第1步 单击【插入】选项卡下【表格】选项组中的【表格】按钮,在其下拉菜单中选择【绘制表格】选项。

第2步 鼠标指针变为铅笔形状时,在需要绘制表格的地方单击并拖曳鼠标绘制出表格的

外边界,形状为矩形。

第3步 在该矩形中绘制行线、列线和斜线,直至满意为止。按【Esc】键退出表格绘制模式。

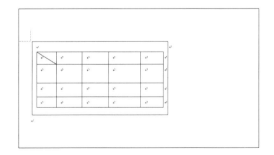

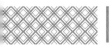
| 提示 |

　　单击【表格工具】→【布局】选项卡下【绘图】选项组中的【擦除】按钮，鼠标指针变为橡皮擦形状时可擦除多余的线条。

8.2.3 使用快速表格样式

　　可以利用 Word 2016 提供的内置表格模型来快速创建表格，但提供的表格类型有限，只适用于建立特定格式的表格。

第1步 将鼠标光标定位至需要插入表格的地方，单击【插入】选项卡下【表格】选项组中的【表格】按钮，在弹出的下拉列表中选择【快速表格】选项，在弹出的子菜单中选择需要的表格类型，这里选择"带副标题 1"。

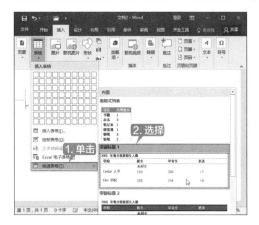

| 提示 |

　　插入表格后，单击表格左上角的按钮选择所有表格并单击鼠标右键，在弹出的快捷菜单中选择【删除表格】菜单命令，即可将表格删除。

第2步 即可插入选择的表格类型，并可以根据需要替换模板中的数据。

8.3 编辑表格结构

　　在制作产品销售业绩表后，可以对表格结构进行编辑，如插入/删除行和列、合并与拆分表格、设置表格的对齐方式、设置行高和列宽及绘制斜线表格等。

8.3.1 插入 / 删除行与列

　　使用表格时，经常会出现行数、列数或单元格不够用或多余的情况，制作产品销售业绩表时，首先插入一个 13 行 11 列的表格。

1. 插入行与列

插入行与列有多种方法，下面介绍3种常用的方法。

（1）指定插入行或列的位置，然后单击【表格工具】→【布局】选项卡下【行和列】组中的相应插入方式按钮即可。

在上方插入：在选中单元格所在行的上方插入一行表格。

在下方插入：在选中单元格所在行的下方插入一行表格。

在左侧插入：在选中单元格所在列的左侧插入一列表格。

在右侧插入：在选中单元格所在列的右侧插入一列表格。

（2）在插入的单元格中指定插入行或列的位置单击鼠标右键，在弹出的快捷菜单中选择【插入】选项，在其子菜单中选择插入方式即可。

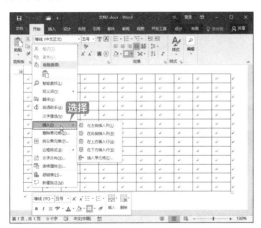

（3）将鼠标光标定位至想要插入行或列的位置处，此时在表格的行与行（或列与列）之间会出现 ⊕ 按钮，单击此按钮即可在该位置处插入一行（或一列）。

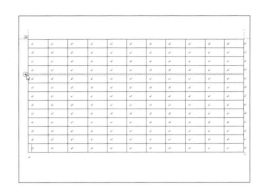

2. 删除行与列

删除行与列有两种常用的方法。

（1）选择需要删除的行或列，按【Backspace】键，即可删除选定的行或列。在使用该方法时，应选中整行或整列，然后按【Backspace】键方可删除，否则会弹出【删除单元格】对话框，提示删除哪些单元格。

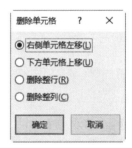

（2）选择需要删除的行或列，单击【表格工具】→【布局】选项卡下【行和列】组中的【删除】按钮，在弹出的下拉菜单中选择【删除行】或【删除列】选项即可。

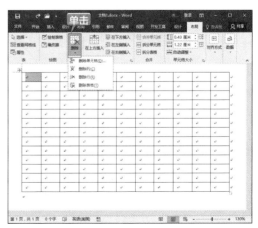

8.3.2 插入 / 删除单元格

在产品销售业绩表中，可以单独插入或删除单元格。

1. 插入单元格

在产品销售业绩表中插入单元格的方法如下。

第1步 在插入的表格中把鼠标光标放置在一个单元格内，单击鼠标右键，在弹出的快捷菜单中单击【插入】→【插入单元格】菜单命令。

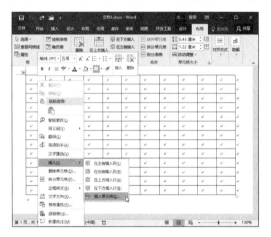

第2步 弹出【插入单元格】对话框，选中【活动单元格右移】单选项，然后单击【确定】按钮。

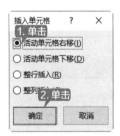

第3步 即可在表格中插入活动单元格。

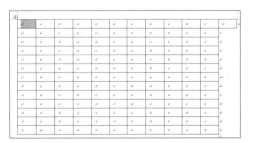

2. 删除单元格

在产品销售业绩表中，用户可以删除活动单元格，而不影响整体表格。

第1步 把鼠标放在要删除的单元格内，单击鼠标右键，在弹出的快捷菜单中单击【删除单元格】菜单命令。

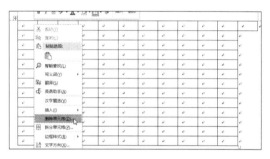

第2步 弹出【删除单元格】对话框，选中【右侧单元格左移】单选项，然后单击【确定】按钮。

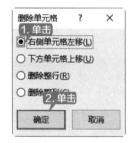

第3步 即可删除选择的活动单元格。

8.3.3 合并与拆分单元格

在产品销售业绩表中，擦除单元格之间的边框线，即可将单元格合并为一个单元格。在一个单元格中添加框线，即可拆分该单元格。

1. 合并单元格

用户可以根据制作的表格，把多余的单元格进行合并，使多个单元格合并成一个整体。具体操作步骤如下。

第1步 选择要合并的单元格，单击【表格工具】→【布局】选项卡下【合并】组中的【合并单元格】按钮。

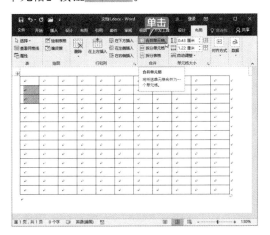

第2步 即可把选中的单元格合并为一个。

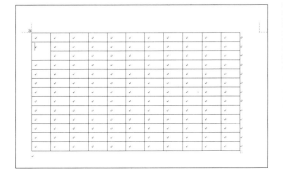

第3步 使用上述方法，合并表格中需要合并的其他单元格。

> **提示**
>
> 可以选中多个区域的单元格同时进行单元格的合并。

2. 拆分单元格

拆分单元格就是将选中的单个单元格拆分成多个，也可以对多个单元格进行拆分。

第1步 将鼠标光标移动到要拆分的单元格中，单击【表格工具】→【布局】选项卡下【合并】组中的【拆分单元格】按钮。

第2步 弹出【拆分单元格】对话框，单击【列数】和【行数】微调框右侧的上下按钮，分别调节单元格要拆分成的列数和行数，也可以直接在微调框中输入数值。这里设置【列数】为"2"，【行数】为"1"，单击【确定】按钮。

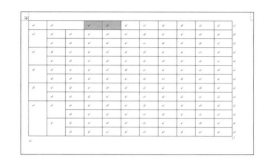

第3步 即可将单元格拆分为1行2列的单元格。

8.3.4 拆分表格

在产品销售业绩表中，可以根据需要把一个表格拆分成两个或多个。具体操作步骤如下。

第1步 把鼠标光标放在要进行拆分的单元格上，单击【表格工具】→【布局】选项卡下【合并】组中的【拆分表格】按钮。

第2步 即可从放置鼠标的单元格处，把表格拆分为两个表格。

> | 提示 |
>
> 本案例不进行表格的拆分，按【Ctrl+Z】组合键撤销拆分表格的操作。

8.3.5 调整表格的行高和列宽

在产品销售业绩表中可以调整表格的行高和列宽，一般情况下，向表格中输入文本时，Word 2016 会自动调整行高以适应输入的内容。不同行的单元格可以有不同的高度，但一行中的所有单元格必须具有相同的高度。调整表格的行高和列宽的方法有以下几种。

（1）自动调整行高和列宽。

在 Word 2016 中，可以使用自动调整行高和列宽的方法调整表格，单击【表格工具】→【布局】选项卡下【单元格大小】组中的【自动调整】按钮，在弹出的下拉列表中选择【根据内容自动调整表格】选项即可。

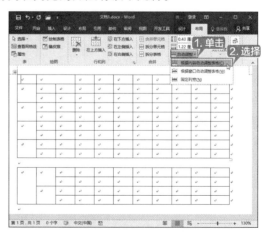

（2）利用鼠标光标调整表格的行高与列宽。

用户可以使用拖曳鼠标的方法来调整表格的行高与列宽，使用这种方法调整表格的行高与列宽比较直观，但是不够精确，这里以调整表格的行高为例。

第1步 将鼠标指针移动到要调整的表格的行线上，鼠标指针会变为 ÷ 形状，单击鼠标左键并向下或向上拖曳，在移动的方向上会显示一条虚线来指示新的行高。

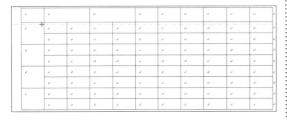

第2步 移动鼠标到合适的位置，松开鼠标左键，即可完成对所选行的行高的调整。

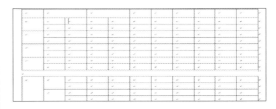

（3）使用【表格属性】命令调整行高与列宽。

使用【表格属性】命令可以精确调整表格的行高与列宽。将鼠标光标放在要调整行高与列宽的单元格内，在【表格工具】→【布局】选项卡下【单元格大小】组中的【表格列宽】和【表格行高】微调框中设置单元格的大小，即可精确调整表格的行高与列宽。

8.3.6 绘制斜线表头

可以通过手动绘制表格的方法为创建的表格添加斜线表头。具体操作步骤如下。

第1步 单击【插入】选项卡下【表格】选项组中的【表格】按钮，在其下拉菜单中选择【绘制表格】选项。

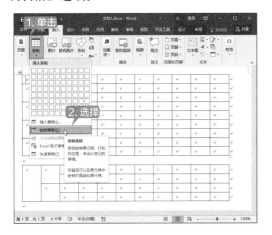

第2步 鼠标指针变为铅笔形状 ∥ 时，在需要绘制斜线表头的位置单击并拖曳鼠标，按【Esc】键退出表格绘制模式，即可看到添加的斜线表头。

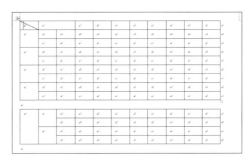

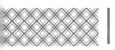
> **提示**
>
> 本节案例不需要绘制斜线，绘制完成后可把斜线删除。

8.4 编辑表格文本

创建并编辑产品销售业绩表后，需要对表格内的文本进行编辑，包括输入表格的内容、移动表格内容、选中表格中的文本、设置文本格式等。

8.4.1 输入表格内容

用户需要在创建的产品销售业绩表中输入表格内容，完成表格的制作。具体操作步骤如下。

第1步 将鼠标光标插入左上角第 1 个单元格内，并根据需要输入第 1 个文本内容，如这里输入"产品"文本。

产品	项目		6月	7月	8月	9月	10月	11月	12月	合计
冰箱	计划	当月								
	实绩	当月								
空调	计划	当月								
	实绩	当月								
油烟机	计划	当月								
	实绩	当月								
烤箱	计划	当月								
	实绩	当月								
合计	计划	当月								
		累积								
	实绩	当月								
		累积								

第3步 根据表格内容调整表格的行高与列宽，效果如下图所示。

第2步 按键盘上的方向键，即可移动鼠标光标的位置，重复操作，输入表格内容。

8.4.2 移动表格内容

用户在产品销售业绩表中其他单元格中输入内容后，可以直接移动表格中的内容，而不用重新输入。

第1步 选择需要移动的单元格内容，单击选中内容后拖曳鼠标，鼠标指针即可变为 形状。

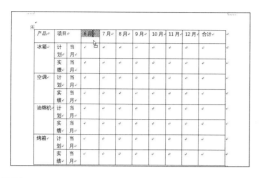

第3步 也可以使用剪切、粘贴的方式移动表格内容。选择要移动的文本，按【Ctrl+X】组合键，剪切选择的文本。把鼠标光标放在目标单元格内，按【Ctrl+V】组合键，把剪切的内容粘贴到目标单元格内。

第2步 移动到合适的位置，松开鼠标左键，即可移动表格的内容。

8.4.3 选中表格中的文本

用户在为文本设置格式之前，要先选中文本，下面介绍 3 种选中文本的方式。

（1）全部选中。

单击表格左上角的【全选】按钮，即可选中整个表格，同时选中表格内的文本。

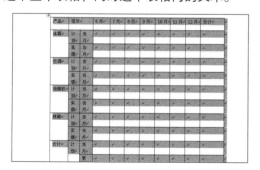

（2）使用【Shift】键选中连续的文本。

使用【Shift】键与鼠标配合，可以快速地选择连续单元格中的文本。具体操作步骤如下。

第1步 选择一个需要选中的单元格。

｜提示｜:::::::

首先选中的单元格要位于要选择的连续区域的开头或结尾处。

第2步 按【Shift】键，然后鼠标单击另一个单元格，即可选中两个单元格中间的连续区域。

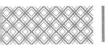
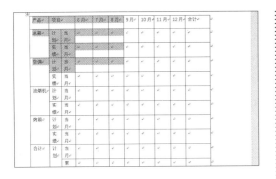

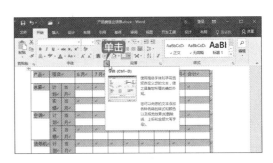

提示

使用鼠标拖曳法也可以选择连续的单元格区域。

（3）使用【Ctrl】键选中不连续的文本。

有时用户需要对不连续的单元格文本进行操作，这时需要键盘与鼠标配合使用。

接 8.4.3 小节的操作，在选中一个单元格区域后，按住【Ctrl】键的同时选择另一个单元格，即可同时选中两个不连续的单元格区域。

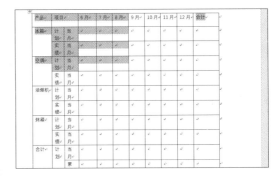

8.4.4 设置文本格式

在产品销售业绩表中填充文本内容后，可以设置文本的格式，如字体、字号、字体颜色等，让表格丰富起来。

第1步 单击表格左上角的【全选】按钮，选中整个表格。

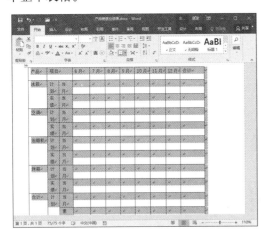

第2步 单击【开始】选项卡下【字体】组中的【字体】按钮 。

第3步 弹出【字体】对话框，在【字体】选项卡下设置【中文字体】为"华文楷体"，【字形】为"常规"，【字号】为"五号"，单击【确定】按钮。

第4步 即可看到设置文字后的效果。

第5步 重复上述操作步骤，设置首行与首列文字的【字体】为"华文新魏"，【字号】为"小四"，效果如下图所示。

第6步 单击【全选】按钮，向下移动表格，在表格上方即会出现一个文字符，输入表格的名称"产品销售业绩表"文本，并在【开始】选项卡下【字体】组中设置【字体】为"华文楷体"，【字号】为"三号"，单击【加粗】按钮。

第7步 单击【开始】选项卡下【段落】组中的【居中】按钮，把文本设置为居中显示。

8.5 设置表格格式

在产品销售业绩表中制作表格后，可以设置表格的格式，包括自动套用表格格式、设置表格属性、表格的跨页操作、平均分布行和列等操作。

8.5.1 表格自动套用格式

Word 2016 中内置了多种表格样式，用户可以根据需要选择要设置的表格样式，即可将其应用到产品销售业绩表中。

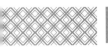

第1步 接 8.4.4 小节的操作，将鼠标光标置于要设置样式的表格的任意单元格内。

产品销售业绩表

第2步 单击【表格工具】→【设计】选项卡下【表格样式】选项组中的【其他】按钮，在弹出的下拉列表中选择一种表格样式并单击。

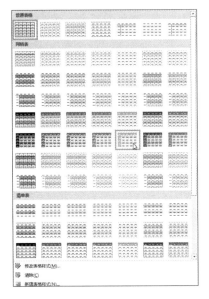

第3步 即可将选择的表格样式应用到表格中。

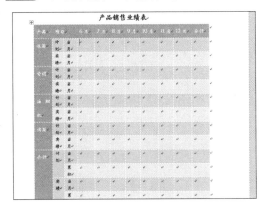

8.5.2 设置表格属性

在产品销售业绩表中，用户可以通过表格属性对话框对行、列、单元格、可选文字等进行更精确的设置。具体操作步骤如下。

第1步 单击表格左上角的【全选】按钮，单击鼠标右键，在弹出的快捷菜单中选择【表格属性】选项。

第 2 步 弹出【表格属性】对话框，在【表格】选项卡下【对齐方式】选项组中单击【居中】按钮，把表格设置为居中对齐。

第 3 步 切换至【单元格】选项卡，在【垂直对齐方式】区域中单击【居中】按钮，设置单元格对齐方式为居中，然后单击【确定】按钮。

第 4 步 设置表格属性的效果如下图所示。

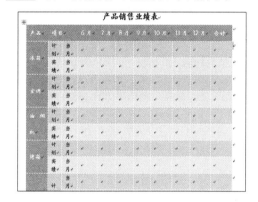

8.5.3 表格的跨页操作

如果产品销售业绩表内容较多，会自动在下一个 Word 页面显示表格内容，但是表头却不会在下一页显示。这时可以通过设置，当表格跨页时，自动在下一页添加表头。具体操作步骤如下。

第 1 步 选择表格，单击【表格工具】→【布局】选项卡下【表】组中的【属性】按钮。

第 2 步 在弹出的【表格属性】对话框中，单击选中【行】选项卡下【选项】组中的【在各页顶端以标题行形式重复出现】复选框，然后单击【确定】按钮，即可完成对表格的跨页操作。

8.5.4 平均分布行高和列宽

在产品销售业绩表中，可以平均分布选中单元格区域的行高和列宽，使表格的分布更整齐。具体操作步骤如下。

第1步 选中 6 ~ 11 月的销售业绩单元格，如图所示的单元格区域。

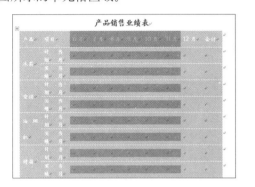

第2步 单击【表格工具】→【布局】选项卡下【单元格大小】组中的【分布列】按钮田。

第3步 即可平均分布选中的列的宽度。

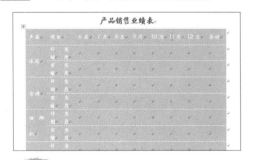

第4步 单击表格左上角的【全选】按钮，选中整个表格，单击【表格工具】→【布局】选项卡下【单元格大小】组中的【分布行】按钮田。

第5步 即可平均分布表格的行的高度。

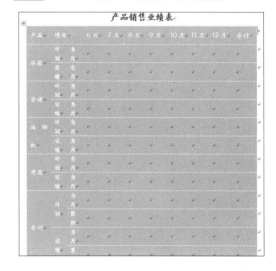

8.6 管理表格数据

在产品销售业绩表中创建的表格，还可以对表格中的数据进行计算、排序。

8.6.1 表格中数据的计算

应用产品销售业绩表中提供的表格计算功能，可以对表格中的数据执行一些简单的运算，例如，使用求和运算可方便、快捷地得到计算的结果。

第1步 在表格中补充数据内容，如图所示。

第2步 将光标置于要放置计算结果的单元格中，这里选择第 3 行最后一个单元格，单击【布局】选项卡【数据】组中的【公式】按钮。

第3步 弹出【公式】对话框，在【公式】文本框中输入"=SUM(LEFT)"，SUM 函数可在【粘贴函数】下拉列表框中选择。在【编号格式】下拉列表框中选择【0】选项。

公式	? ×
公式(F):	
=SUM(LEFT)	
编号格式(N):	
0	▽
粘贴函数(U):	粘贴书签(B):
▽	▽
	确定　取消

| 提示 |

【公式】文本框：显示输入的公式，公式"=SUM(LEFT)"，表示对表格中所选单元格左侧的数据求和。

【编号格式】下拉列表框用于设置计算结果的数字格式。

【粘贴函数】下拉列表中可以根据需要选择函数类型。

第4步 单击【确定】按钮，即可计算出结果。

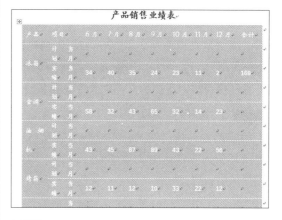

第5步 使用同样的方法计算出最后一列的销售合计。

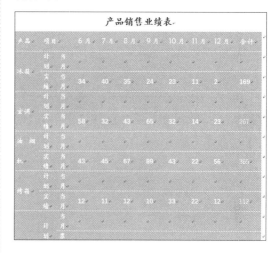

第6步 补充完整产品销售业绩表，并计算补充的数据。

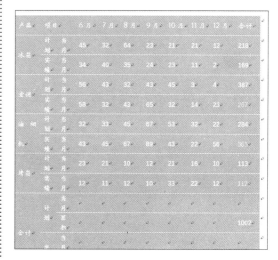

8.6.2 表格中数据的排序

在产品销售业绩表中，可以按照递增或递减的顺序把表格中的内容按照笔画、数字、拼音及日期等进行排序。由于对表格的排序可能使表格发生巨大的变化，所以在排序之前最好对文档进行保存。对重要的文档则应考虑用备份进行排序。

第1步 在表格的下方新建一个表格，填充下半年的销售实绩，将鼠标光标移动到表格中的任意位置或者选中要排序的行或列，这里选择最后一列。

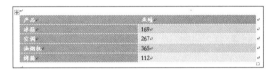

提示

对表格中的数据进行排序时，表格中不能有合并过的单元格。

第2步 单击【布局】选项卡【数据】组中的【排序】按钮，弹出【排序】对话框。

第3步 【排序】对话框中的【主要关键字】下拉列表框用于选择排序依据，一般是标题行中某个单元格的内容，如这里选择"列 2"；【类型】下拉列表框用于指定排序依据的值的类型，如选择"数字"；【升序】和【降序】两个单选项用于选择排序的顺序，这里单击选中【降序】单选项。

第4步 单击【确定】按钮，表格中的数据就会按照设置的排序依据重新排列。

8.7 表格的转换

完成产品销售业绩表后，还可以进行表格与文本之间的互相转换，方便用户进行操作。

8.7.1 将表格转换成文本

完成产品销售业绩表后，还可以把表格转换成文本，方便用户对文本进行操作保存等。具体操作步骤如下。

第1步 选择要转换成文本的表格，在【表格工具】→【布局】选项卡下【数据】组中单击【转换为文本】按钮。

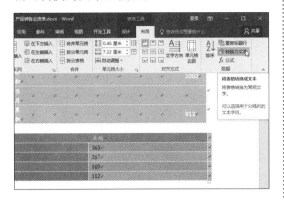

第2步 在弹出的【表格转换成文本】对话框中【文字分隔符】区域单击选中【制表符】单选项。

第3步 单击【确定】按钮，即可把选中的表格转换为文本。

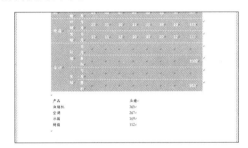

8.7.2 将文本转换成表格

接 8.7.1 小节的操作，在产品销售业绩表中可以把排列好的文本转换为表格。具体操作步骤如下。

第1步 选择要转换成表格的文本，单击【插入】选项卡下【表格】组中的【表格】下拉按钮，在弹出的下拉列表中单击【文本转换成表格】选项。

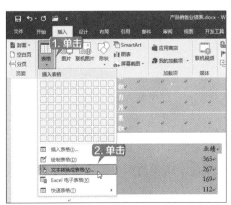

第2步 弹出【将文字转换成表格】对话框，在【表格尺寸】区域设置【列数】为"2"，

在【文字分隔位置】区域选中【制表符】单选项。

第3步 单击【确定】按钮，即可把选中的文本转换为表格。

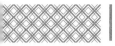
产品	业绩
油烟机	365
空调	267
冰箱	169
烤箱	112

制作个人简历

与企业宣传单类似的文档还有个人简历、培训资料、产品说明书等。排版这类文档时，都要做到色彩统一、图文结合、编排简洁，使读者能把握重点并快速获取需要的信息。下面就以制作个人简历为例进行介绍。具体操作步骤如下。

1. 设置页面

新建空白文档，设置流程图页面边距、页面大小、插入背景等。

2. 添加个人简历标题

选择【插入】选项卡下【文本】组中的【艺术字】选项，在流程图中插入艺术字标题"个人简历"并设置文字效果。

3. 插入活动表格

根据个人简历制作的需要，在文档中插入表格，并对表格进行编辑。

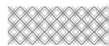

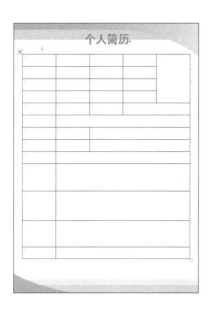

4. 添加文字

在插入的表格中，添加个人简历需要的

文本内容，并对文字与形状的样式进行调整。

◇ 使用【Enter】键增加表格行

在 Word 2016 中可以使用【Enter】键来快速增加表格行。

第1步 将鼠标光标定位至要增加行位置的前一行右侧，如在下图中需要在【业绩】为"112"的行前添加一行，可将鼠标光标定位至【业绩】为"169"所在行的最右端。

产品	业绩
油烟机	365
空调	267
冰箱	169
烤箱	112

第2步 按【Enter】键，即可在【业绩】为"112"的行前快速增加新的行。

产品	业绩
油烟机	365
空调	267
冰箱	169
烤箱	112

◇ 巧用【F4】键进行表格布局

在 Word 2016 中，【F4】键可以重复上次的操作，可以代替格式刷的使用。

第1步 打开随书光盘中的"素材\ch08\产品类型.docx"，选择第1行文本，单击【开始】选项卡下【段落】组中的【居中】按钮，设置表格内容为"居中"显示。

产品类型	折扣力度
冰箱	0.76
电视	0.73
洗衣机	0.82
空调	0.94
热水器	0.9
整体橱柜	0.86
小家电	0.6

第2步 选择第3行文本，按【F4】键，即可重复进行刚才的操作。

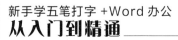
的排版布局。

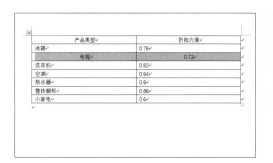

产品类型	折扣力度	
冰箱	0.76	
电视		0.73
洗衣机	0.82	
空调	0.94	
热水器	0.9	
整体橱柜	0.86	
小家电	0.6	

第3步 重复上述操作，即可完成对整篇文档

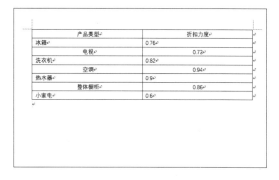

产品类型	折扣力度	
冰箱	0.76	
电视		0.73
洗衣机	0.82	
空调		0.94
热水器	0.9	
整体橱柜		0.86
小家电	0.6	

第9章

使用图表

本章导读

如果能根据数据表格绘制一幅统计图，会使数据的展示更加直观，分析也更为方便。在 Word 2016 中，既可以使用插入对象的方法插入图表，也可以创建 Word 图表。本章就以制作公司销售报告为例介绍在 Word 2016 中使用图表的操作。

思维导图

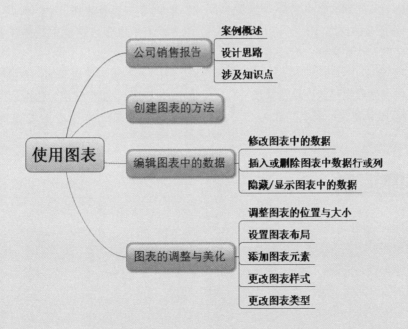

9.1 公司销售报告

制作公司销售报告时，表格内的数据类型要格式一致，选取的图表类型要能恰当地反映数据的变化趋势。

实例名称：使用图表	
实例目的：介绍 Word 2016 中使用图表的操作	
素材	素材 \ch09\ 公司销售报告 .docx
结果	结果 \ch09\ 公司销售报告 .docx
录像	视频教学录像 \09 第 9 章

9.1.1 案例概述

通过对收集来的大量数据进行分析，并提取有用信息从而形成结论，是分析数据的常用方法。Word 2016 提供了插入图表的功能，可以对数据进行简单的分析，从而清楚地表达数据的变化关系，分析数据的规律，进行预测。本节就以在 Word 2016 中制作公司销售报告为例，介绍在 Word 2016 中使用图表的方法。

制作公司销售报告时，需要注意以下几点。

1. 表格的设计要合理

（1）表格要有明确的表格名称，快速向读者传递要制作图表的信息。

（2）表格的设计要合理，能够指明每一项销售数据的信息。

（3）表格中的数据格式、单位要统一，这样才能正确反映销售统计表中的数据。

2. 选择合适的图表类型

（1）Word 2016 提供了柱形图、折线图、饼图、条形图、面积图、*XY* 散点图、股价图、曲面图、雷达图、树状图、旭日图、直方图、箱形图、瀑布图等 14 种图表类型以及组合图表类型，每一类图表所反映的数据主题不同，用户需要根据要表达的主题选择合适的图表类型。

（2）图表中可以添加合适的图表元素，如图表标题、数据标签、数据表、图例等，通过这些图表元素可以更直观地反映图表信息。

9.1.2 设计思路

制作公司销售报告时可以按以下的思路进行。

（1）创建图表并编辑图表中的数据。

（2）调整图表的位置与大小，便于在 Word 中展示。

（3）添加图表元素，便于读者获取更多报表信息。

（4）设置图表布局及样式，达到美化图表并美化文档的目的。

（5）根据需要也可以更改图表的类型，便于更形象地展示数据。

9.1.3 涉及知识点

本案例主要涉及以下知识点。

（1）创建图表。

（2）编辑图表中的数据。

（3）图表的调整。

（4）图表的美化。

9.2 创建图表的方法

在 Word 2016 中，用户可以通过插入图表命令、选择图表类型、输入数据的方式创建图表。下面介绍在公司销售报表文档中创建图表的方法。

第1步 打开随书光盘中"素材 \ch09\ 公司销售报表 .docx"素材文件，将鼠标光标定位至要插入图表的位置。

第2步 单击【插入】选项卡下【插图】组中的【图表】按钮。

第3步 弹出【插入图表】对话框，选择要创建的图表类型，这里选择【柱形图】下的【簇状柱形图】选项，单击【确定】按钮。

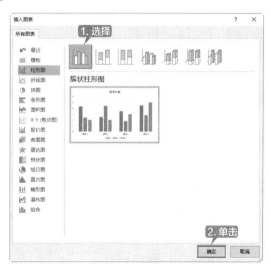

第4步 弹出【Microsoft Word 中的图表】工作表。

第5步 将素材中的表格内容输入【Microsoft Word 中的图表】工作表中，然后关闭【Microsoft Word 中的图表】工作表。

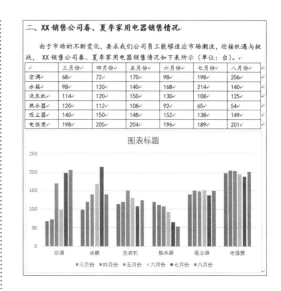

第6步 即可完成创建图表的操作，图表效果如下图所示。

9.3 编辑图表中的数据

创建图表后，如果发现数据输入有误，需要修改数据，只要对数据进行修改，图表的显示会自动发生变化。

1. 修改图表中的数据

将七月份冰箱的销量由"214"更改为"245"的具体操作步骤如下。

第1步 在素材文件的表格中选择第3行第6列的单元格。

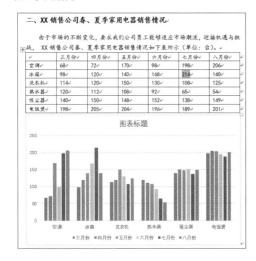

第2步 删除选择的数据并输入"245"。

第3步 在下方创建的图表上单击鼠标右键，在弹出的快捷菜单中选择【编辑数据】→【编辑数据】菜单命令。

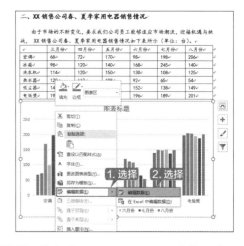

第4步 弹出【Microsoft Word 中的图表】工

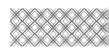

作表，将 F3 单元格的数据由"214"更改为"245"，关闭【Microsoft Word 中的图表】工作表。

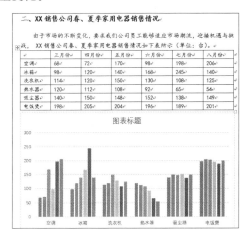

第5步 即可看到图表中显示的数据也随之发生变化。

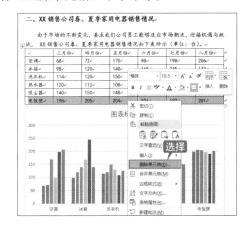

2. 插入或删除图表中数据行或列

下面以删除数据行为例介绍编辑图表数据的操作。具体操作步骤如下。

第1步 在素材文件的表格中选择最后一行数据并单击鼠标右键，在弹出的快捷菜单中选择【删除单元格】菜单命令。

第2步 弹出【删除单元格】对话框，选中【删

除整行】单选项，并单击【确定】按钮，将最后一行数据删除。

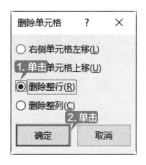

第3步 在下方创建的图表上单击鼠标右键，在弹出的快捷菜单中选择【编辑数据】→【在 Excel 中编辑数据】菜单命令。

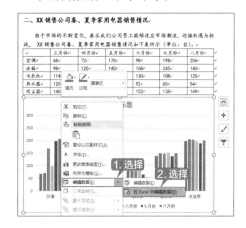

第4步 弹出【Microsoft Word 中的图表 –Excel】工作表，选择第7行数据，单击【插入】选项卡下【单元格】组中【删除】按钮的下拉按钮，在弹出的下拉列表中选择【删除工作表行】选项。

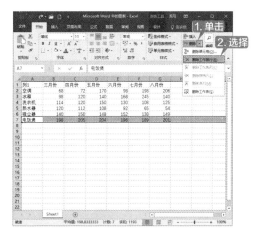

第5步 即可将不需要的行删除。单击右上角的【关闭】按钮关闭工作表。

第6步 即可看到图表中的数据已随之发生变化。

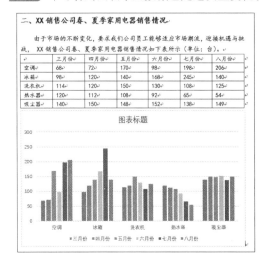

3. 隐藏 / 显示图表中的数据

如果在图表中不需要显示某一行或者某一列的数据内容，但又不能删除该行或列时，可以将数据隐藏起来，需要显示时再显示该数据。具体操作步骤如下。

第1步 在下方创建的图表上单击鼠标右键，在弹出的快捷菜单中选择【编辑数据】→【在Excel中编辑数据】菜单命令，打开【Microsoft Word 中的图表 –Excel】工作表。

二、XX 销售公司春、夏季家用电器销售情况

由于市场的不断变化，要求我们公司员工能够适应市场潮流，迎接机遇与挑战，XX 销售公司春、夏季家用电器销售情况如下表所示（单位：台）。

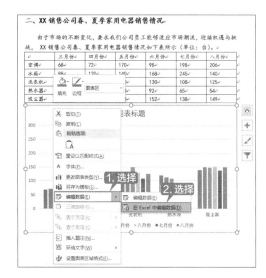

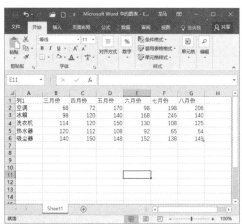

第2步 如果要隐藏"洗衣机"的相关数据，选择第4行数据，并将该行隐藏，然后关闭工作表。

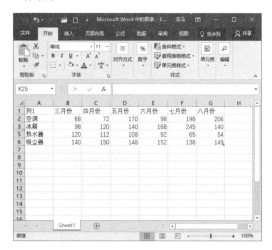

第3步 即可看到图表中已经将有关"洗衣机"的数据隐藏起来了。

二、XX 销售公司春、夏季家用电器销售情况

由于市场的不断变化，要求我们公司员工能够适应市场潮流，迎接机遇与挑战，XX 销售公司春、夏季家用电器销售情况如下表所示（单位：台）。

	三月份	四月份	五月份	六月份	七月份	八月份
空调	68	72	170	98	198	206
冰箱	98	120	140	168	245	140
洗衣机	114	120	150	130	108	125
热水器	120	112	108	92	65	54
吸尘器	140	150	148	152	138	149

第4步 如果要重新显示有关"洗衣机"的数据，重复**第1步**~**第3步**，将第4行数据显示出来，并关闭工作表。

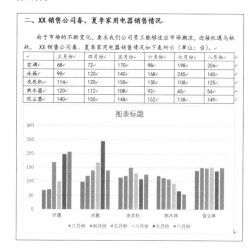

第5步 即可在图表中重新显示有关"洗衣机"的数据。

二、XX 销售公司春、夏季家用电器销售情况

由于市场的不断变化，要求我们公司员工能够适应市场潮流，迎接机遇与挑战，XX 销售公司春、夏季家用电器销售情况如下表所示（单位：台）。

	三月份	四月份	五月份	六月份	七月份	八月份
空调	68	72	170	98	198	206
冰箱	98	120	140	168	245	140
洗衣机	114	120	150	130	108	125
热水器	120	112	108	92	65	54
吸尘器	140	150	148	152	138	149

9.4 图表的调整与美化

完成数据表的编辑后，用户就可以通过设置图表的大小、添加图表元素、设置布局等调整与美化图表了。下面分别介绍图表的调整与美化的相关操作。

9.4.1 调整图表的位置与大小

插入图表后，如果对图表的位置和大小不满意，可以根据需要调整图表。

1. 调整图表的位置

第1步 选择创建的图表，单击【图表工具】→【格式】选项卡下【排列】组中【位置】按钮的下拉按钮，在弹出的下拉列表中选择【中间居中】选项。

第2步 即可看到调整图片位置后的效果。

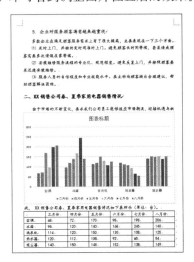

第3步 选择图表，单击【格式】选项卡下【排列】组中【环绕文字】按钮的下拉按钮，在弹出的下拉列表中选择【浮于文字上方】选项。

第4步 即可将图表显示在文本上方。

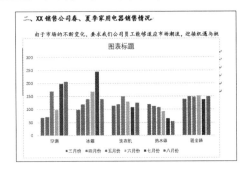

第5步 将鼠标指针放置在图表上，当鼠标指针变为❖形状时，按住鼠标左键并拖曳鼠标，即可改变图表的位置。

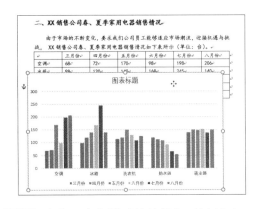

第6步 改变图表位置后的效果如下图所示。

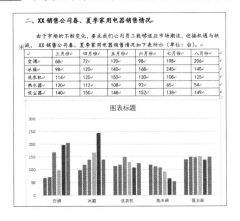

2. 调整图表的大小

用户根据需要手动调整图表的大小，也可以精确调整。

（1）手动调整。

第1步 选择图表，将鼠标指针放置在四个角的控制点上，当鼠标指针变为形状时，按住鼠标左键并拖曳鼠标，即可完成手动调整图表大小的操作。

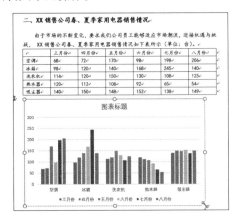

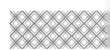

第2步 手动调整图表大小后的效果如下图所示。

（2）精确调整。

第1步 选择图表，单击【格式】选项卡下【大小】组中【形状高度】和【形状宽度】后的微调按钮，这里设置【形状高度】为"8.5 厘米"。

第2步 设置形状高度后的效果如下图所示。

第3步 在【格式】选项卡下【大小】组中设置【形状宽度】为"13.5 厘米"。

第4步 设置形状宽度后的效果如下图所示。

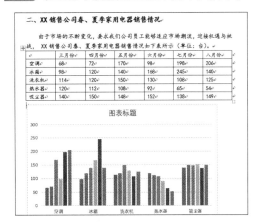

此时，用户可以根据需要分别精确地调整形状高度和形状宽度。如果想同时等比例调整形状高度和形状宽度，可以锁定纵横比的方法调整。具体操作步骤如下。

第1步 选择图表后，单击【格式】选项卡下【大小】组中的 按钮。

第2步 弹出【布局】对话框，在【大小】选项卡下【缩放】组中单击选中【锁定纵横比】复选框，单击【确定】按钮。

第3步 在【格式】选项卡下【大小】组中设置【形状宽度】为"14.6 厘米"，按【Enter】键。

第4步 即可看到【形状高度】值也已随之发生改变。

第5步 精确设置图表大小后的效果如下图所示。

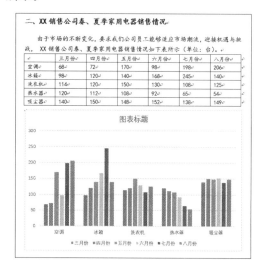

9.4.2 设置图表布局

插入图表之后，用户可以根据需要调整图表布局。具体操作步骤如下。

第1步 选择插入的图表，单击【图表工具】→【设计】选项卡下【图表布局】组中【快速布局】按钮的下拉按钮，在弹出的下拉列表中选择【布局11】选项。

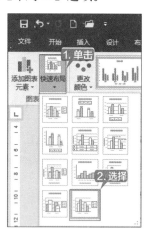

第2步 即可完成设置图表布局的操作，效果如下图所示。

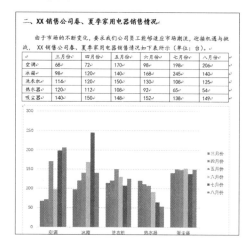

9.4.3 添加图表元素

更改图表布局后，可以将图表标题、数据标签、数据表、图例、趋势线等图表元素添加至图表中，以便更直观地查看分析数据。

第1步 选择图表，单击【图表工具】→【设计】选项卡下【图表布局】组中【添加图表元素】按钮的下拉按钮，在弹出的下拉列表中选择【图表标题】→【图表上方】选项。

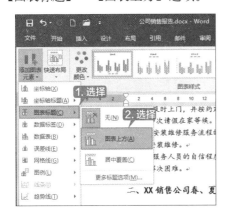

第2步 即可在图表上方显示【图表标题】文本框。

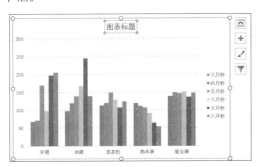

第3步 删除【图表标题】文本框中的内容，并输入"销售情况表"文本，就完成了添加图表标题的操作，效果如下图所示。

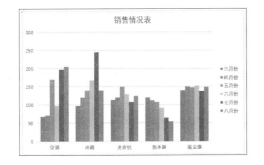

第4步 再次选择图表，单击【图表工具】→【设计】选项卡下【图表布局】组中【添加图表元素】按钮的下拉按钮，在弹出的下拉列表中选择【数据标签】→【数据标签外】选项。

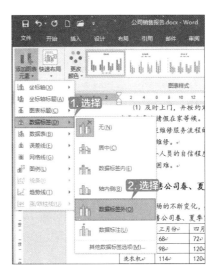

第5步 即可在图表中添加数据标签图表元素，效果如下图所示。

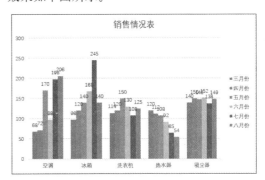

第6步 选择图表，单击【图表工具】→【设计】选项卡下【图表布局】组中【添加图表元素】按钮的下拉按钮，在弹出的下拉列表中选择【数据表】→【显示图例项标示】选项。

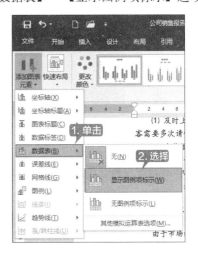

第7步 即可在图表中显示数据表图表元素，效果如下图所示。

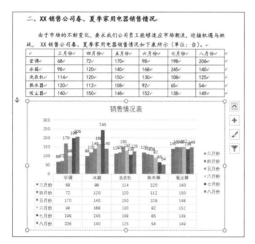

第8步 使用同样的方法还可以添加其他图表元素，这里不再赘述。最后根据需要调整图表的大小，即可完成添加图表元素的操作。

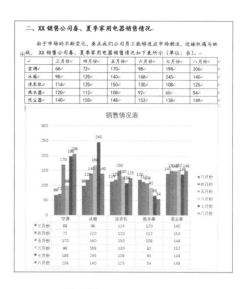

提示

如果不需要等比例缩放图表，则需要取消选中【锁定纵横比】复选框。

9.4.4 更改图表样式

添加图表元素之后，就完成了创建并编辑图表的操作。如果对图表的样式不满意，还可以更改图表的样式，美化图表。

1. 更改图表样式及颜色

第1步 选择创建的图表，单击【图表工具】→【设计】选项卡下【图表样式】组中【其他】按钮，在弹出的下拉列表中选择一种图表样式。

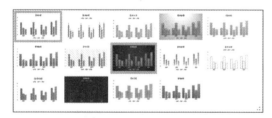

第2步 即可看到更改图表样式后的效果。

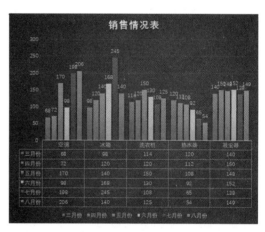

第3步 此外，还可以根据需要更改图表的颜色。选择图表，单击【图表工具】→【设计】选项卡下【图表样式】组中【更改颜色】按钮的下拉按钮，在弹出的下拉列表中选择一种颜色样式。

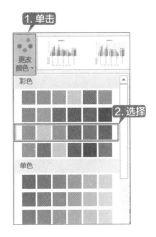

[第4步] 更改颜色后的效果如下图所示。

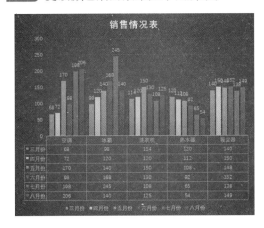

2. 更改图表标题样式

[第1步] 选择图表中的标题文本。

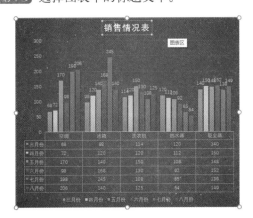

[第2步] 单击【格式】选项卡下【艺术字样式】组中的【快速样式】按钮，在弹出的下拉列表中选择一种艺术字样式。

[第3步] 即可看到设置图表标题样式后的效果。

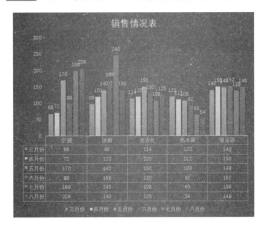

3. 设置图表区格式

[第1步] 选择图表的图表区并单击鼠标右键，在弹出的快捷菜单中选择【设置图表区域格式】选项。

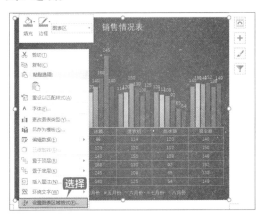

[第2步] 弹出【设置图表区格式】窗格，在【填充与线条】选项卡下【填充】组中单击选中【渐变填充】单选项，并根据需要进行类型、方向、渐变光圈等相关的设置。

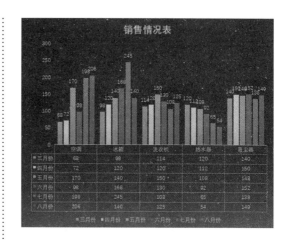

> **| 提示 |**
>
> 　　用户也可以根据需要设置图例项、绘图区及模拟运算表等区域的格式。操作方法与设置图表区格式类似，这里不再赘述。

第3步 更改图表区格式后的效果如下图所示。

9.4.5 更改图表类型

　　选择合适的图表类型，能够更直观形象地展示数据。如果对创建的图表类型不满意，可以使用 Word 2016 提供的更改图表类型的操作更改图表的类型。具体操作步骤如下。

第1步 选择创建的图表，单击【设计】选项卡下【类型】组中【更改图表类型】按钮。

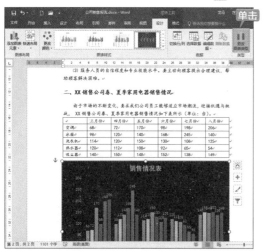

第2步 弹出【更改图表类型】对话框，选择

要更改的图表类型。这里选择【折线图】下的【折线图】选项，单击【确定】按钮。

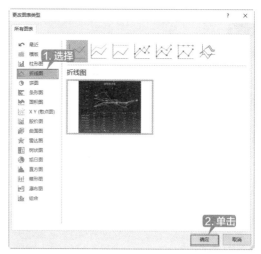

第3步 即可完成更改图表类型的操作，效果如下图所示。

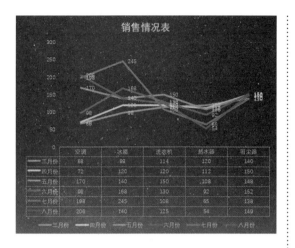

第 4 步 至此，就完成了公司销售报告的制作，最终效果如下图所示。

制作产品价格对比图表

与公司销售报告类似的文件还有价格走势统计表、产品价格对比图表、项目预算分析图表、产量统计图表、货物库存分析图表、成绩统计分析图表等。制作这类图表时，要做到数据格式统一，并且要选择合适的图表类型，以便准确表达要传递的信息。下面就以制作产品价格对比图表为例进行介绍，具体操作步骤如下。

1. 创建图表

打开随书光盘中的"素材 \ch09\ 产品价格对比图表 .xlsx"文件，根据表格内容创建簇状柱形图图表。

2. 根据需要添加图表元素

根据需要更改图表标题、添加数据标签、数据表以及调整图例的位置等。

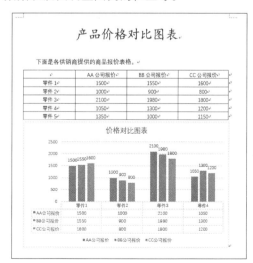

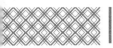

3. 设置图表样式

更改图表的样式及颜色等，使图表更加美观。

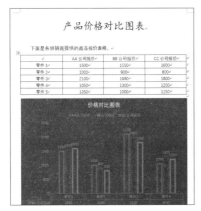

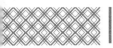

◇ **为图表设置图片背景**

用户可以将图片设置为图表的背景，具体操作步骤如下。

第1步 选择图表并单击鼠标右键，在弹出的快捷菜单中选择【设置图表区域格式】选项。

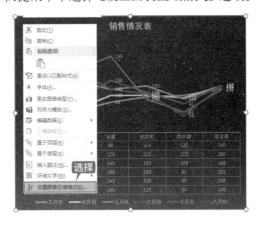

第2步 弹出【设置图表区格式】窗格。选中【图片或纹理填充】单选项，并单击【插入图片来自】下的【文件】按钮。

4. 更改图表样式

根据需要更改图表的样式，如更改图表为折线图或者组合图等，这里将图表更改为组合图样式，最终效果如下图所示。

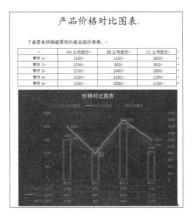

第3步 弹出【插入图片】对话框。选择要设置为背景的图片，单击【插入】按钮。

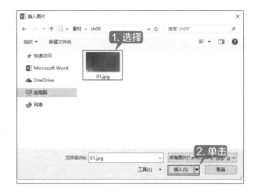

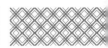

第4步 即可看到将图表设置为背景图片后的效果。

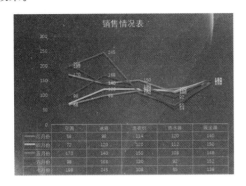

◇ 将图表存为模板

更改图表样式之后，可以将图表另存为模板样式，之后在创建图表时，即可直接使用设置完成的样式。具体操作步骤如下。

第1步 选择更改样式后的图表并单击鼠标右键，在弹出的快捷菜单中选择【另存为模板】选项。

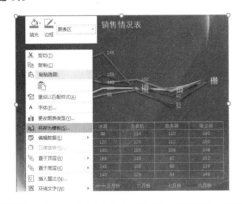

第2步 弹出【保存图表模板】对话框。根据需要设置文件名，并选择模板存储的位置，单击【保存】按钮，完成模板的另存。

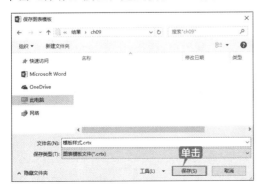

第3步 新建空白 Word 文档，执行插入图表命令，在弹出的【插入图表】对话框中选择【模板】选项，并单击【管理模板】按钮。

第4步 弹出【Charts】文件夹，然后将另存的图表模板复制到该文件夹中，并关闭该文件夹。

第5步 返回【插入图表】对话框后即可看到设置的图表模板，单击【确定】按钮。

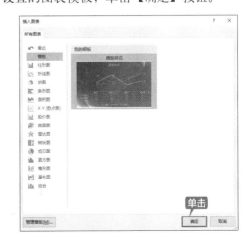

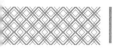
第6步 重复创建图表的操作，即可看到使用模板创建的图表。

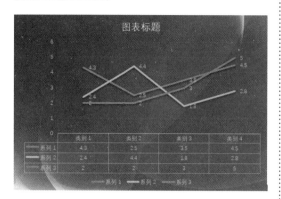

◇ 制作组合图表

使用组合图表可以将多个图表类型集中显示在一个图表中，集合各类图表的优点，更直观形象地显示数据。

第1步 选择创建的图表，并单击【设计】选项卡下【类型】组中【更改图表类型】按钮，弹出【更改图表类型】对话框，选择【组合】选项。

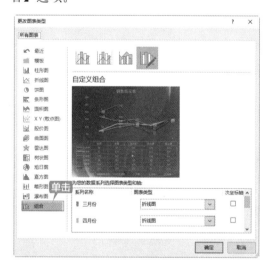

第2步 在右侧单击【三月份】后【图表类型】下拉按钮，选择【簇状柱形图】选项。

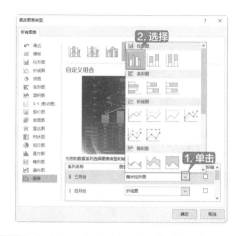

第3步 根据需要设置其他月份的图表类型，单击【确定】按钮。

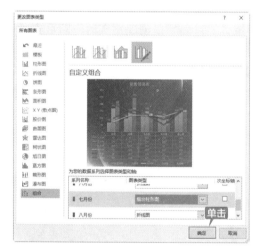

第4步 即可完成制作组合图表的操作，效果如下图所示。

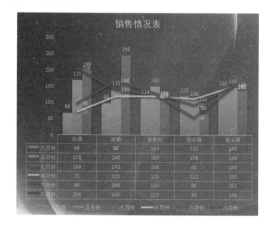

第 10 章

图文混排

本章导读

一篇图文并茂的文档，不仅看起来生动形象、充满活力，还可以使文档更加美观。在 Word 中可以通过插入艺术字、图片、组织结构图以及自选图形等展示文本或数据内容。本章就以制作企业宣传单为例介绍在 Word 文档中图文混排的操作。

思维导图

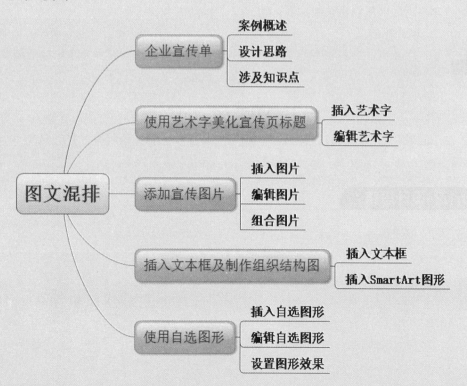

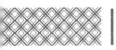
10.1 企业宣传单

排版企业宣传单要做到鲜明、活泼、形象、亮丽，便于公众快速地接收宣传单中展示的信息。

实例名称：图文混排		
实例目的：使文档更加美观		
	素材	素材 \ch10\ 企业资料 .txt
	结果	结果 \ch10\ 企业宣传单 .docx
	录像	视频教学录像 \10 第 10 章

10.1.1 案例概述

排版企业宣传单时，需要注意以下几点。

1. 色彩

（1）色彩可以渲染气氛，并且加强版面的冲击力，用以烘托主题，引起公众的注意。

（2）宣传单的色彩要从整体出发，并且各个组成部分之间的色彩关系要统一，以形成主题内容的基本色调。

2. 图文结合

（1）现在已经进入"读图时代"，图形是人类通用的视觉符号，它可以吸引读者的注意，在宣传单中要注重图文结合。

（2）图形图片的使用要符合宣传单的主题，可以进行加工提炼来体现形式美，并产生强烈鲜明的视觉效果。

3. 编排简洁

（1）确定宣传单的开本大小，是进行编排的前提。

（2）宣传单设计时版面要简洁醒目，色彩鲜艳突出，主要的文字可以适当放大，次要文字宜分段排版。

（3）版面要有适当的留白，避免内容过多拥挤，使读者失去阅读兴趣。

企业宣传单气氛以热烈鲜艳为主。本章就以企业宣传单为例介绍排版宣传单的方法。

10.1.2 设计思路

排版企业宣传单可以按以下思路进行。

（1）制作宣传单页面，并插入背景图片。

（2）插入艺术字标题，并插入正文文本框。

（3）插入图片，放在合适的位置，调整图片布局，并对图片进行编辑、组合。

（4）添加表格，并对表格进行美化。

（5）使用自选图形为标题的背景。

10.1.3 涉及知识点

本案例主要涉及以下知识点。

（1）设置页边距、页面大小。

（2）使用艺术字。

（3）使用图片。

（4）制作组织结构图。

（5）使用自选图形。

10.2 使用艺术字美化宣传页标题

使用 Word 2016 提供的艺术字功能，可以制作出精美的艺术字，丰富宣传单的内容，使企业宣传单更加鲜明醒目。

10.2.1 插入艺术字

Word 2016 提供了 15 种艺术字样式，用户只需要选择要插入的艺术字样式，并输入艺术字文本就可完成插入艺术字的操作。

1. 设置页边距页面大小

页边距及页面大小的设置可以使企业宣传单更加美观。设置页边距，包括上、下、左、右边距以及页眉和页脚距页边界的距离。设置页面大小和纸张方向，可以使页面设置满足企业宣传单的纸张大小要求。

第1步 打开 Word 2016 软 件，新建一个 Word 空白文档。

第2步 单击【文件】按钮，在弹出的下拉列表中，选择【另存为】选项，在弹出的【另存为】对话框中选择文件要保存的位置，并在【文件名】文本框中输入"企业宣传单"，单击【保存】按钮。

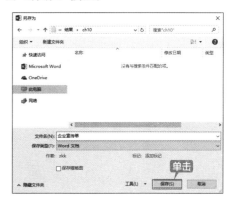

第3步 单击【布局】选项卡下【页面设置】组中的【页边距】按钮 ，在弹出的下拉列表中单击选择【自定义边距（A）】选项。

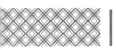
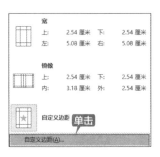

第4步 弹出【页面设置】对话框，在【页边距】选项卡下【页边距】组中可以自定义设置"上""下""左""右"页边距，将【上】【下】页边距均设为"1.2厘米"，【左】【右】页边距均设为"1.8厘米"，在【预览】区域可以查看设置后的效果。

第5步 单击【确定】按钮，在 Word 文档中可以看到设置页边距后的效果。

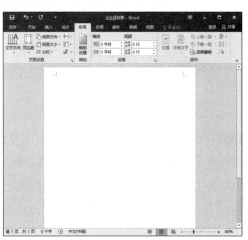

提示

页边距太窄会影响文档的装订，而太宽不仅影响美观还浪费纸张。一般情况下，如果使用A4纸，可以采用 Word 提供的默认值；如果使用B5或16K纸，上、下边距在2.4厘米左右为宜；左、右边距在2厘米左右为宜。具体设置可根据用户的要求设定。

第6步 单击【布局】选项卡下【页面设置】组中的【纸张方向】按钮，在弹出的下拉列表中可以设置纸张方向为"横向"或"纵向"，如单击【横向】选项。

提示

也可以在【页面设置】对话框中的【页边距】选项卡中，在【纸张方向】区域设置纸张的方向。

第7步 单击【布局】选项卡【页面设置】选项组中的【纸张大小】按钮，在弹出的下拉列表中选择【其他纸张大小】选项。

第8步 在弹出的【页面设置】对话框中，在【纸张大小】选项组中设置【宽度】为"29厘米"，

【高度】为"21 厘米",在【预览】区域可以查看设置后的效果。

第9步 单击【确定】按钮,在 Word 文档中可以看到设置页边距后的效果。

2. 插入艺术字

插入艺术字制作宣传页标题的具体操作

10.2.2 编辑艺术字

插入艺术字后,用户还可以根据需要编辑插入的艺术字,如设置艺术字的大小、颜色、位置以及艺术字样式、形状样式等。

步骤如下。

第1步 单击【插入】选项卡下【文本】组中的【艺术字】按钮 ,在弹出的下拉列表中选择一种艺术字样式。

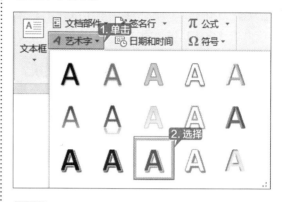

第2步 文档中弹出【请在此放置您的文字】文本框。

第3步 去掉文本框内的文字,输入宣传单的标题内容"热烈庆祝 ×× 电器销售公司开业 5 周年",就完成了插入艺术字标题的操作。效果如下图所示。

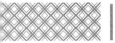
1. 设置艺术字字体及位置

下面介绍设置艺术字字体大小、颜色及位置的操作。具体操作步骤如下。

第1步 选择插入的艺术字，单击【开始】选项卡下【字体】组中的【字体】按钮。

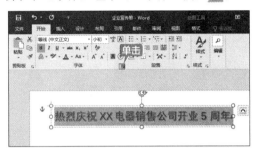

第2步 打开【字体】对话框，设置【中文字体】为"华文楷体"，【字形】为"加粗"，【字号】为"小初"，【字体颜色】为"红色"，单击【确定】按钮。

第3步 即可看到设置艺术字字体后的效果。

第4步 将鼠标指针放置在艺术字文本框上，当鼠标指针变为形状时，按住鼠标左键并拖曳鼠标，即可调整艺术字文本框的位置。

第5步 调整艺术字位置后，效果如下图所示。

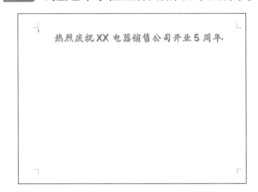

第6步 将鼠标指针放置在艺术字文本框四周的控制柄上，按住鼠标左键并拖曳鼠标，可以改变艺术字文本框的大小；放在四角的控制点上，可以同时调整艺术字文本框的宽度和高度；放在左右边的控制点上，可以调整艺术字文本框的宽度；放在上下边的控制点上，可以调整艺术字文本框的高度；效果如下图所示。

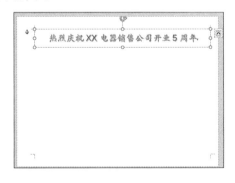

2. 设置艺术字样式

设置艺术字样式包括更改艺术字样式，设置文本填充、文本轮廓及文本效果等。具体操作步骤如下。

第1步 选中艺术字，单击【绘图工具】→【格式】选项卡下【艺术字样式】组中的【快速样式】按钮，在弹出的下拉列表中选择要更改为的艺术字样式。

第2步 更改艺术字样式后的效果如下图所示。

第3步 选中艺术字文本，单击【绘图工具】→【格式】选项卡下【艺术字样式】组中的【文本填充】按钮，在弹出的下拉列表中选择"紫色"选项。

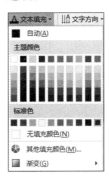

第4步 更改【文本填充】颜色为"紫色"后

的效果如下图所示。

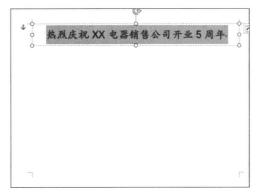

第5步 选中艺术字文本，单击【绘图工具】→【格式】选项卡下【艺术字样式】组中的【文本轮廓】按钮，在弹出的下拉列表中选择"红色"选项。

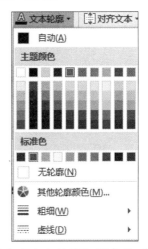

第6步 更改【文本轮廓】颜色为"红色"后的效果如下图所示。

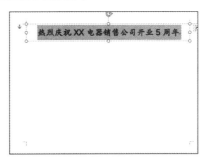

第7步 选中艺术字，单击【绘图工具】→【格式】选项卡下【艺术字样式】组中的【文本效果】按钮，在弹出的下拉列表中选择【透视】选项组中的【右上对角透视】选项。

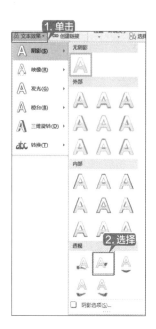

第8步 单击【绘图工具】→【格式】选项卡下【艺术字样式】组中的【本文效果】按钮 A 文本效果▾，在弹出的下拉列表中选择【映像】→【映像变体】组下的【紧密映像，4pt 偏移量】选项。

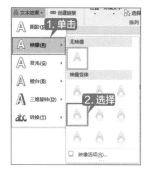

第9步 设置文本效果后的效果如下图所示。

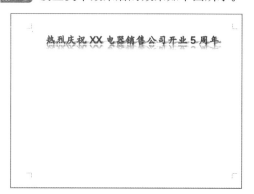

3. 设置形状效果

第1步 单击【绘图工具】→【格式】选项卡下【形状样式】组中的【其他】按钮 ▾。在弹出的下拉列表中选择一种主题样式。

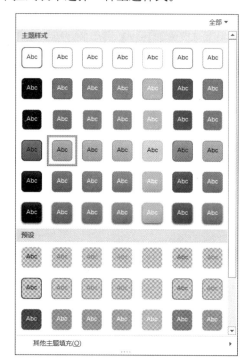

第2步 设置主题样式后的效果如下图所示。

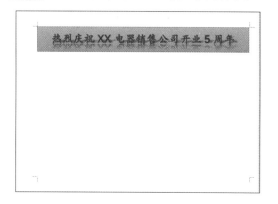

第3步 单击【绘图工具】→【格式】选项卡下【形状样式】组中的【形状填充】按钮 ☁ 形状填充▾，在弹出的下拉列表中选择【纹理】→【白色大理石】选项。

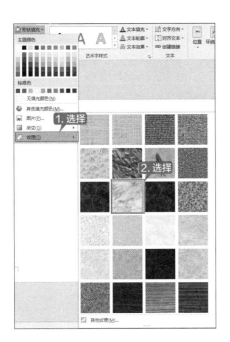

第4步 单击【绘图工具】→【格式】选项卡下【形状样式】组中的【形状轮廓】按钮，在弹出的下拉列表中选择【无轮廓】选项。

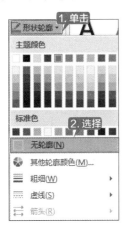

第5步 设置后效果如下图所示。

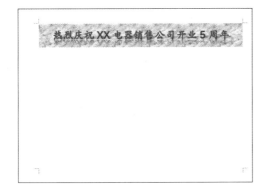

第6步 单击【绘图工具】→【格式】选项卡下【形状样式】组中的【形状效果】按钮右侧的下拉按钮，在弹出的下拉列表中选择【映像】→【映像变体】组中的【紧密映像，接触】选项。

第7步 单击【绘图工具】→【格式】选项卡下【形状样式】组中的【形状效果】按钮右侧的下拉按钮，在弹出的下拉列表中选择【柔滑边缘】→【10磅】选项。

第8步 单击【绘图工具】→【格式】选项卡下【形状样式】组中的【形状效果】按钮右侧的下拉按钮，在弹出的下拉列表中选择【三维旋转】→【透视】组中的【右透视】选项。

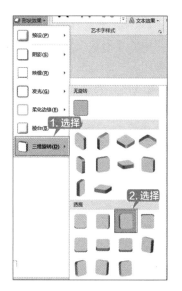

第 10 步 最终制作的宣传页标题效果如下图所示。

第 9 步 至此，就完成了艺术字的编辑操作。然后根据需要调整艺术字文本框的大小，在【绘图工具】→【格式】选项卡下【大小】组中设置【形状宽度】为"29.5 厘米"。

10.3 添加宣传图片

在文档中添加图片元素，可以使宣传单看起来更加生动、形象、充满活力。在 Word 2016 中可以对图片进行编辑处理，并且可以把图片组合起来避免图片变动。

10.3.1 插入图片

插入图片，可以使宣传单更加多彩。在 Word 2016 中，不仅可以插入文档图片，还可以插入背景图片。Word 2016 支持更多的图片格式，如 ".jpg" ".jpeg" ".jfif" ".jpe" ".png" ".bmp" ".dib" 和 ".rle" 等。在宣传单中添加图片的具体操作步骤如下。

第 1 步 单击【设计】选项卡【插入】选项组中的【图片】按钮。

第 2 步 在弹出的【插入图片】对话框中选择"素材 \ch10\01.jpg"文件，单击【插入】按钮。

第 3 步 插入图片后的效果如下图所示。

第 4 步 单击【布局】选项卡【排列】选项组中的【环绕文字】按钮，在弹出的下拉列表中选择【衬于文字下方】选项。

第 5 步 将鼠标指针放置在图片上方，当鼠标指针变为形状时，按住鼠标左键并拖曳鼠标，即可调整图片的位置，使图片左上角与文档页面左上角对齐，效果如下图所示。

第 6 步 选择图片，将鼠标指针放在图片右下角的控制点上，当鼠标指针变为形状时，按住鼠标左键并拖曳鼠标，调整图片的大小，效果如下图所示。

提示

选择图片后，在【图片工具】→【格式】选项卡下【大小】组中可以精确地设置图片的大小。

第 7 步 将光标定位于文档中，然后单击【插入】选项卡下【插图】组中的【图片】按钮。在弹出的【插入图片】对话框中选择"素材 \ch10\02.png"图片，单击【插入】按钮，即可插入该图片。

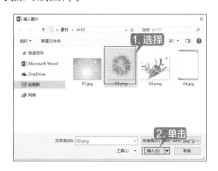

第 8 步 选择插入的图片，单击【布局选项】按钮，在弹出的【布局选项】列表中选择【衬于文字下方】选项。

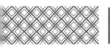
第9步 根据需要调整图片的大小和位置，效果如下图所示。

第10步 重复上述步骤，插入图片"素材\ch10\03.png"，然后根据需要调整插入图片的大小和位置，效果如下图所示。

10.3.2 编辑图片

对插入的图片进行更正、调整、添加艺术效果等的编辑，可以使图片更好地融入宣传单的氛围中。具体操作步骤如下。

第1步 选择要编辑的图片，单击【图片工具】→【格式】选项卡下【调整】组中【更正】按钮 更正▼ 右侧的下拉按钮，在弹出的下拉列表中选择任一选项，即可改变图片的锐化／柔化以及亮度／对比度。

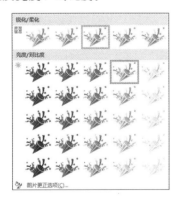

第2步 即可改变图片的锐化／柔化以及亮度／对比度。

第3步 选择插入的图片，单击【图片工具】→【格式】选项卡下【调整】选项组中【颜色】按钮 颜色▼ 右侧的下拉按钮，在弹出的下拉列表中选择任一选项。

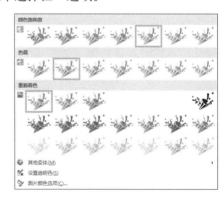

第4步 即可改变图片的色调色温。

第5步 单击【图片工具】→【格式】选项卡下【调整】选项组中【艺术效果】按钮 艺术效果▾ 右侧的下拉按钮，在弹出的下拉列表中选择任一选项。

第6步 即可改变图片的艺术效果。

第7步 单击【图片工具】→【格式】选项卡下【图片样式】选项组中的【其他】按钮 ▾，在弹出的下拉列表中选择【复杂框架，黑色】选项。

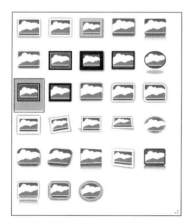

第8步 即可在宣传单上看到图片样式更改后效果。

第9步 单击【图片工具】→【格式】选项卡下【图片样式】选项组中的【图片边框】按钮 图片边框▾ 右侧的下拉按钮，在弹出的下拉列表中选择【无轮廓】选项。

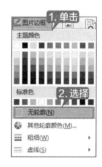

第10步 即可在宣传单上看到图片边框设置后效果。

第11步 单击【图片工具】→【格式】选项卡下【图片样式】选项组中的【图片效果】按钮 图片效果▾ 右侧的下拉按钮，在弹出的下拉列表中选择【预设】→【预设】组中的【预设 3】选项。

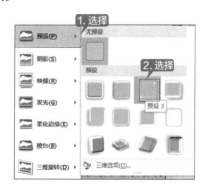

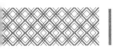

第12步 即可在宣传单上看到图片预设后的效果。

第13步 单击【图片工具】→【格式】选项卡下【图片样式】选项组中的【图片效果】按钮 右侧的下拉按钮，在弹出的下拉列表中选择【阴影】→【外部】组中的【左下斜偏移】选项。

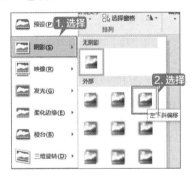

第14步 即可在宣传单上看到图片添加阴影后的效果。

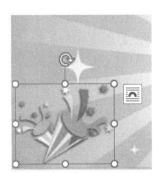

第15步 单击【图片工具】→【格式】选项卡下【图片样式】选项组中的【图片效果】按钮 右侧的下拉按钮，在弹出的下拉列表中选择【映像】→【映像变体】组中的【紧密映像，4pt 偏移量】选项。

第16步 调整图片的位置，即可在宣传单上看到图片添加映像后的效果。

第17步 单击【图片工具】→【格式】选项卡下【图片样式】选项组中的【图片效果】按钮 右侧的下拉按钮，在弹出的下拉列表中选择【发光】→【发光变体】组中的【金色，5 pt 发光，个性色 4】选项。

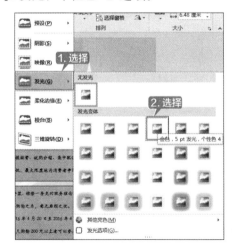

第18步 即可在宣传单上看到图片添加发光后的效果。

第19步 按照上述步骤设置"03.png"图片，即可看到编辑图片后的效果。

10.3.3 组合图片

编辑完添加的图片后，还可以把图片进行组合，避免宣传单中的图片移动变形。具体操作步骤如下。

第1步 按住【Ctrl】键，依次选择宣传单中要组合的两张图片，即可同时选中这两张图片。

第3步 即可查看图片组合后的效果。

第2步 单击【图片工具】→【格式】选项卡下【排列】组中的【组合】按钮右侧的下拉按钮，在弹出的下拉列表中选择【组合】选项。

10.4 插入文本框及制作组织结构图

插入 SmartArt 图形不仅可以美化制作的宣传单，还能够用图形展示文字，便于阅读。

10.4.1 插入文本框

在宣传单中可以使用文本框来存放文本内容，不仅便于设置文本的显示效果，还能方便调整文本的位置。

第1步 单击【插入】选项卡下【文本】组中的【文本框】按钮，在弹出的下拉列表中选择【绘制文本框】选项。

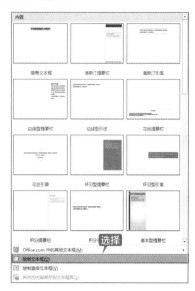

第2步 将鼠标光标定位在文档中，按住鼠标左键并拖曳鼠标，即可完成文本框的绘制。

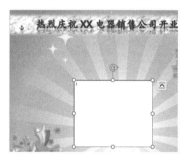

第3步 打开随书光盘中的"素材 \ch10\ 企业资料 .txt"文件。选择第 1 段的文本内容，并按【Ctrl+C】组合键，复制选中的内容。然后将复制的内容粘贴在文本框内。

第4步 根据需要调整文本框内文本的字体样式，并调整文本框的大小及位置。

> **提示**
>
> 调整文本框大小及位置的方法与调整艺术字文本框的方法相同，这里不再赘述。

第5步 选择文本框，单击【格式】选项卡下【形状样式】组中的【形状填充】按钮，在弹出的下拉列表中选择【橙色】选项。

第6步 设置后的效果如下图所示。

第7步 选择文本框，单击【格式】选项卡下【形

状样式】组中的【形状轮廓】按钮 ，
在弹出的下拉列表中选择【无轮廓】选项。

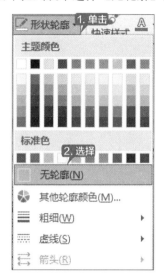

第8步 设置形状轮廓后的效果如下图所示。

第9步 重复上面的操作，绘制新文本框，将
其余的段落内容复制、粘贴到文本框中，设
置文本框样式，然后根据需要调整文本框，
最终效果如下图所示。

10.4.2 插入 SmartArt 图形

在宣传单中可以使用 SmartArt 图形形象直观地展示重要的文本信息，吸引用户的眼球。下
面介绍插入并编辑 SmartArt 图形的方法。

1. 插入 SmartArt 图形

Word 2016 提供了列表、流程、循环、
层次结构、关系、矩阵、棱锥图、图片等多
种 SmartArt 图形样式，方便用户根据需要选
择。插入 SmartArt 图形的具体操作步骤如下。

第1步 单击【插入】选项卡下【插图】组中
的【SmartArt】按钮 。

第2步 弹出【选择 SmartArt 图形】对话框，
选择【流程】选项，在右侧列表框中选择【圆
箭头流程】类型，单击【确定】按钮。

第3步 即可完成图形的插入。设置其【文字
环绕】为"浮于文字上方"，并根据需要调
整其位置，效果如下图所示。

第2步 效果如下图所示。

提示

设置文字环绕及位置的方法与设置图片类似，这里不再赘述。

第3步 选择 SmartArt 图形，按照调整图片大小的方法调整 SmartArt 图形的大小，效果如下图所示。

第4步 在图形中根据需要输入文字，效果如下图所示。至此，就完成了插入 SmartArt 图形的操作。

第4步 选择要插入新图形的位置，这里选择中间的图形。

2. 编辑 SmartArt 图形

编辑 SmartArt 图形包括更改文字样式、创建新图形、改变图形级别、更改版式、设置 SmartArt 样式等。下面介绍编辑 SmartArt 图形的具体操作步骤。

第1步 选择 SmartArt 图形中的文字，在【开始】选项卡下【字体】组中根据需要设置文字的效果。

第5步 单击【SmartArt 工具】→【设计】选

项卡下【创建图形】组中【添加形状】按钮
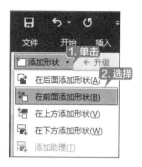的下拉按钮，在弹出的下拉列表中
选择【在前面添加形状】选项。

第8步 选择要移动位置的图形。这里选择中间图形的文字，单击【SmartArt 工具】→【设计】选项卡下【创建图形】组中的【上移】按钮 ↑上移 。

第6步 即可在选择图形的前方添加新的形状。

第9步 即可将选择的图形上移，效果如下图所示。

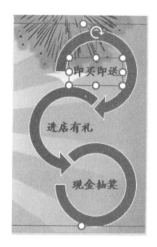

第7步 如果不需要该形状，可以将其删除。选择新添加的形状，按【Delete】键，即可将其删除，

第10步 选择要移动位置的图形。单击【SmartArt 工具】→【设计】选项卡下【创建图形】组中的【下移】按钮 ↓下移 ，即可将图形向下移动。

第11步 选择 SmartArt 图形，单击【SmartArt 工具】→【设计】选项卡下【SmartArt 样式】组中的【更改颜色】按钮 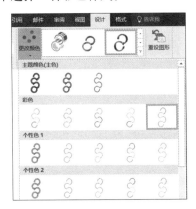，在弹出的下拉列表中选择一种彩色样式。

第13步 选择 SmartArt 图形，单击【SmartArt 工具】→【设计】选项卡下【SmartArt 样式】组中的【其他】按钮 ，在弹出的下拉列表中选择一种 SmartArt 样式。

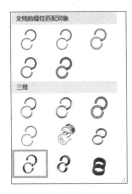

第12步 更改颜色后的效果如下图所示。

第14步 更改 SmartArt 样式后，图形中文字的样式会随之发生改变，用户需要重新设置文字的样式。制作完成的 SmartArt 图形效果如下图所示。

10.5 使用自选图形

Word 2016 提供了线条、矩形、基本形状、箭头总汇、公式形状、流程图、星与旗帜和标注等多种自选图形，用户可以根据需要从中选择适当的图形美化文档。

10.5.1 插入自选图形

插入自选图形的具体操作步骤如下。

第1步 单击【插入】选项卡下【插图】选项组中的【形状】按钮 下方的下拉按钮，在

弹出的下拉列表中，选择"矩形"形状。

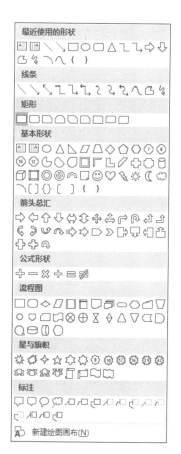

第2步 在文档中选择要绘制形状的起始位置，

按住鼠标左键并拖曳至合适位置，松开鼠标左键，即可完成形状的绘制。

第3步 使用同样的方法，绘制其他自选图形，效果如下图所示。

10.5.2 编辑自选图形

插入自选图形后，可以根据需要编辑自选图形，如设置自选图形的大小、位置以及在图形中添加文字等。具体操作步骤如下。

第1步 选中插入的矩形形状，将鼠标指针放在矩形边框的四个角上，当鼠标指针变为形状时，按住鼠标左键并拖曳鼠标即可改变矩形的大小。

第2步 选中插入的矩形形状，将鼠标指针放在矩形上，当鼠标指针变为形状时，按住鼠标左键并拖曳鼠标，即可调整矩形的位置。

第3步 单击【绘图工具】→【格式】选项卡下【排

列】组中的【环绕文字】按钮，在弹出的下拉列表中选择【衬于文字下方】选项。

第4步 在矩形形状上单击鼠标右键，在弹出的快捷菜单中选择【添加文字】选项。

第5步 即可在图形中显示鼠标光标，输入"期

待您的光临、选购与指导"文本，并根据需要设置文字的样式，效果如下图所示。

第6步 使用同样的方法调整其他自选图形的位置及大小，并在图形中添加文本内容，效果如下图所示。

10.5.3 设置图形效果

插入自选图形时，Word 2016 准备了默认的图形效果，用户可以根据需要设置图形的显示效果，使其更美观。具体操作步骤如下。

第1步 选择矩形形状，单击【绘图工具】→【格式】选项卡下【形状样式】组中的【其他】按钮，在弹出的下拉列表中选择【中等效果－绿色，强调颜色 6】样式。

第2步 即可将选择的样式应用到形状中，效果如下图所示。

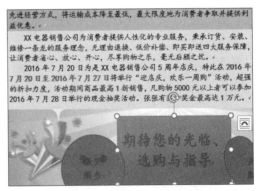

第3步 选择矩形形状，单击【绘图工具】→【格式】选项卡下【形状样式】组中的【形状轮廓】按钮的下拉按钮 ，在弹出的下拉列表中选择【无轮廓】选项。

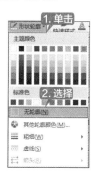

第4步 单击【绘图工具】→【格式】选项卡下【形状样式】组中的【形状效果】按钮 的下拉按钮，在弹出的下拉列表中选择【三维旋转】→【平行】组中的【离轴1右】选项。

第5步 即可看到设置矩形图形后的效果，如下图所示。

第6步 使用同样的方法设置其他自选图形的效果，最终效果如下图所示。

至此，就完成了企业宣传单的制作。

举一反三

制作公司简报

与企业宣传单类似的文档还有公司简报、招聘启事、广告宣传等。排版这类文档时，都要做到色彩统一、图文结合、编排简洁，使读者能把握重点并快速获取需要的信息。下面就以制作公司简报为例进行介绍。具体操作步骤如下。

1. 设置页面

新建空白文档，并将其另存为"公司简报.docx"，然后设置流程图页面边距、页面大小等。

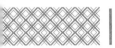

2. 设置背景图片并插入标题

插入图片并设置其"衬于文字下方"，根据需要调整图片的大小，使其占满整个页面，然后添加艺术字并设置艺术字样式。

3. 输入简报内容

根据需要输入公司简报的相关内容（可以打开随书光盘中的"素材\ch10\公司简报.txt"文件，复制其中的内容），并设置文字样式。

4. 使用 SmartArt 图形、自选图形

根据简报内容插入 SmartArt 图形展示重要内容，并使用自选图形美化文档。最终效果如下图所示。

◇ 快速导出文档中的所有图片

Word 中的图片可以单独导出保存到电脑中，方便用户使用。也可以快速将所有图片导出。

1. 导出单张图片

导出单张图片的操作比较简单，具体操作步骤如下。

第1步 打开随书光盘中的"素材 \ch10\ 导出图片 .docx"文件，单击选中文档中的图片，单击鼠标右键，在弹出的快捷菜单中，选择【另存为图片】选项。

第2步 在弹出的【保存文件】对话框中，将【文件名】命名为"导出单张图片"，【保存类型】为"JPEG"格式，选择【保存】按钮，即可完成保存单张图片的操作。

2. 导出所有图片

将文档中的所有图片导出的具体操作步骤如下。

第1步 打开随书光盘中的"素材 \ch10\ 导出图片 .docx"文件，选择【文件】选项卡，单击【另存为】选项，选择保存位置为"这台电脑"，并单击【浏览】按钮。

第2步 弹出【另存为】对话框，选择存储位置，并设置【保存类型】为"网页（*.htm；*.html）"，【文件名】为"导出所有图片"，单击【保存】按钮。

第3步 在存储位置打开"导出所有图片 .files"文件夹，即可看到其中包含了文档中的所有

图片。

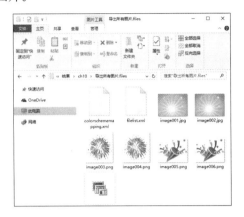

◇ 使用【Shift】键绘制标准图形

在绘制自选图形时，如果要绘制圆或者正方形形状，或者要绘制的形状为标准比例，此时就可以使用【Shift】键辅助绘制。

第1步 单击【插入】选项卡下【插图】选项组中的【形状】按钮下方的下拉按钮，在弹出的下拉列表中选择"矩形"形状。

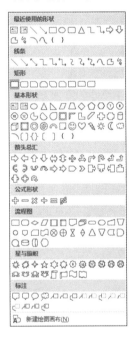

第2步 按住【Shift】键绘制矩形，即可绘制出正方形形状。

第3步 使用同样的方法，选择【椭圆】形状，按住【Shift】键绘制椭圆形状，即可绘制出圆形形状。

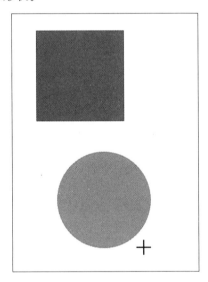

第4步 如果要绘制垂直或水平的直线，可以在选择【直线】形状后，按住【Shift】键绘制垂直或水平的直线。

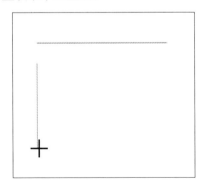

第11章

文档页面的设置

🔲 本章导读

在办公与学习中，经常会遇到一些错乱文档，通过设置页面、页面背景、页眉和页脚，分页和分节及插入封面等操作，可以对这些文档进行美化。本章就以制作企业文化管理手册为例，介绍一下文档页面的设置。

🛫 思维导图

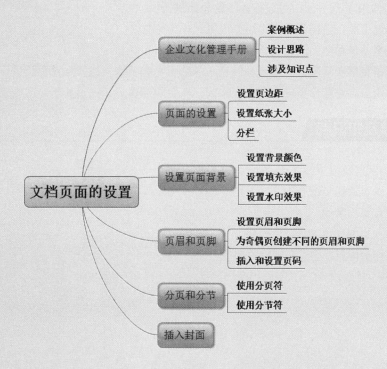

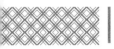

11.1 企业文化管理手册

> 企业文化管理手册是指企业文化的梳理、凝练、深植、提升的载体。

实例名称：文档页面的设置	
实例目的：使文档页面效果更明了好看	
素材	素材 \ch11\ 企业文化管理手册 .docx
结果	结果 \ch11\ 企业文化管理手册 .docx
录像	视频教学录像 \11 第 11 章

11.1.1 案例概述

企业文化管理手册是在企业文化的引领下，匹配公司战略、人力资源、生产、经营、营销等管理条件、管理模块的工具。本章将介绍制作企业文化管理手册的操作方法。

11.1.2 设计思路

制作企业文化管理手册时可以按以下的思路进行。
（1）设置页面，包括设置页边距，纸张大小与分栏。
（2）设置背景颜色、设置填充效果、设置水印效果。
（3）设置页眉和页脚，为奇偶页创建不同的页眉和页脚，插入和设置页码。
（4）使用分隔符和分页符设置文本格式，将重要内容另起一页显示。

11.1.3 涉及知识点

本案例主要涉及以下知识点。
（1）设置页边距、纸张大小、分栏。
（2）设置页面背景。
（3）插入页眉和页脚。
（4）使用分隔符、分页符。
（5）插入封面。

11.2 页面的设置

在排版企业文化管理手册时，首先要设置手册的页边距和页面大小，并设置分栏，来确定管理手册的页面。

11.2.1 设置页边距

页边距的设置可以使企业文化管理手册更加美观。设置页边距，包括上、下、左、右边距以及页眉和页脚距页边界的距离，使用该功能来设置页边距十分精确。

第1步 打开随书光盘中的"素材 \ch11\ 企业文化管理手册 .docx"文件。

第2步 单击【布局】选项卡下【页面设置】组中的【页边距】按钮，在弹出的下拉列表中单击选择【自定义边距（A）】选项。

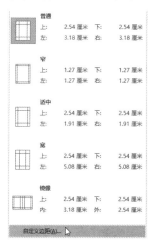

第3步 弹出【页面设置】对话框。在【页边距】选项卡下【页边距】组中可以自定义设置"上""下""左""右"页边距，将【上】【下】页边距均设为"1.2 厘米"，【左】【右】页边距均设为"1.8 厘米"。在【预览】区域可以查看设置后的效果。

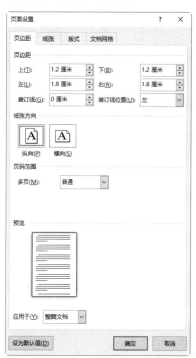

第4步 单击【确定】按钮，在 Word 文档中可以看到设置页边距后的效果。

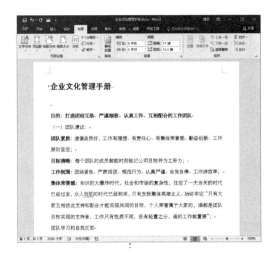

11.2.2 设置纸张大小

设置好页边距后，还可以根据需要设置纸张大小，使页面设置满足企业文化管理手册的格式要求。具体操作步骤如下。

第1步 单击【布局】选项卡【页面设置】选项组中的【纸张大小】按钮，在弹出的下拉列表中选择【其他纸张大小】选项。

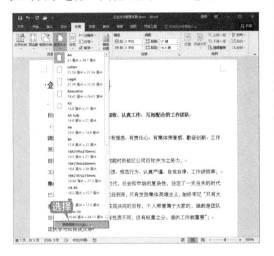

第2步 在弹出的【页面设置】对话框中，在【纸张大小】选项组中设置【宽度】为"30厘米"，【高度】为"21.6厘米"。在【预览】区域可以查看设置后的效果。

第3步 单击【确定】按钮，在 Word 文档中可以看到设置页边距后的效果。

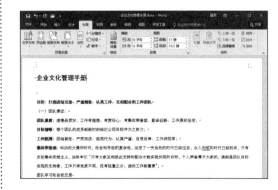

11.2.3 分栏

设置页边距与纸张大小后，还可以为页面设置分栏，来调整企业文化管理手册的显示。

第1步 单击【布局】选项卡下【页面设置】组中的【分栏】按钮，在弹出的下拉列表中单击【更多分栏】选项。

第2步 弹出【分栏】对话框，单击【预设】区域的【两栏】按钮，在【预览】区域可以查看设置后的效果。

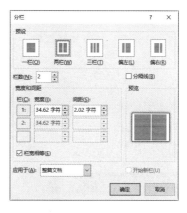

第3步 单击【确定】按钮，在 Word 文档中可以看到设置分栏后的效果。

11.3 设置页面背景

在 Word 2016 中，用户也可以给文档添加页面背景，以使文档看起来生动形象、充满活力。

11.3.1 设置背景颜色

在设置完文档的页面后，用户可以在其中添加背景颜色。具体操作步骤如下。

第1步 单击【设计】选项卡下【页面背景】组中【页面颜色】按钮。

第2步 在弹出的下拉列表中选择一种颜色，这里选择"金色，个性色4，淡色80%"。

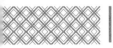
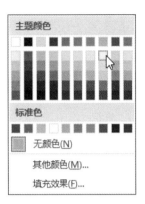

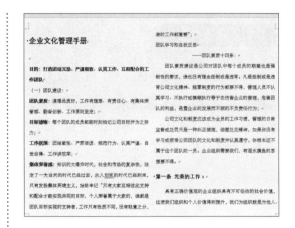

第3步 即可给文档页面填充上纯色背景，效果如下图所示。

11.3.2 设置填充效果

除了给文档设置背景颜色，用户也可以给文档背景设置填充效果。具体操作步骤如下。

第1步 单击【设计】选项卡下【页面背景】组中【页面颜色】按钮，在弹出的下拉列表中选择【填充效果】选项。

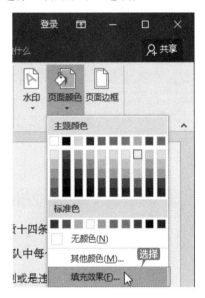

第2步 在弹出的【填充效果】对话框中选择【渐变】选项卡，在【颜色】组中单击【双色】单选项，在【颜色1】选项下方单击颜色框右侧的下拉按钮，在弹出的颜色列表中选择一种颜色，这里选择"蓝色，个性色1，淡色80%"选项。

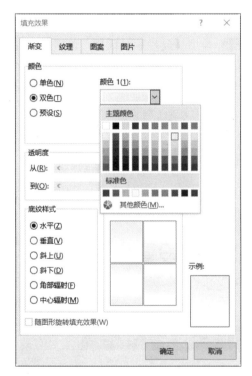

第3步 单击【颜色2】选项下方颜色框右侧的下拉按钮，在弹出的颜色列表中选择第一种颜色。这里选择"蓝-灰，文字2，淡色80%"选项。

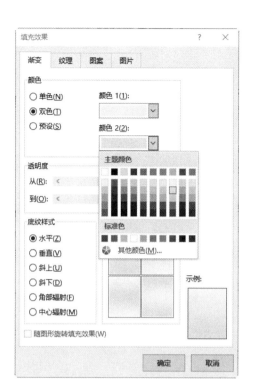

第4步 在【底纹样式】组中选择【角部辐射】单选项，单击【确定】按钮。

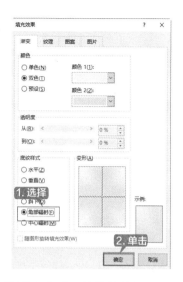

第5步 设置完成后，最终效果如下图所示。

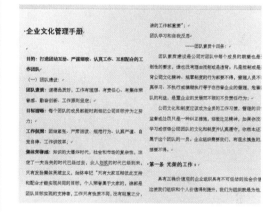

11.3.3 设置水印效果

水印是一种特殊的背景，可以设置在页面中的任何位置，而不必限制在页面的上端或下端区域。在 Word 2016 中，图片和文字均可设置为水印。在文档中添加水印效果可以使管理手册看起来更加美观。具体操作步骤如下。

第1步 单击【设计】选项卡下的【页面背景】组中的【水印】按钮。

第2步 在弹出的列表中拖动鼠标选择需要添加的水印样式，单击选中的水印样式。

第3步 即可在文档中显示添加水印后的效果。

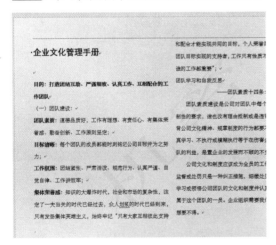

第4步 单击【设计】选项卡下的【页面背景】组中的【水印】按钮，在【水印】按钮的下拉列表中单击【自定义水印】按钮。

第5步 弹出【水印】对话框。

第6步 选中【图片水印】单选项，其相关内容会高亮显示，单击【选择图片】按钮。

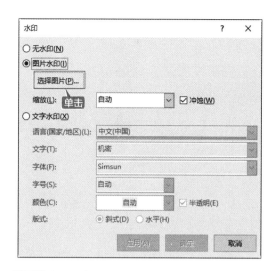

第7步 打开【插入图片】对话框,在【来自文件】对话框中单击【浏览】按钮。

第8步 打开【插入图片】对话框,选择要插入的图片的存放位置,例如,选择文件夹"素材\ch11",然后在打开的文件夹中选择图片"03.tif",单击【插入】按钮。

第9步 返回【水印】对话框中,这时【图片水印】选项组中显示插入图片的路径和缩放比例。单击【缩放】下拉列表框右边的下拉按钮,调整图片的显示比例。这里选择显示比例为【50%】。

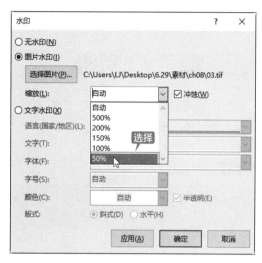

第10步 单击【确定】按钮,所选图片以水印样式插入到文档中。

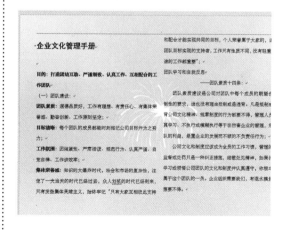

| 提示 |

用户可以在【水印】对话框中的【文字水印】选项组设置需要的水印文字、字体、字号、颜色和版式。如果不需要在文档中添加水印效果,在【水印】按钮的下拉列表中单击【删除水印】按钮即可。

11.4 页眉和页脚

在页眉和页脚中可以输入创建文档的基本信息，例如在页眉中输入文档名称、章节标题或者作者名称等信息，在页脚中输入文档的创建时间、页码等，不仅能使文档更美观，还能向读者快速传递文档要表达的信息。

11.4.1 设置页眉和页脚

页眉和页脚在文档资料中经常遇到，对文档的美化有很显著的作用。在企业文化管理手册中插入页眉和页脚的具体操作步骤如下。

1. 插入页眉

页眉的样式多种多样，可以在页眉中输入公司名称、文档名称、作者名等信息。插入页眉的具体操作步骤如下。

第 1 步 单击【插入】选项卡【页眉和页脚】选项组中的【页眉】按钮 页眉，弹出【页眉】下拉列表，选择需要的页眉，如选择【边线型】选项。

第 3 步 在页眉的文本域中输入文档的页眉。单击【设计】选项卡下【关闭】选项组中的【关闭页眉和页脚】按钮。

第 2 步 即可在文档每一页的顶部插入页眉，并显示【文档标题】文本域。

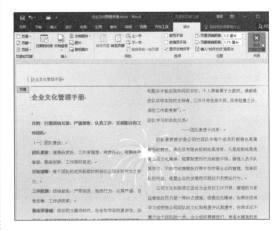

第 4 步 即可在文档中插入页眉，效果如下图所示。

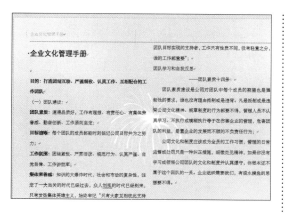

2. 插入页脚

页脚也是文档的重要组成部分，在页脚中可以添加页码、创建日期等。插入页脚的具体操作步骤如下。

第1步 在【设计】选项卡中单击【页眉和页脚】组中的【页脚】按钮，弹出【页脚】下拉列表，这里选择"奥斯汀"样式。

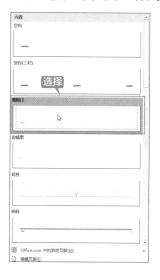

第2步 文档自动跳转至页脚编辑状态，可输入页脚内容。这里输入日期并根据需要设置页脚的样式。

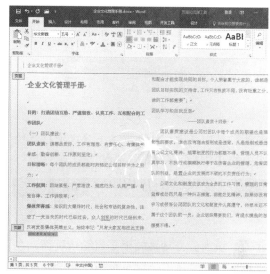

第3步 单击【设计】选项卡下【关闭】选项组中的【关闭页眉和页脚】按钮，即可看到插入页脚的效果。

11.4.2 为奇偶页创建不同的页眉和页脚

页眉和页脚可以设置为奇偶页，显示不同内容以传达更多信息。具体操作步骤如下。

第1步 将鼠标指针放置在页眉位置，单击鼠标右键，在弹出的快捷菜单中选择【编辑页眉】选项。

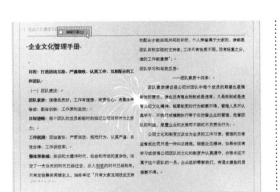

第2步 选中【设计】选项卡下【选项】选项组中的【奇偶页不同】复选框。

第3步 页面会自动跳转至页眉编辑页面，在文本编辑栏中输入偶数页页眉，并设置文本样式。

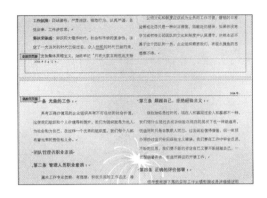

第4步 使用同样的方法输入偶数页的页脚并设置文本样式，单击【关闭页眉和页脚】按钮，完成奇偶页不同页眉和页脚的设置。

11.4.3 插入和设置页码

对于企业文化管理手册这种篇幅较长的文档，页码可以帮助阅读者记住阅读的位置，阅读起来也更加方便。

1. 插入页码

在企业文化管理手册中插入页码的具体操作步骤如下。

第1步 单击【插入】选项卡下【页眉和页脚】选项组内的【页码】按钮，在弹出的下拉列表中选择【页面底端】选项，页码样式选择"普通数字3"样式。

第2步 即可在文档中插入页码。单击【关闭页眉和页脚】按钮，效果如下图所示。

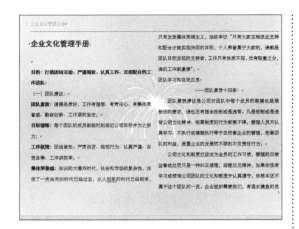

2. 设置页码

为了使页码达到最佳的显示效果，可以对页码的格式进行简单的设置。具体操作步骤如下。

第1步 单击【插入】选项卡下【页眉和页脚】选项组内的【页码】按钮，在弹出的下拉列表中选择【设置页码格式】选项。

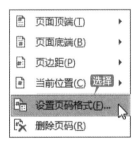

第2步 弹出【页码格式】对话框，在【编号格式】下拉列表中选择一种编号格式，单击【确定】按钮。

第3步 设置完成后效果如下图所示。

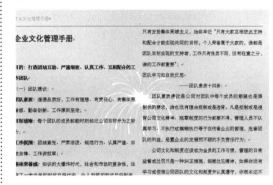

> **提示**
>
> 　　【包含章节号】复选框：可以将章节号插入页码中，可以选择章节起始样式和分隔符。
>
> 　　【续前节】单选项：接着上一节的页码连续设置页码。
>
> 　　【起始页码】单选项：选中此单选项后，可以在后方的微调框中输入起始页码数。

11.5 分页和分节

在企业文化管理手册中，有些文本内容需要进行分页显示，下面介绍如何使用分页符和分节符进行分页。

11.5.1 使用分页符

使用分页符，可以把重要的内容单独放在一页。具体操作步骤如下。

第1步 把文本的分栏设置为"一栏",选中"团队学习和自我反思"文本。

第2步 为选中的文字设置【字体】为"楷体",【字号】为"20",【对齐方式】为"居中对齐"。选中"——团队素质十四条:"文本,设置【字体】为"三号",【对齐方式】为"右对齐"。效果如下图所示。

第3步 将鼠标光标放置在"团队学习和自我反思"文本最前面的位置,单击【布局】选项卡下【页面设置】选项组内【分隔符】按钮。

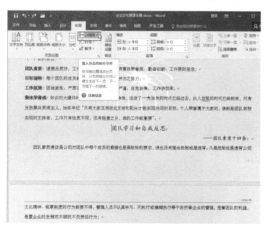

第4步 在弹出的下拉列表中选择"分页符"选项。

第5步 即可将鼠标光标所在位置以下的文本移至下一页。

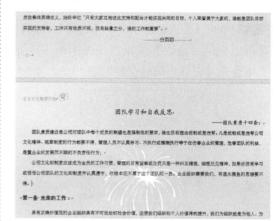

第6步 重复上述操作,把鼠标光标放在"企业组织需要我们,有混水摸鱼的思想要不得。"文本后,单击【布局】选项卡下【页面设置】组中的【分隔符】按钮,在弹出的下拉列表中选择【分页符】选项,即可使选中的段落分页单独显示。

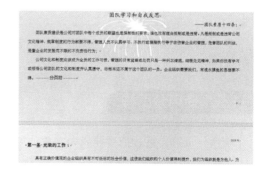

11.5.2 使用分节符

分节符是指为表示节的结尾插入的标记。分节符包含节的格式设置元素，如页边距、页面的方向、页眉和页脚，以及页码的顺序。分节符起着分隔其前面文本格式的作用，如果删除了某个分节符，它前面的文字会合并到后面的节中，并且采用后者的格式设置。

第1步 将鼠标光标放置在任意段落末尾，单击【布局】选项卡下【页面设置】选项组内的【分隔符】按钮，在弹出的下拉列表中选择【分节符】组中的【下一页】选项。

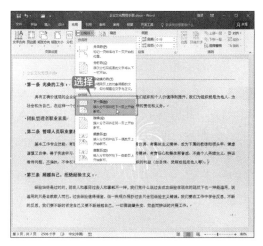

第2步 即可将光标后面的文本移至下一页，效果如下图所示。

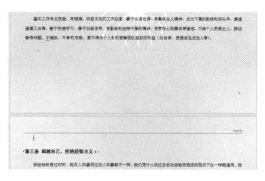

第3步 如果删除分节符，可以将光标放置在插入分节符位置，按【Delete】键删除，效果如下图所示。

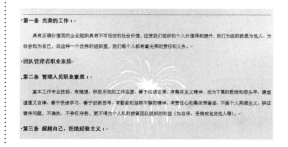

11.6 插入封面

我们可以给文档设计一个封面，以达到使人眼前一亮的效果。设计封面的具体操作步骤如下。

第1步 将鼠标光标放置在文档中大标题前，单击【插入】选项卡下【页面】组中的【空白页】按钮。

第2步 即可在当前页面之前添加一个新页面，这个新页面即为封面。

第3步 在封面中输入"企业文化管理手册"文本内容，选中"企业文化管理手册"文字，调整字体为"华文新魏"，字号为"72"。

第4步 选中"企业文化管理手册"几个字，单击【开始】选项卡下【段落】组中的【居中】按钮。

第5步 选中封面中"企业文化管理手册"几个字，单击【开始】选项卡下【字体】组中【加粗】按钮，给文字设置加粗显示的效果。

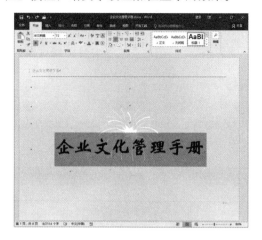

第6步 在"企业文化管理手册"下方输入落款和日期，并调整字体和字号为"华文楷体，三号"，删除封面的分页符号，设置完成后，最终效果如下图所示。

制作商务邀请函

　　与企业文化管理手册类似的文档还有商务邀请函、公司奖惩制度、公司员工培训资料等。制作这类文档时，除了要求内容准确、有歧义内容外，还要求文档条理清晰、页面设置统一、页面背景丰富等。下面就以制作商务邀请函为例进行介绍。具体操作步骤如下。

1. 创建文档

　　新建空白文档，输入内容，并将其保存

为"商务邀请函 .docx"文档。

2. 设置页面

根据需求为文档设置页边距与纸张大小，设置页面背景颜色或填充效果。

4. 插入封面

为邀请函插入封面，以达到眼前一亮的效果。

3. 设置页眉和页脚

为文档插入页眉与页脚，或设置页码。

◇ 删除页眉分隔线

在添加页眉时，经常会看到自动添加的分隔线。下面介绍删除自动添加的分隔线的操作方法。具体操作步骤如下。

第1步 双击页眉，进入页眉编辑状态。单击【设计】选项卡下【页面背景】选项组中的【页面边框】按钮。

第2步 在打开的【边框和底纹】对话框中选择【边框】选项卡，在【设置】组下选择【无】选项，在【应用于】下拉列表中选择【段落】选项，单击【确定】按钮。

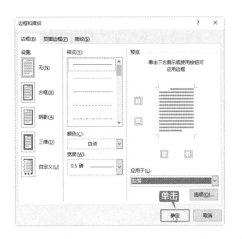

第3步 即可看到页眉中的分隔线已经被删除。

◇ 将图片作为文档页眉

第1步 将鼠标光标放置在页眉位置，单击鼠标右键，在弹出的快捷菜单中选择【编辑页眉】选项。

第2步 进入页眉编辑状态，单击【插入】选项卡下【插图】选项组内的【图片】按钮。

第3步 弹出【插入图片】对话框，选择随书光盘中的"素材\ch11\公司LOGO.png"图片，单击【插入】按钮。

第4步 即可插入图片至页眉，调整图片大小。

第5步 单击【关闭页眉和页脚】按钮，效果如下图所示。

第12章
长文档的排版技巧

本章导读

在办公与学习中，经常会遇到包含大量文字的长文档，如毕业论文、个人合同、公司合同、企业管理制度、公司培训资料、产品说明书等，使用 Word 提供的设置编号、使用书签、插入和设置目录、创建和设置索引功能等操作，可以轻松地对这些长文档进行排版。本章就以制作公司培训文档资料为例，介绍长文档的排版技巧。

思维导图

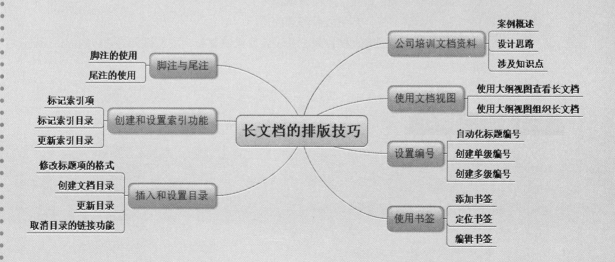

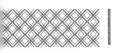

12.1 公司培训文档资料

公司培训资料是公司的内部资料，主要目的是培训公司员工，提高员工的业务或个人素质能力。

实例名称： 长文档的排版技巧	
实例目的： 学会对长文档进行排版	
素材	素材 \ch12\ 公司培训文档 .docx
结果	结果 \ch12\ 公司培训文档 .docx
录像	视频教学录像 \12 第 12 章

12.1.1 案例概述

公司培训是公司针对员工开展的一种为了提高人员素质、能力和工作绩效,而实施的有计划、有系统的培养和训练活动，目的就在于改善和提高员工的知识、技能、工作方法、工作态度以及工作的价值观，从而发挥出最大的潜力，提高个人和组织的业绩，推动组织和个人的不断进步，实现组织和个人的双重发展。本章就以制作公司礼仪培训资料为例介绍制作公司培训资料的操作技巧。

12.1.2 设计思路

排版公司培训文档资料按以下思路进行。

（1）使用文档视图和大纲视图查看、组织文档。

（2）自动化设置标题编号，创建单级与多级编号。

（3）添加、定位、编辑书签，方便以后阅读使用。

（4）修改标题项的格式，创建文档目录，并设置目录的更新，取消目录的链接功能，为公司培训文档资料设置目录。

（5）插入脚注与尾注。

12.1.3 涉及知识点

本案例主要涉及以下知识点。

（1）使用文档视图。

（2）设置编号。

（3）使用书签。

（4）插入和设置目录。

（5）创建和设置索引功能。

（6）插入脚注与尾注。

12.2 使用文档视图

文档视图是文档的显示方式。在 Word 2016 文档中，提供页面视图、阅读视图、Web 版式视图、大纲视图和草稿视图 5 种显示方式，不同的文档视图方式有自己不同的作用和优点。

1. 阅读视图——阅读文档的最佳方式

阅读视图主要用于以阅读视图方式查看文档。它最大的优点是利用最大的空间来阅读或批注文档。在阅读视图模式下，Word 会隐藏许多工具栏，从而使窗口工作区中显示最多的内容，但在阅读版式下，仍然有部分工具栏可以用于简单的修改。

2. 页面视图——查看文档的打印外观

在进行文本输入和编辑时通常采用页面视图。该视图的页面布局简单，是一种常用的文档视图，它按照文档的打印效果显示文档，使文档在屏幕上看上去就像在纸上一样。页面视图主要是用于查看文档的打印外观。

页面视图可以更好地显示排版格式，因此常用于文本、格式、版面或文档外观等的修改。

3. Web 版式视图——查看网页形式的文档

Web 版式视图主要用于查看网页形式的文档外观。当选择显示 Web 版式视图时，编辑窗口将显示得更大，并自动换行以适应窗口。此外，还可以在 Web 版式视图下设置文档背景以及浏览和制作网页等。

4. 大纲视图——以大纲形式查看文档

大纲视图是显示文档结构和大纲的视图。它将所有的标题分级显示出来，层次分明，特别适合较多层次的文档。而正文内容以项目符号的形式显示。在大纲视图方式下，用户可以方便地移动和重组长文档。

5. 草稿视图——简洁的查看文档方式

草稿视图主要用于查看草稿形式的文档，便于快速编辑文本。在草稿视图中不会显示页眉、页脚等文档元素。

12.2.1 使用大纲视图查看长文档

在公司培训文档资料中可以使用大纲视图来显示文档的大纲，突出文档的框架结构，显示文档中的各级标题和章节目录等，以便对文档的层次结构进行调整。

第1步 打开随书光盘中的"素材 \ch12\ 公司培训文档 .docx"文件。

第2步 单击【视图】选项卡下【视图】组中的【大纲视图】按钮 。

第3步 即可以大纲视图的方式查看该文档，并且会打开【大纲】选项卡。

第4步 如果要关闭大纲视图，可以单击【大纲】选项卡下【关闭】组中的【关闭大纲视图】按钮 。

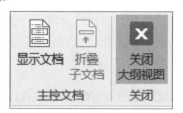

12.2.2 使用大纲视图组织长文档

大纲视图将所有的标题分级显示出来，层次分明，特别适合较多层次的文档。在大纲视图方式下，用户可以方便地创建、更改标题或移动段落。

1. 创建及修改标题

在大纲视图模式下，用户可以方便地创建或更改标题的大纲级别。具体操作步骤如下。

第1步 在打开的"公司培训文档 .docx"素材文件的大纲视图模式下，选择要添加标题级别的文本。此处选择"引导语"文本。

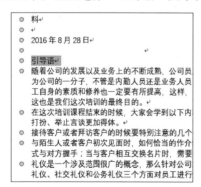

第2步 单击【大纲】选项卡下【大纲工具】组中【大纲级别】后的下拉按钮，在弹出的下拉列表中选择"1 级"选项。

第3步 即可看到设置所选文本【大纲级别】为"1 级"后的效果，在前方将显示 ⊕ 符号。

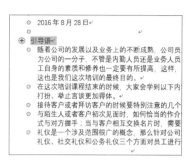

第4步 选择"一、个人礼仪"文本，可以在【大纲级别】文本框中看到显示为"1级"，单击【大纲】选项卡下【大纲工具】组中【大纲级别】后的【降级】按钮。

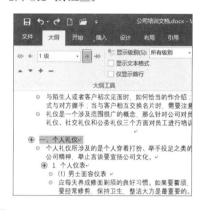

第5步 即可看到其【大纲级别】更改为"2级"。

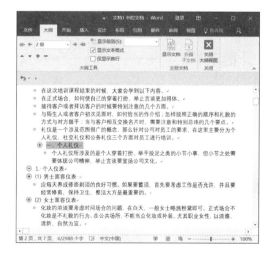

第6步 再次选择"一、个人礼仪"文本，单击【大纲】选项卡下【大纲工具】组中【大纲级别】前的【升级】按钮。

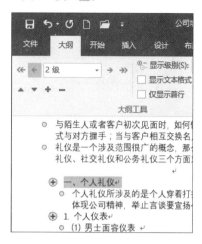

第7步 即可看到其【大纲级别】更改为"1级"。

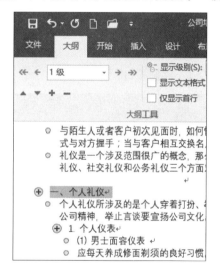

2. 调整段落位置

在大纲视图模式下，不使用复制粘贴功能，用户就可以轻松调整段落的位置。具体操作步骤如下。

第1步 单击"1．个人仪表"段落前的 ⊕ 符号，选中该标题下的所有内容。

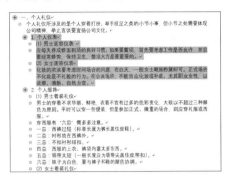

| 提示 |

标题段落前将显示 ⊕ 符号，而正文段落前将显示 ○ 符号。单击 ⊕ 符号，可以选择该标题下的所有内容，单击 ○ 符号，可以选择整个段落。

第2步 单击【大纲】选项卡下【大纲工具】组中的【上移】按钮 ▲ 。

第3步 即可将选择的段落整体向上移动一个段落的位置。

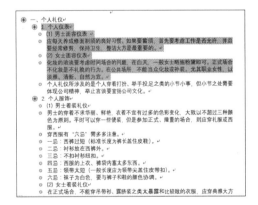

第4步 单击要移动段落前的 ○ 符号，选择该

段落。

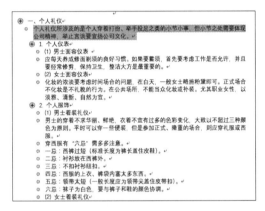

第5步 重复单击【大纲】选项卡下【大纲工具】组中的【上移】按钮 ▲ ，即可一直向上移动该段文本。

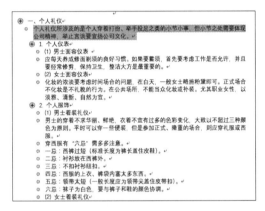

| 提示 |

选择要下移的段落，单击【大纲】选项卡下【大纲工具】组中的【下移】按钮 ▼ ，即可下移该段文本。

3. 更改显示级别

在大纲视图模式下，默认显示所有级别的内容，用户可以根据需要更改显示级别。更改显示级别的具体操作步骤如下。

第1步 单击"一、个人礼仪"段落前的 ⊕ 符号，选中该标题下的所有内容。

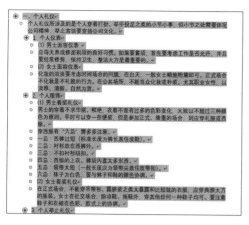

第2步 单击【大纲】选项卡下【大纲工具】组中的【折叠】按钮 **—**。

第3步 即可将选择的标题折叠起来，仅显示标题，不显示正文。

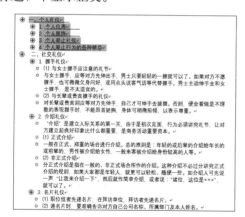

第4步 再次单击【大纲】选项卡下【大纲工具】组中的【展开】按钮 **+**。

第5步 即可将折叠后的内容展开，不仅显示标题，还显示正文。

第6步 如果要根据大纲级别显示要显示的内容，可以单击【大纲】选项卡下【大纲工具】组中的【显示级别】后的下拉按钮，在弹出的下拉列表中选择要显示的级别，例如，这里选择"1级"选项。

第7步 即可看到仅显示1级标题内容。

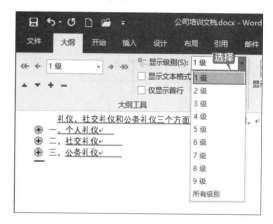

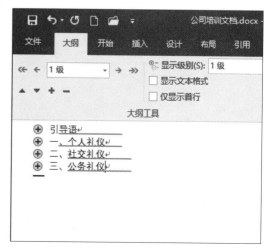

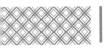

第8步 单击【大纲】选项卡下【关闭】组中的【关闭大纲视图】按钮，即可关闭大纲视图，切换至页面视图模式。

12.3 设置编号

设置编号可以使文档结构更工整，便于读者查看文档内容。本节介绍自动化标题编号、创建单级编号和创建多级编号的操作。

12.3.1 自动化标题编号

默认情况下，在 Word 2016 中为文档标题添加编号后，按【Enter】键换行，下一行会自动进行编号。如果没有自动编号，用户可以通过下面的操作开启自动化标题编号。具体操作步骤如下。

第1步 启动 Word 2016 软件后，单击【文件】选项卡，选择【选项】选项，打开【Word选项】对话框。

第2步 在左侧选择【校对】选项，单击右侧【自

动更正选项】组中的【自动更正选项】按钮。

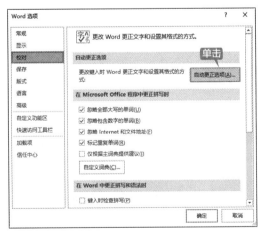

第3步 弹出【自动更正】对话框，选择【键入时自动套用格式】选项卡，在【键入时自动应用】组中选中【自动项目符号列表】和【自

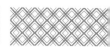

动编号列表】复选框。

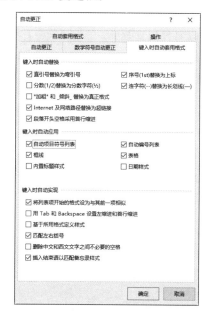

第4步 返回【Word选项】对话框后，单击【确定】按钮，即可完成开启自动化标题编号的操作。

第5步 此时，创建包含编号的段落时，文档将会自动编号。

| 提示 |

如果文档不需要自动编号时，也可以重复上面的操作，撤销选中相关的复选框，即可取消自动化标题编号。

12.3.2 创建单级编号

单级编号也就是常用的编号，具体操作方法在第3章已经有所介绍，这里我们以定义编号格式为例介绍创建单级编号的具体操作步骤。

第1步 新建空白文档，输入下图所示的内容，并选择输入的内容。

第2步 单击【开始】选项卡下【段落】组中【编号】按钮 的下拉按钮，在弹出的下拉列表中选择【定义新编号格式】选项。

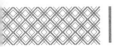

第3步 弹出【定义新编号格式】对话框,在【编号格式】组中单击【编号样式】后的下拉按钮,从列表中选择一种编号样式,然后单击【字体】按钮。

第4步 弹出【字体】对话框,在其中根据需要设置编号字体的样式,单击【确定】按钮。

第5步 返回【定义新编号格式】对话框,设置【对齐方式】为"左对齐",在【预览】区域可以看到预览效果,单击【确定】按钮。

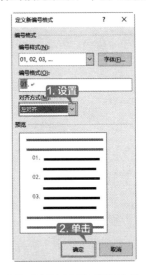

第6步 即可看到创建编号后的效果。

12.3.3 创建多级编号

为文档的不同层次添加段落编号,可以突出显示文档的层次结构。通过创建多级列表的方法可以组织项目及创建大纲。创建多级列表的具体操作步骤如下。

第1步 新建空白 Word 文档,并输入右图所示内容。

第2步 单击【开始】选项卡下【段落】组中【多级列表】按钮 的下拉按钮，在弹出的下拉列表中选择【定义新的多级列表】选项。

第3步 弹出【定义新多级列表】对话框，单击左下角的【更多】按钮。

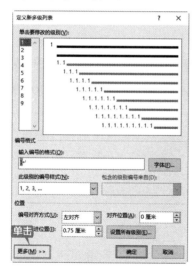

第4步 即可展开更多选项。在【单击要修改的级别】列表框中选择要修改的级别"1"，然后在【输入编号的格式】文本框中分别添加"第"和"章"文本，在【位置】区域设置【文本缩进位置】为"0厘米"。

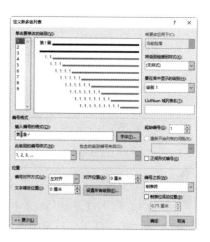

第5步 选择级别"2"，然后根据需要设置级别2的样式。

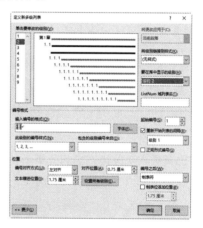

第6步 选择级别"3"，然后根据需要设置级别3的样式。设置完成，选择级别"1"，然后单击【确定】按钮。

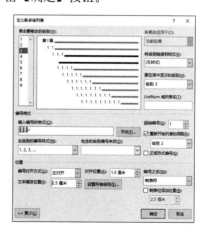

第7步 即可看到设置后的效果。然后用户可根据需要更改级别。

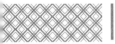
第1章　章名
第2章　二级标题1
第3章　二级标题1
第4章　二级标题2
第5章　三级标题3
第6章　二级标题2
第7章　三级标题1
第8章　三级标题2
第9章　三级标题3

第8步 选择"二级标题1"文本，单击【开始】选项卡下【段落】组中【多级列表】按钮的下拉按钮，在弹出的下拉列表中选择【更改列表级别】→【1.1】选项。

第9步 即可看到更改级别后的效果。

第1章　章名
　　1.1　二级标题1
第2章　三级标题1
第3章　三级标题2
第4章　三级标题3
第5章　二级标题2
第6章　三级标题1
第7章　三级标题2
第8章　三级标题3

第10步 使用同样的方法，修改其他段落的列表级别，效果如下图所示。

第11步 如果要在某一级标题下输入正文，例如，在"章名"标题后按【Enter】键，可以看到将会自动插入"第2章"。

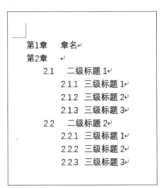

第12步 按【Backspace】键，即可删除自动编号的内容。

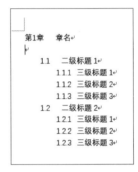

提示

也可以连续两次按【Enter】键取消编号。

第13步 将鼠标光标放在"1.2.3　三级标题3"文本后，并按【Enter】键，即可自动创建三级标题序号。

第1章　章名

　　1.1　二级标题1
　　　1.1.1　三级标题1
　　　1.1.2　三级标题2
　　　1.1.3　三级标题3
　　1.2　二级标题2
　　　1.2.1　三级标题1
　　　1.2.2　三级标题2
　　　1.2.3　三级标题3
　　　1.2.4

第14步 可以使用更改级别列表的方法更改其级别，也可以直接按【Tab】键，即可看到其自动降级为"4级"。

第15步 如果要升级为"2级"，在执行第13步的操作后按【Shift+Tab】组合键即可。

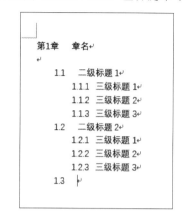

12.4 使用书签

书签是以引用为目的，在文件中命名位置或文本的选定文本的范围。用户可以使用书签在文档中跳转到特定的位置，标记选定的文字、图形、表格和其他项。

12.4.1 添加书签

书签也是一种超链接，方便用户快速定位至特定的位置。添加书签的具体操作步骤如下。

第1步 在打开的"公司培训文档.docx"素材文件中，将鼠标光标定位至要添加书签的位置或者选择要添加书签的文本。

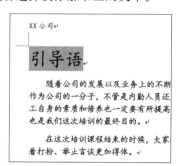

第2步 单击【插入】选项卡下【链接】组中的【书签】按钮 。

第3步 弹出【书签】对话框，在【书签名】文本框中输入名称"引导语"，单击【添加】按钮，就完成了添加书签的操作。

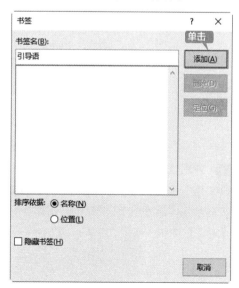

第4步 再次打开【书签】对话框，即可在列表框中看到添加的书签。

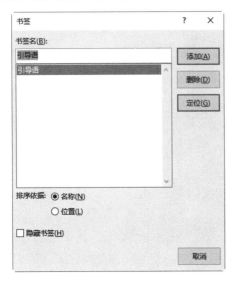

第5步 使用同样的方法，在书稿中其他位置添加书签。

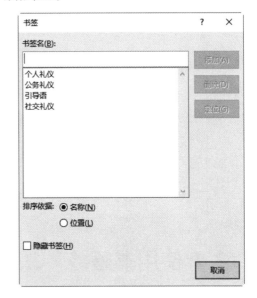

12.4.2 定位书签

添加书签后，就可以在长文档中快速地定位书签位置。定位书签通常有两种方法。

方法 1：使用【书签】对话框。

使用【书签】对话框中的【定位】按钮，可以快速定位书签的位置。具体操作步骤如下。

第1步 单击【插入】选项卡下【链接】组中的【书签】按钮。

第2步 弹出【书签】对话框，在列表框中可看到文档中包含的书签名称。选择要定位到的书签名称，这里选择"引导语"书签，单击【定位】按钮。

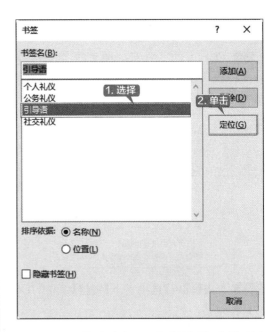

第3步 即可快速定位至"引导语"书签所在的位置。

方法 2：使用【转到】功能。

使用 Word 2016 提供的【转到】功能，也可以快速定位书签。具体操作步骤如下。

第1步 单击【开始】选项卡下【编辑】组中【查找】按钮 的下拉按钮，在弹出的下拉列表中选择【转到】选项。

第2步 打开【查找和替换】对话框，选择【定位】选项卡，在【定位目标】列表框中选择【书签】选项，单击【请输入书签名称】后的下拉按钮，选择"公务礼仪"书签名称，单击【定位】按钮。

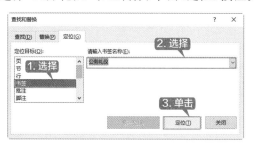

第3步 即可定位到"公务礼仪"书签所在的位置。

12.4.3 编辑书签

编辑书签的操作主要包括隐藏/显示书签、删除书签等，下面分别介绍编辑书签的相关操作。

1. 隐藏/显示书签

如果要查看添加的书签的文本，可以将书签显示出来。隐藏/显示书签的具体操作步骤如下。

第1步 接 12.4.2 小节操作，单击【文件】选项卡，选择【选项】选项，打开【Word 选项】对话框。

第2步 在左侧选择【高级】选项，单击选中

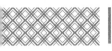

右侧【显示文档内容】组中的【显示书签】
复选框,单击【确定】按钮。

第3步 即可看到在文档中显示书签后的效果。
添加书签的文本将会使用中括号"[ ]"括起来。

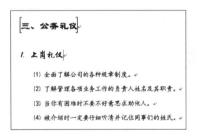

> **提示** :::::::
>
> 如要隐藏书签,只需要撤销选中【显示
> 书签】复选框即可。

2. 删除书签

不需要的书签可以将其删除,删除书签
的具体操作步骤如下。

第1步 打开【书签】对话框,选择要删除的
书签名。这里选择"引导语"书签,单击【删
除】按钮。

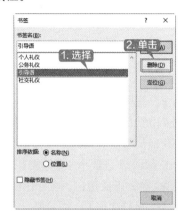

第2步 即可将不需要的书签删除,效果如下
图所示。

12.5 插入和设置目录

插入文档的目录可以帮助用户方便、快捷地查阅有关的内容。插入目录就是列出文档中各
级标题以及每个标题所在的页码。

12.5.1 修改标题项的格式

提取目录之前,需要在文档中设置大纲级别并插入页码。此外,还可以通过【导航】窗格
查看目录的结构是否完整,如有缺失或者多余的部分,可以修改标题项的格式。

第1步 在打开的"公司培训文档 .docx"素材文件中，已经设置了大纲级别并添加了页码，打开【导航】窗格，即可查看文档的标题。

第2步 选择"引导语"标题，快速定位至"引导语"所在位置，打开【段落】对话框，设置其【大纲级别】为"正文文本"，单击【确定】按钮。

第3步 在【导航】窗格中将不显示"引导语"标题。

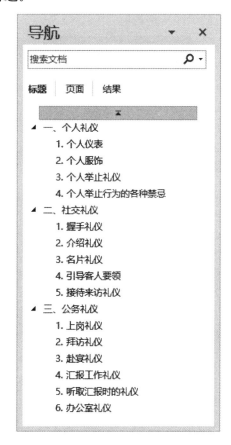

| 提示 |

此外，还可以根据需要设置标题内容的字体及段落样式。

12.5.2 创建文档目录

Word 2016 提供了多种内置目录样式，方便用户选择使用。此外，用户还可以根据需要自定义目录样式。创建文档目录的具体操作步骤如下。

第1步 将鼠标光标定位至"一、个人礼仪"文本前,单击【插入】选项卡下【页面】组中的【空白页】按钮。

第2步 即可插入一个空白页面,输入"目 录"文本,并根据需要设置文本的字体样式。

第3步 按【Enter】键换行,清除当前行的样式,单击【引用】选项卡下【目录】组中的【目录】按钮 ,在弹出的下拉列表中选择【自定义目录】选项。

第4步 弹出【目录】对话框,选中【显示页码】和【页码右对齐】复选框,单击【常规】组中【格式】后的下拉按钮,选择【正式】选项,设置【显示级别】为"2",单击【确定】按钮。

第5步 即可看到创建目录后的效果。

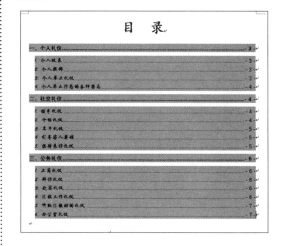

12.5.3 更新目录

创建目录后,如果修改了目录标题的内容,或者标题在文档中位置发生了改变,就需要更新目录。更新目录的具体操作步骤如下。

第1步 在要更新的目录上单击鼠标右键，在弹出的快捷菜单中选择【更新域】菜单命令。

第2步 弹出【更新目录】对话框，单击选中【更新整个目录】单选项，然后单击【确定】按钮，即可完成更新目录的操作。

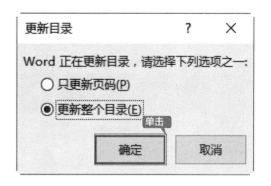

> **提示**
>
> 单击【引用】选项卡下【目录】组中的【更新目录】按钮，可以打开【更新目录】对话框。

12.5.4 取消目录的链接功能

创建目录后，选择目录时，后方将显示灰色的背景。如果文档目录最终完成，不需要修改时，可以取消目录的链接功能。具体操作步骤如下。

第1步 选择要取消链接功能的目录。

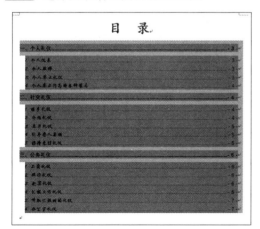

第2步 单击【引用】选项卡下【目录】组中的【目录】按钮，在弹出的下拉列表中选择【自定义目录】选项。

第3步 弹出【目录】对话框。取消选中【使用超链接而不使用页码】复选框，单击【确定】按钮。

第4步 弹出【Microsoft Word】提示框，单击【确定】按钮。

第5步 即可取消目录的链接功能。此时，按住【Ctrl】键单击目录标题时将不会超链接到单击的标题位置。

> **| 提示 |** :::::::::
>
> 按【Ctrl+Shift+F9】组合键可以将文档中的所有域（包含目录等超级链接）转换为普通文本。

12.6 创建和设置索引功能

索引项中可以包含各章的主题、文档中的标题或子标题、专用术语、缩写和简称、同义词及相关短语等。

12.6.1 标记索引项

标记索引目录首先要标记索引项，索引项可以来自文档中的文本，也可以只与文档中的文本有特定的关系，例如，索引项可以只是文档中某个单词的同义词。标记索引项的具体操作步骤如下。

第1步 在打开的"公司培训文档 .docx"素材文件中，选择要标记索引项的文本内容。

第2步 单击【引用】选项卡下【索引】组中的【标记索引项】按钮。

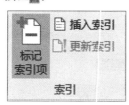

第3步 弹出【标记索引项】对话框，在【主索引项】文本框中输入索引内容，也可以使用默认情况下选择的文本，单击【标记】按钮。

第4步 单击【关闭】按钮关闭【标记索引项】对话框。

第5步 即可看到标记索引项后的效果。

第6步 使用同样的方法标记其他索引项。

12.6.2 标记索引目录

标记索引项后就可以标记索引目录了。标记索引目录的具体操作步骤如下。

第1步 将鼠标光标定位至文档结束的位置，单击【引用】选项卡下【索引】组中的【插入索引】按钮。

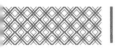

第2步 弹出【索引】对话框。根据需要进行相关的设置。这里设置【栏数】为"1"，【排序依据】为"笔画"。选中【页码右对齐】复选框，设置【格式】为"正式"，单击【确定】按钮。

第3步 即可看到标记索引目录后的效果。

12.6.3 更新索引目录

如果更改了索引项的位置，或者为其他文本添加了索引项，就需要更新索引目录。更新索引目录的具体操作步骤如下。

第1步 根据标记索引项的操作，在文档中为其他内容标记索引项。

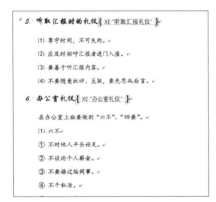

第2步 选择标记的索引内容，单击【引用】

选项卡下【索引】组中的【更新索引】按钮更新索引。

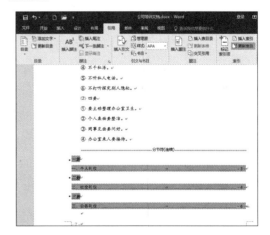

第3步 即可更新索引目录，效果如下图所示。

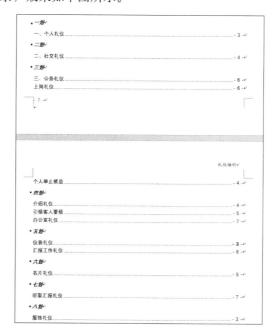

12.7 脚注与尾注

脚注和尾注在文档中主要用于对文本进行补充说明，如进行单词解释、备注说明或提供文档中引用内容的来源等。

在文档中，脚注和尾注的生成、修改或编辑的方法基本相同，不同之处在于它们在文档中出现的位置以及是否需要使用分隔符（尾注不需要）。

12.7.1 脚注的使用

在文档中脚注位于页面的底端，用来说明每页中需要注释的内容。本节就来介绍添加和编辑脚注的方法。

1. 添加脚注

添加脚注的具体操作步骤如下。

第1步 将鼠标光标定位至要添加脚注的位置。单击【引用】选项卡下【脚注】组中的【插入脚注】按钮。

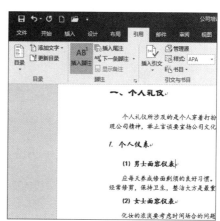

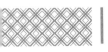

第2步 即可在鼠标光标所在的位置看到插入的脚注编号。

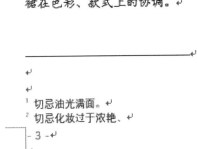

第3步 并且在页面底端将显示输入脚注解释、标注的区域。输入标注内容"切忌油光满面。"，完成脚注的插入，效果如下图所示。

第4步 使用同样的方法，在其他需要添加脚注的区域添加脚注。

2. 设置脚注

设置脚注包括设置脚注样式、删除脚注等。设置脚注的具体操作步骤如下。

第1步 单击【引用】选项卡下【脚注】组中的【脚注和尾注】按钮。

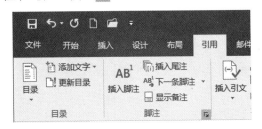

第2步 弹出【脚注和尾注】对话框。选中【脚注】单选项，单击其后面的下拉按钮，在弹出的下拉列表中选择脚注的位置，这里选择【页面底端】选项。

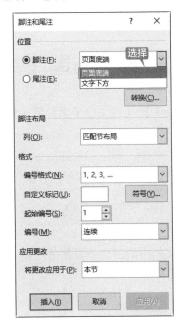

第3步 在【格式】区域单击【编号格式】后的下拉按钮，在弹出的下拉列表中选择一种编号格式。

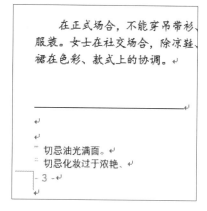

第 4 步 根据需要设置【起始编号】为默认，设置【编号】为"每页重新编号"，单击【应用】按钮。

第 5 步 即可看到脚注的样式已经发生了改变。

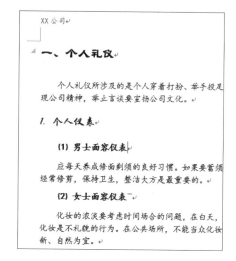

第 6 步 如果要删除脚注，只需要将鼠标光标定位至要删除的脚注标记前，按【Delete】键即可。可以看到后方脚注的编号会随之发生改变。

第 7 步 此时，在页面底部的脚注区域删除了原脚注一的注释内容。

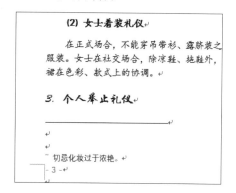

12.7.2 尾注的使用

尾注列于文档结尾处，用来集中解释文档中需要注释的内容或标注文档中所引用的其他文章的名称。

1. 添加尾注

添加尾注的操作方法与添加脚注的操作类似。具体操作步骤如下。

第1步 将鼠标光标定位至要添加尾注的位置。单击【引用】选项卡下【脚注】组中的【插入尾注】按钮 插入尾注 。

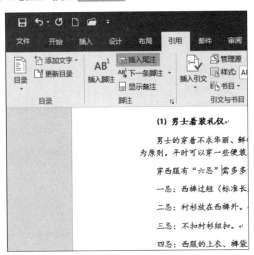

第2步 即可在鼠标光标所在的位置看到插入的尾注编号。

2. 个人服饰

(1) 男士着装礼仪

男士的穿着不求华丽、鲜艳，衣着不宜有过多的为原则。平时可以穿一些便装，但是参加正式、隆重穿西服有 "六忌" 需多多注意。

一忌：西裤过短（标准长度为裤长盖住皮鞋）。

二忌：衬衫放在西裤外。

三忌：不扣衬衫纽扣。

四忌：西服的上衣、裤袋内塞太多东西。

第3步 在文档最后一页的底端将显示输入尾注注释的区域。输入注释内容 "西服是正式、重要场合的服饰，因此要彻底避免六条禁忌。"，完成尾注的插入，效果如下图所示。使用同样的方法，在其他需要添加尾注的区域添加尾注。

- 九划

赴宴礼仪

拜访礼仪

举止礼仪

穿西服六忌

- 十一划

接待来访礼仪

- 十二划

握手礼仪

西服是正式、重要场合的服饰，因此要彻底避免六条禁忌。
"六不" 是办公室礼仪中自常见也是最需要注意的做法。

2. 设置尾注

设置尾注包括设置尾注样式、删除尾注等。设置尾注的具体操作步骤如下。

第1步 单击【引用】选项卡下【脚注】组中的 按钮。

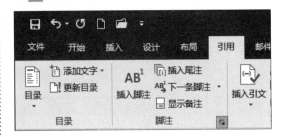

第2步 弹出【脚注和尾注】对话框。单击选中【尾注】单选项，单击其后面的下拉按钮，在弹出的下拉列表中选择脚注的位置，这里选择【文档结尾】选项。

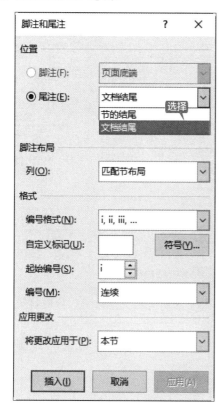

第3步 在【格式】区域单击【编号格式】后的下拉按钮，在弹出的下拉列表中选择一种编号格式。保持【起始编号】和【编号】为默认选项，单击【应用】按钮。

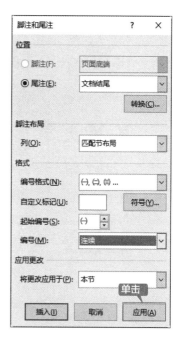

第4步 即可看到设置尾注样式后的效果。

提示

删除尾注的方法和删除脚注的方法相同。

排版毕业论文

设计毕业论文时需要注意的是文档中同一类别的文本的格式要统一，层次要有明显的区分，要对同一级别的段落设置相同的大纲级别，还需要将需要单独显示的页面单独显示。

排版毕业论文时可以按以下的思路进行。

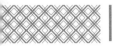
1. 设计毕业论文首页

制作论文封面,包含题目、个人相关信息、指导教师和日期等。

2. 设计毕业论文格式

在撰写毕业论文的时候,学校会统一毕业论文的格式,需要根据提供的格式统一样式。

3. 设置页眉并插入页码

在毕业论文中可以插入页眉,使文档看起来更美观;同时还可插入页码。

4. 提取目录

格式设计完成之后就可以提取目录。

◇ 为图片添加题注

可以将题注添加到图片、表格、图表、公式或其他项目上,作为其名称和编号标签。使用题注可以使文档中的项目更有条理,便于阅读和查找。为图片添加题注的具体操作步骤如下。

第1步 打开随书光盘中的"素材 \ch12\ 添加题注 .docx"文件。单击【引用】选项卡下【题注】组中的【插入题注】按钮。

第 5 步 即可看到在第 1 幅图下方已经显示了题注"图片 1"。

第 2 步 弹出【题注】对话框,单击【新建标签】按钮。

图片 1

第 6 步 使用同样的方法,为其他图片添加题注。

第 3 步 弹出【新建标签】对话框,在【标签】文本框中输入标签名称"图片",单击【确定】按钮。

图片 1

图片 2

◇ 使用交叉引用实现跳转

使用交叉引用可以跳转到文档中的特定位置,如标题、图表或表格等。使用交叉引用实现跳转的具体操作步骤如下。

第 4 步 返回【题注】对话框,即可看到【题注】文本框中的内容已经更改为"图片 1",单击【确定】按钮。

第 1 步 在打开的"公司培训文档 .docx"素材文件中,将鼠标光标定位至要创建交叉引用的位置。单击【引用】选项卡下【题注】组中的【交叉引用】按钮。

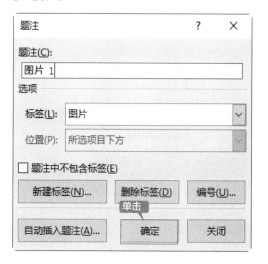

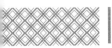

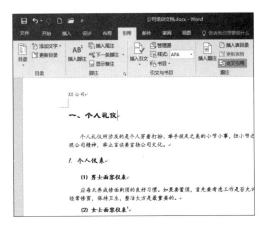

第2步 弹出【交叉引用】对话框。在【引用类型】下拉列表中选择一种引用类型，这里选择"尾注"选项。

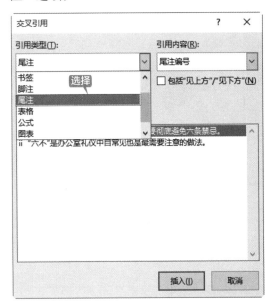

第3步 在下方【引用哪一个尾注】列表框中选择要引用的尾注，单击【插入】按钮。

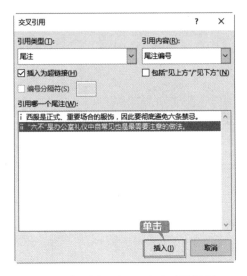

第4步 即可看到插入交叉引用后的效果。

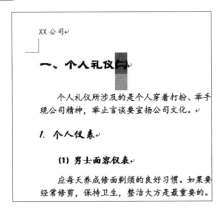

第5步 按住【Ctrl】键，单击插入的交叉引用，即可快速跳转到尾注（二）的位置。

职场实战篇

第 3 篇

本篇主要介绍职场实战中的各种应用。通过本篇的学习，读者可以学会 Word 2016 在行政文秘、人力资源及市场营销中的应用等操作。

第13章

在行政文秘中的应用

本章导读

行政文秘涉及相关制度的制定和执行、日常办公事务管理、办公物品管理、文书资料管理、会议管理等，其中经常需要使用 Office 办公软件。本章主要介绍 Word 2016 在行政文秘办公中的应用，包括制作公司奖惩制度文件、公文红头文件、费用报销单等。

思维导图

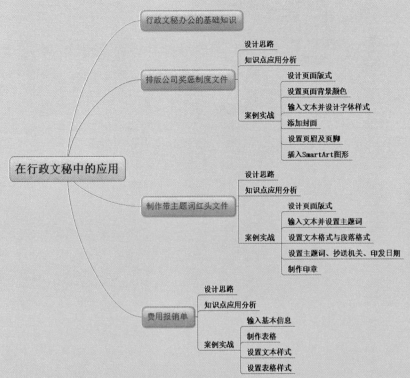

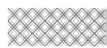

13.1 行政文秘办公的基础知识

行政文秘办公通常需要掌握文档编辑软件 Word、数据处理软件 Excel、 文稿演示软件 PowerPoint、WPS、图像处理软件、网页制作软件及压缩工具软件等的使用。

13.2 排版公司奖惩制度文件

公司奖惩制度可以有效地调动员工的积极性，做到奖罚分明。

13.2.1 设计思路

公司奖惩制度是公司为了维护正常的工作秩序，保证工作能够高效有序进行而制定的一系列奖惩措施。

制作公司奖惩制度时可以分为奖励和惩罚两部分内容，须对各部分进行详细的划分，并用通俗易懂的语言进行说明。设计公司奖惩制度版式时，样式不可过多，要格式统一、样式简单，能够给阅读者严谨、正式的感觉；奖励和惩罚部分的内容可以根据需要设置不同的颜色，起到鼓励和警示的作用。

公司奖惩制度通常是由人事部门制作，而行政文秘岗位则主要是设计公司奖惩制度的版式。

13.2.2 知识点应用分析

公司奖惩制度内容因公司而异，大型企业规范制度较多，岗位、人员也多，因此制作的奖惩制度文档就会复杂。而小公司根据实际情况可以制作出满足需求但相对简单的奖惩制度文档，但都需要包含奖励和惩罚两部分。

本节主要涉及以下知识点。
（1）设置页面及背景颜色。
（2）设置文本及段落格式。
（3）设置页眉、页脚。
（4）插入 SmartArt 图形。

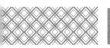

13.2.3 案例实战

排版公司奖惩制度文件的具体操作步骤如下。

1. 设计页面版式

第1步 新建一个空白 Word 文档，命名为"公司奖惩制度 .docx"文件。

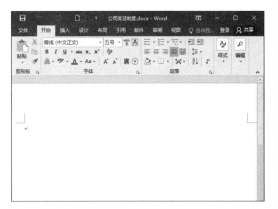

第2步 单击【布局】选项卡【页面设置】选项组中的【页面设置】按钮 ，弹出【页面设置】对话框。单击【页边距】选项卡，设置页边距的【上】边距值为"2.16厘米"，【下】边距值为"2.16厘米"，【左】边距值为"2.84厘米"，【右】边距值为"2.84厘米"。

第3步 单击【纸张】选项卡，设置【纸张大小】为"A4"。

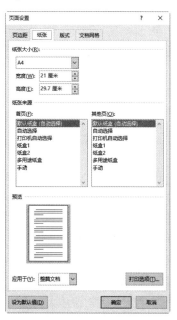

第4步 单击【文档网格】选项卡，设置【文字排列】的【方向】为"水平"，【栏数】为"1"，单击【确定】按钮。

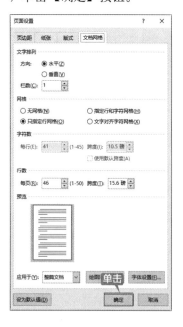

第5步 即可完成页面大小的设置。

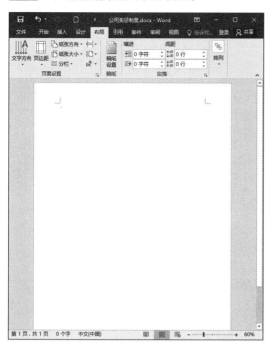

2. 设置页面背景颜色

第1步 单击【设计】选项卡下【页面背景】选项组中的【页面颜色】按钮，在弹出的下拉列表中选择【填充效果】选项。

第2步 弹出【填充效果】对话框。选择【渐变】选项卡，在【颜色】组中选中【单色】单选项，单击【颜色1】后的下拉按钮，在下拉列表中选择一种颜色。

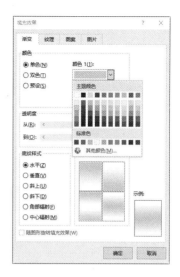

第3步 在下方向右侧拖曳【深浅】滑块，调整颜色深浅。选中【底纹样式】组中的【垂直】单选项，在【变形】区域选择右下角的样式。单击【确定】按钮，即可看到设置页面背景后的效果。

第4步 效果如下图所示。

3. 输入文本并设计字体样式

第1步 打开随书光盘中的"素材 \ch13\ 奖罚制度 .txt"文档，复制其内容，然后将其粘贴到 Word 文档中。

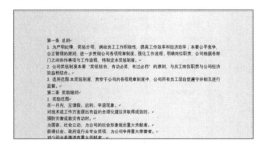

第2步 选择"第一条 总则"文字，设置其【字体】为"楷体"，【字号】为"三号"，添加【加粗】效果。

第3步 设置"第一条 总则"段落间距样式【段前】为"1行"，【段后】为"0.5行"，并设置其【行距】为"1.5倍行距"。

第4步 双击【开始】选项卡下【剪贴板】组中的【格式刷】按钮，复制其样式，并将其应用至其他类似段落中。

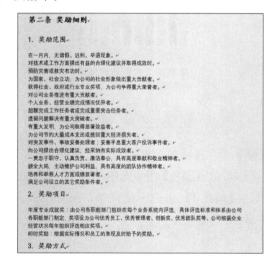

第5步 选择"1. 奖励范围"文本，设置其【字体】为"楷体"，【字号】为"14"，【段前】为"0行"，【段后】为"0.5行"，并设置其【行距】为"1.2倍行距"。

第6步 使用格式刷将样式应用至其他相同的段落中。

第 7 步 选择正文文本，设置其【字体】为"楷体"，【字号】为"12"，【首行缩进】为"2字符"，【段前】为"0.5行"，并设置其【行距】为"单倍行距"，效果如下图所示。

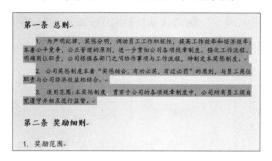

第 8 步 使用格式刷将样式应用于其他正文中。

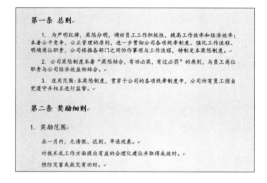

第 9 步 选择"1. 奖励范围"下的正文文本，单击【开始】选项卡下【段落】组中的【项目编号】按钮的下拉按钮，在弹出的下拉列表中选择一种编号样式。

第 10 步 为所选内容添加编号后效果如下图所示。

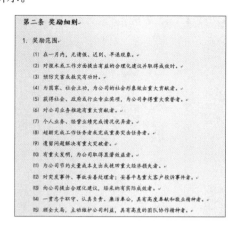

第 11 步 使用同样的方法，为其他正文内容设置编号。

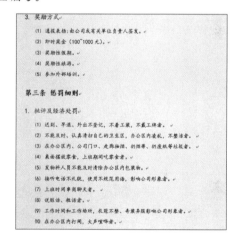

4. 添加封面

第 1 步 将鼠标光标放置在文档最开始的位置，单击【插入】选项卡下【页面】组中的【分页】按钮。

第2步 插入空白页面，依次输入"××公司""奖""惩""制""度"文本，输入文本后按【Enter】键换行，效果如下图所示。

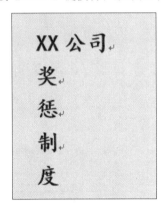

第3步 设置其【字体】为"楷体"，【字号】为"48"，并将其居中显示。调整行间距使文本内容占满整个页面。

5. 设置页眉及页脚

第1步 单击【插入】选项卡下【页眉和页脚】选项组中的【页眉】按钮，在弹出的下拉列表中选择【空白】选项。

第2步 在页眉中输入内容，这里输入"××公司奖惩制度"。设置【字体】为"楷体"，【字号】为"五号"，并设置其"左对齐"。

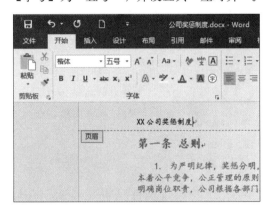

第3步 使用同样的方法为文档插入页脚内容"××公司"，设置页脚【字体】为"楷体"，【字号】为"五号"，并设置其"右对齐"。设置后的效果如下图所示。

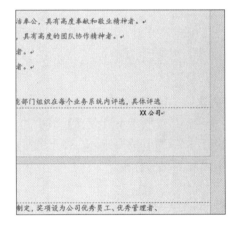

第4步 单击选中【设计】选项卡下【选项】组中的【首页不同】复选框，取消首页的页眉和页脚。单击【关闭页眉和页脚】按钮关闭页眉和页脚。

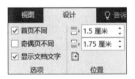

6. 插入 SmartArt 图形

第1步 将鼠标光标定位至"第二条 奖励细则"

的内容最后并按【Enter】键另起一行，然后按【Backspace】键，在空白行输入文字"奖励流程："，设置【字体】为"楷体"，【字号】为"14"，【字体颜色】为"红色"，并设置"加粗"效果。

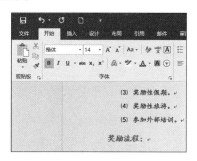

第2步 在"奖励流程："内容后按【Enter】键，单击【插入】选项卡下【插图】选项组中的【SmartArt】按钮。

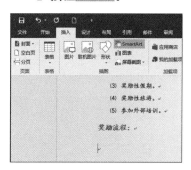

第3步 弹出【选择 SmartArt 图形】对话框，选择【流程】选项卡，然后选择【重复蛇形流程】选项，单击【确定】按钮。

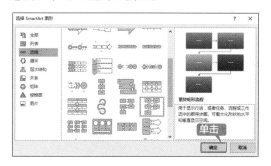

第4步 即可在文档中插入 SmartArt 图形。在 SmartArt 图形的【文本】处单击，输入相应的文字并调整 SmartArt 图形大小。

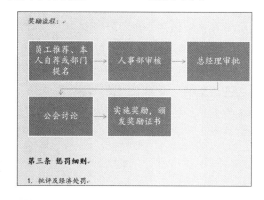

第5步 按照同样的方法，为文档添加"惩罚流程"SmartArt 图形。在 SmartArt 图形上输入相应的文本并调整大小，效果如下图所示。

第6步 至此，公司奖惩制度制作完成。最终效果如下图所示。

13.3 制作带主题词红头文件

"红头文件"并非法律用语，一般指各级政府机关，多指中央一级下发的带有大红字标题

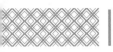

和红色印章的文件。

13.3.1 设计思路

红头文件适用于企业所有文书的抬头，表明企业的正规性和权威性。企业再根据某一个部门或者某一个分公司进行字号的标记，如人字 XXX 号、行字 XXX 号，以区分各文件的种类。

红头文件适用于如下方面：对主管部门、上级（总公司）政府部门（法院、公安、消防出具的证明文书可不用）的请示报告类文件，一般用上报类红头文件；对各部门下发的公司各类决策性文件、各部门负责人的任职通知等，使用下发性红头文件；总公司下发的各种政策性或方针性文件，以及有关重要部门设置或者重大组织架构变更等的文件；重要的会议纪要、通报等文件。

红头文件通常是由行政部门制作。

13.3.2 知识点应用分析

制作红头文件主要涉及以下知识点。

（1）设置页面。

（2）设置主题词。

（3）设置文本格式及段落格式。

（4）插入自选图形、艺术字等。

13.3.3 案例实战

制作带主题词红头文件的具体操作步骤如下。

1. 设计页面版式

第1步 新建一个空白 Word 文档，保存为"带主题词红头文件 .docx"文件。

第2步 单击【布局】选项卡下【页面设置】选项组中的【页面设置】按钮，弹出【页面设置】对话框。单击【页边距】选项卡，设置页边距的【上】边距值为"3厘米"，【下】边距值为"3厘米"，【左】边距值为"2.5厘米"，【右】边距值为"2.5厘米"，【方向】为纵向。

第3步 单击【纸张】选项卡，设置【纸张大小】为"A4"。

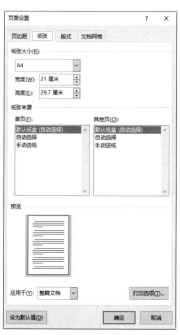

第4步 单击【文档网格】选项卡，设置【文字排列】的【方向】为"水平"，【栏数】为"1"，单击【确定】按钮。

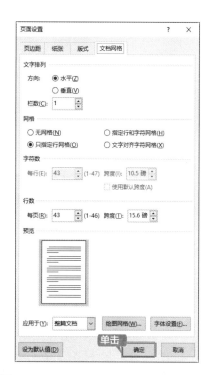

第5步 即可完成页面大小的设置。

2. 输入文本并设置主题词

第1步 打开随书光盘中的"素材 \ch13\ 红头文件 .docx"文件，复制其内容，然后将其粘贴到 Word 文档中。

第2步 选择"×××有限公司文件"文本，设置其【字体】为"黑体"，【字号】为"一号"，【文字颜色】为"红色"，添加【加粗】效果，并【居中】显示。

第3步 选择"×××有限公司[2016]03号"文本，设置其【字体】为"仿宋"，【字号】为"小三"，【字体颜色】为"黑色"，并【居中】显示，效果如下图所示。

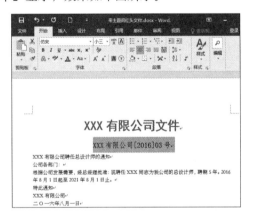

第4步 单击【插入】选项卡下【插图】组中的【形状】下拉按钮，在弹出的下拉列表中选择【直线】形状。鼠标会变成十字形。按住【Shift】键，拖动鼠标从左到右画一条水平线，并设置【颜色】为"红色"，【粗细】为"2.25磅"，【长度】为"15.5厘米"。

第5步 选择"×××有限公司聘任总设计师的通知"文本，设置其【字体】为"黑体"，【字号】为"三号"，添加【加粗】效果，设置【居中】显示，效果如下图所示。

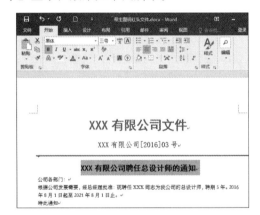

3. 设置文本格式与段落格式

第1步 选择正文的第1段文本内容，设置【字体】为"仿宋"，【字号】为"四号"。

第2步 效果如下图所示。

第 3 步 选择文本中第 2 段内容,设置【字体】为"仿宋",【字号】为"四号"。

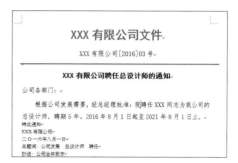

第 4 步 单击【开始】选项卡下【段落】组中的【段落设置】按钮 ,弹出【段落】对话框,在【缩进】选项卡下设置【特殊格式】为"首行缩进",【缩进值】为"2 字符",【行距】为"固定值",【设置值】为"25 磅"。

第 5 步 设置效果如下图所示。

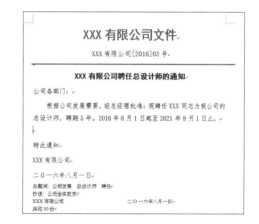

第 6 步 选择下方的 3 段文本内容,重复上面的操作设置其字体样式。并在"特此通知"段落前添加一个空行。

第 7 步 选择"×××有限公司 二〇一六年八月一日"文本,单击【开始】选项卡下【段落】组中的【右对齐】按钮,并在其前添加多个空行,下移文本位置。效果如下图所示。

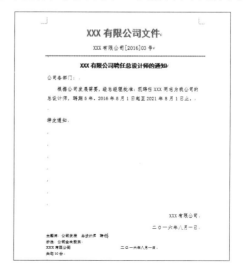

·4. 设置主题词、抄送机关、印发日期

第1步 选择"主题词：公司发展 总设计师 聘任"文本，设置【字体】为"黑体"，【字号】为"三号"，添加【加粗】效果，效果如下图所示。

第2步 选中"抄送：公司全体股东"文本，设置【字体】为"仿宋"，【字号】为"四号"。

第3步 选择"×××有限公司 二〇一六年八月一日"文本，设置【字体】为"仿宋"，【字号】为"四号"。

第4步 选择"共印10份"文本，设置【字体】为"仿宋"，【字号】为"小三"，设置【右对齐】显示，效果如下图所示。

第5步 将"主题词""抄送机关""印发机关"3行的【行距】设置成"1.5倍行距"。

第6步 并在这3行下方分别插入直线。设置直线的【颜色】为"红色"，【长度】为"15.5cm"，【粗细】为"2.25磅"。

第7步 在主题词前增加两个空行，并适当调整文档布局，使所有内容在一个页面显示，效果如下图所示。

5. 制作印章

第1步 单击【插入】选项卡下【插图】组中的【形状】下拉按钮，在弹出的下拉列表中选择【椭圆】形状，鼠标变成十字形，按住【Shift】键，拖曳鼠标绘制出圆形，并设置【填充颜色】为"无填充颜色"，【填充轮廓】为"红色"。

第2步 单击【插入】选项卡下【文本】组中的【艺术字】按钮，选择一种艺术字样式，输入"×××有限公司"文本，并另起一行插入"★"形状，设置【文本填充】为"红色"。

第3步 另起一行，插入"人事处"艺术字。并选择艺术字，设置【填充颜色】为"红色"，【填充轮廓】为"红色"。

第4步 选择"×××有限公司"艺术字，单击【格式】选项卡下【艺术字样式】组中的【文本效果】下拉按钮，在弹出的下拉列表中选择【abc 转换】→【跟随路径】组中的【上弯弧】选项。

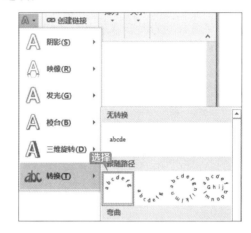

第5步 调整艺术字的大小和位置，效果如下图所示。

第6步 设置"人事处"艺术字的【文本效果】为"下弯弧"，并设置字体的大小。然后选择所有的艺术字及图形，并单击鼠标右键，在弹出的快捷菜单中选择【组合】→【组合】菜单命令。

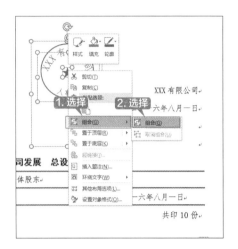

第7步 将组合后的图形移动至合适的位置，效果如下图所示。

第8步 至此，带主题红头文件制作完成，按【Ctrl+S】组合键保存文档。最终效果如下图所示。

13.4 费用报销单

费用报销单就是向企业或事业单位递交的出差、因公购物等花费的报销单据，通常由行政部门或财务部门负责制作，需要报销的人员填写申请，最后由公司审核报销。

13.4.1 设计思路

费用报销单一般包含报销部门名称、日期、报销摘要、报销金额、备注，及部门领导签字、公司领导签字、财务审核签字、报销人签字等部分，格式可自行设计。费用报销单的主要用途如下。

（1）用于各部门费用及专项费用报销。

（2）作为差旅费报销时，需附经审批的出差申请表。

（3）属于专项费用报销时，需有项目负责人签名及经审批的专项费用申请表。

费用报销单主要包括以下几点。

（1）输入表格标题。

（2）输入报销单的相关信息，如部门名称、日期等。

（3）详细列举费用报销的用途及金额。

（4）费用总计及财务审核人信息。

13.4.2 知识点应用分析

可以使用 Word 2016 制作费用报销单，主要涉及以下知识点。

（1）设置字体、字号。

（2）设置段落及边框样式。

（3）插入表格。

（4）合并单元格，设置表格对齐方式。

（5）美化表格样式。

13.4.3 案例实战

案例制作的具体操作步骤如下。

1. 输入基本信息

第1步 新建 Word 文档，并将其另存为"费用报销单 .docx"文件。

第2步 在文档中输入"费用报销单"文本，设置其【字体】为"楷体"，【字号】为"小初"，并将其设置为【居中】显示。

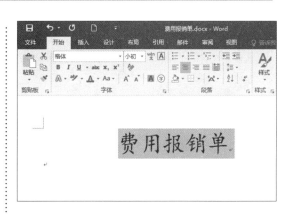

第3步 选择输入的文本，并单击鼠标右键，在弹出的快捷菜单中选择【段落】菜单命令。

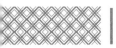
第4步 弹出【段落】对话框，在【间距】组中设置其【段前】为"1行"，【段后】为"0.5行"，单击【确定】按钮。

第5步 即可看到设置段落样式后的效果。按两次【Enter】键换行，并清除样式。根据需要输入费用报销单的基本信息。可以打开随书光盘中的"素材\ch13\费用报销单资料.docx"文件，将第1部分内容复制到"费用报销单.docx"文档中。

第6步 根据需要设置字体和字号及段落样式，并在"附件"和"张"之间添加下划线，效果如下图所示。

2. 制作表格

第1步 单击【插入】选项卡下【表格】选项组中【表格】按钮的下拉按钮，在弹出的下拉列表中选择【插入表格】选项。

第2步 弹出【插入表格】对话框，设置【列数】为"6"，【行数】为"12"，单击【确定】按钮。

第3步 即可完成表格的插入，如下图所示。

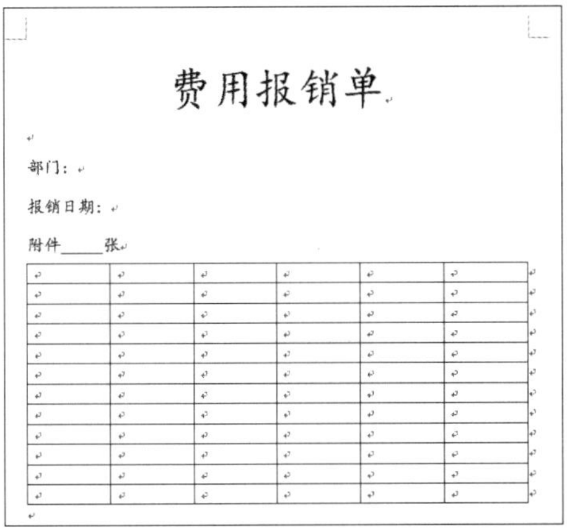

第4步 选择第1行中第1列和第2列的单元格，单击【布局】选项卡下【合并】组中的【合并单元格】按钮，将选择的单元格区域合并。

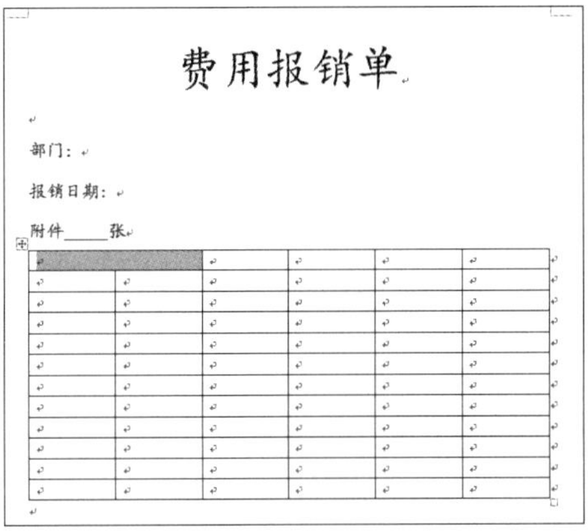

第5步 选择第1行至第3行最后两列的单元格区域并单击鼠标右键，在弹出的快捷菜单中选择【合并单元格】菜单命令。

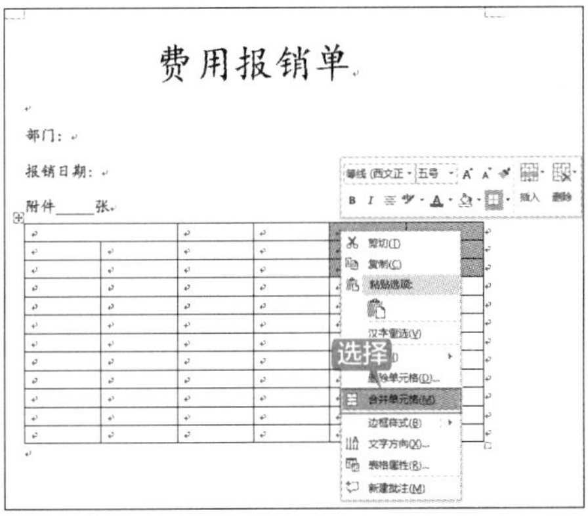

第6步 合并所选单元格区域后的效果如下图所示。

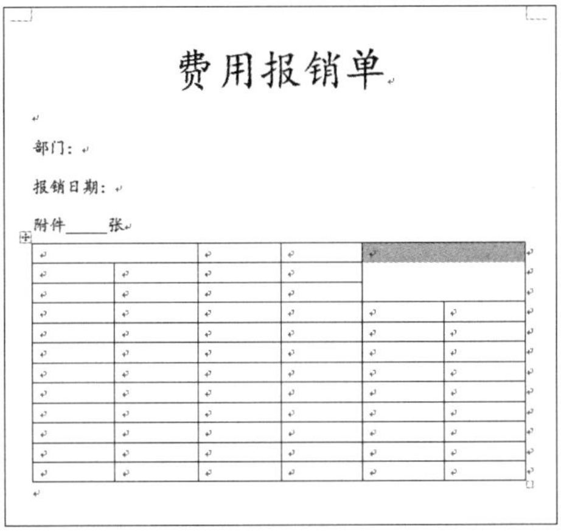

第7步 使用同样的方法合并其他单元格，效果如下图所示。

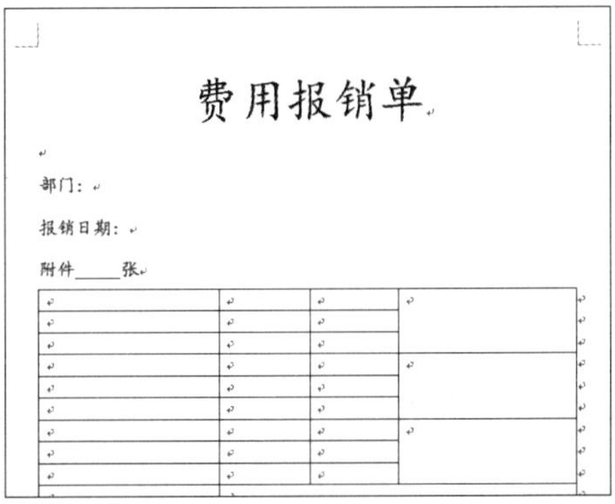

第8步 将所有行的【行高】调整为"1.3厘米"，效果如下图所示。

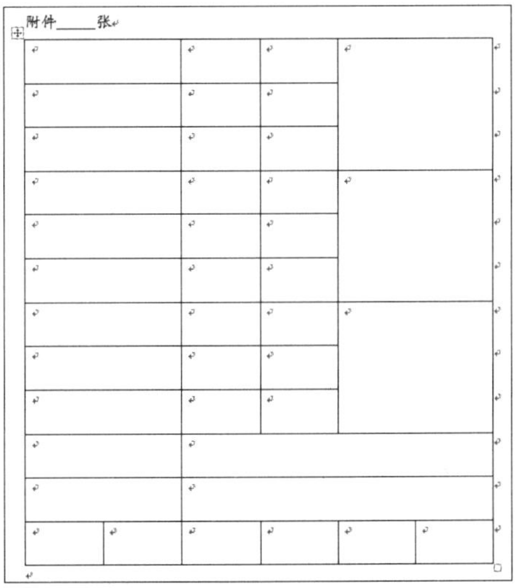

第9步 在表格中输入相关内容。

费用项目	类别	金额	负责人（签章）
			审核意见
			报销人（签章）
报销累计金额			

附件_____张。

第10步 在表格下方换行并输入其他信息。

			审核意见
			报销人（签章）
报销累计金额			
核实金额（大写）			
借款数	应退金额		应补金额

出纳： 复核： 总务：

3. 设置文本样式

第1步 选择表格中的所有文本内容，设置【字体】为"华文楷体"，【字号】为"14"，并添加【加粗】效果，效果如下图所示。

第2步 选择第1行前3列的单元格，单击【布局】选项卡下【对齐方式】组中的【水平居中】按钮，使其水平居中对齐。

附件_____张。

费用项目	类别	金额	负责人（签章）
			审核意见
			报销人（签章）
报销累计金额			
核实金额（大写）			
借款数	应退金额		应补金额

第3步 为其他单元格设置居中对齐效果。

附件_____张。

费用项目	类别	金额	负责人（签章）
			审核意见
			报销人（签章）
报销累计金额			
核实金额（大写）			
借款数	应退金额		应补金额

第4步 选择"费用报销单"文本，单击【开始】选项卡下【段落】组中【边框】按钮的下拉按钮，在弹出的下拉列表中选择【边框和底纹】选项。

第5步 弹出【边框和底纹】对话框。在【边框】选项卡下进行下图所示的设置。单击【确定】按钮，即可看到设置边框样式后的效果。

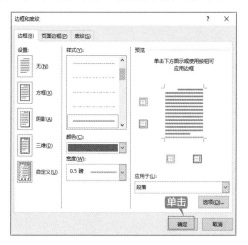

第6步 设置"费用报销单"文本的【字体颜色】为"红色"，并为下方的内容设置边框和底

纹样式，效果如下图所示。

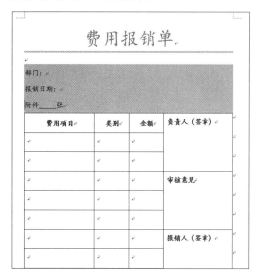

4. 设置表格样式

第1步 调整表格的列宽和行高，使页面中内容占满一页，效果如下图所示。

第2步 将鼠标光标放置在表格内，单击【设计】选项卡下【表格样式】组中的【其他】按钮，在弹出的下拉列表中选择一种表格样式。

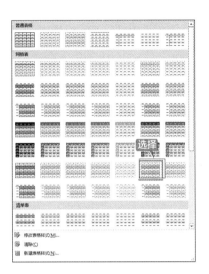

第3步 设置表格样式后的效果如下图所示。

第4步 最后对表格进行调整，使其整齐美观，按【Ctrl+S】键保存文档。

至此，就完成了费用报销单的制作。

第14章

在人力资源中的应用

📃 本章导读

人力资源管理是一项系统又复杂的组织工作，使用 Word 2016 可以帮助人力资源管理者轻松、快速地完成各种文档的制作。本章主要介绍员工入职登记表、培训流程图和公司聘用协议的制作方法。

📃 思维导图

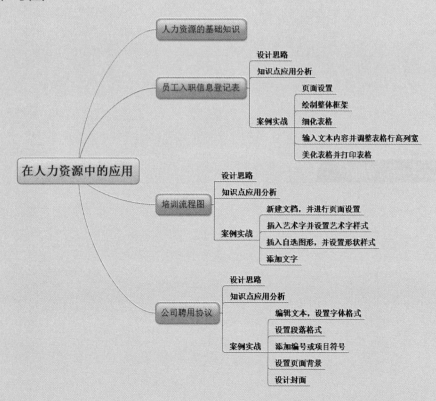

14.1 人力资源的基础知识

人力资源（Human Resources，HR）指在一个国家或地区中，处于劳动年龄、未到劳动年龄和超过劳动年龄但具有劳动能力的人口之和。

企业人力资源管理（Human Resource Management，HRM）是指企业根据发展要求，有计划地对人力资源进行合理配置，企业通过对员工的招聘、培训、使用、考核、激励、调整等一系列人力资源政策以及相应的管理活动，充分调动员工的工作积极性，发挥员工的潜能，为企业创造价值，带来更大的效益。通常包含以下内容。

（1）人力资源规划。

（2）岗位分析与设计。

（3）员工招聘与选拔。

（4）绩效考评。

（5）薪酬管理。

（6）员工激励。

（7）培训与开发。

（8）职业生涯规划。

（9）人力资源会计。

（10）劳动关系管理。

其中，人力资源规划、招聘与配置、培训与开发、绩效管理、薪酬福利管理及劳动关系管理这 6 个模块是人力资源管理工作的 6 大主要模块。诠释了人力资源管理的核心思想。

14.2 员工入职信息登记表

人力资源的招聘工作者可以根据公司需要，得到新员工确切基本信息，制作员工入职信息登记表，然后将制作完成的表格打印出来，要求新职员入职时填写，以便保存。

14.2.1 设计思路

员工入职信息登记表是企业保存职员入职信息的常用表格，需要入职者如实详细填写。通常情况下，员工入职信息登记表中应包含员工的个人基本信息、入职的时间、职位、婚姻状况、通信方式、特长、个人学习或工作经历以及自我评价等内容。

在 Word 2016 中可以使用插入表格的方式制作员工入职信息登记表，然后根据需要对表格进行合并、拆分、增加行或列、调整表格行高及列宽、美化表格等操作，制作出一份符合企业要求的员工入职信息登记表。

员工入职信息登记表主要由以下几点构成。

（1）求职者的个人基本信息。如姓名、性别、年龄、籍贯、学历、入职时间、部门、岗位、

通信地址、联系电话等基本信息。

（2）技能特长，如专业等级。可以根据需要填写会计、建筑等专业等级，以及其他如外语等级、计算机等级，还包括爱好等。

（3）学习及实践经历。对于刚毕业的大学生来说，可以填写在校期间的社会实践、参与的项目等；对于有工作经验的人，可以填写工作时间、职位以及主要成果等。

（4）自我评价。

14.2.2 知识点应用分析

本节主要涉及以下知识点。

（1）页面设置。

（2）输入文本，设置字体格式。

（3）插入表格，设计表格，美化表格。

（4）打印文档。

14.2.3 案例实战

制作员工入职信息登记表的具体步骤如下。

1. 页面设置

第 1 步 新建一个 Word 文档，并将其另存为"员工入职信息登记表 .docx"。单击【布局】选项卡【页面设置】选项组中的【页面设置】按钮，弹出【页面设置】对话框，单击【页边距】选项卡，设置页边距的【上】边距值为"2.54 厘米"，【下】边距值为"2.54 厘

米", 【左】边距值为"1.5 厘米", 【右】
边距值为"1.5 厘米"。

第2步 单击【纸张】选项卡,设置【纸张大小】
为"A4",【宽度】为"21 厘米",【高度】
为"29.7 厘米"。

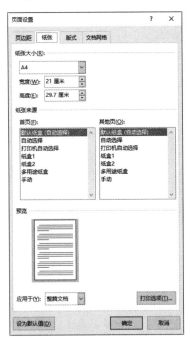

第3步 单击【文档网格】选项卡,设置【文
字排列】的【方向】为"水平",【栏数】
为"1",单击【确定】按钮,完成页面设置。

2. 绘制整体框架

第1步 在绘制表格之前,需要先输入员工入
职信息登记表的标题。这里输入"员工入职
信息登记表"文本,然后在【开始】选项卡
中设置【字体】为"楷体",【字号】为"小二",
"加粗"并进行居中显示,效果如下图所示。

第2步 按两次【Enter】键,对其进行左对齐,
然后单击【插入】选项卡【表格】选项组中
的【表格】按钮,在弹出的下拉列表中选择【插
入表格】选项。

第3步 弹出【插入表格】对话框,在【表格尺寸】选项区域中设置【列数】为"1",【行数】为"7"。

第4步 单击【确定】按钮,即可插入一个7行1列的表格。

提示

也可以单击【插入】选项卡【表格】选项组中的【表格】按钮,在弹出的【插入表格】下方的表格区域拖曳鼠标选择要插入表格的行数与列数,快速插入表格。

3. 细化表格

第1步 将鼠标光标置于第1行单元格中,单

击【布局】选项卡【合并】选项组中的【拆分单元格】按钮 拆分单元格,在弹出的【拆分单元格】对话框中,设置【列数】为"8",【行数】为"5",单击【确定】按钮。

第2步 完成第1行单元格的拆分。

第3步 选择第1行中第6列至第8列的单元格,单击【布局】选项卡【合并】选项组中的【合并单元格】按钮 合并单元格,将其合并,效果如下图所示。

第4步 使用同样的方法,将前5行其他需要合并的单元格进行合并,效果如下图所示。

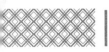

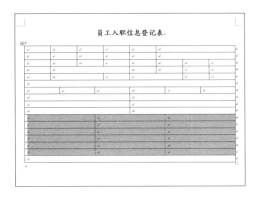

第5步 将第 7 行拆分为 6 列 1 行的表格，效果如下图所示。

第9步 将拆分后的第 1 行合并，效果如下图所示。

第6步 将第 8 行至第 10 行分别拆分成 1 行 2 列的表格，效果如下图所示。

第10步 将最后一行拆分为 2 行 1 列的表格。至此表格的整体框架设置完毕，效果如下图所示。

第7步 将鼠标光标放在最后一行结尾的位置，按【Enter】键，插入新行。

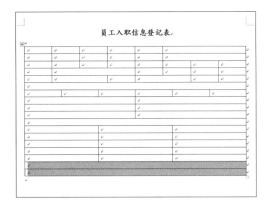

4. 输入文本内容并调整表格行高列宽

第1步 在表格中输入想要得到入职员工基本信息的名称。可以打开随书光盘中的"素材 \ch14\ 员工入职信息登记表 .docx"文件，并按照其中的内容输入，效果如下图所示。

第8步 将倒数第 2 行拆分为 6 行 3 列的表格，效果如下图所示。

员工入职信息登记表

姓名		性别		入职部门		
年龄		身高		入职日期		
学历		专业		婚姻状况		岗位	
籍贯				政治面貌		毕业院校	
E-mail		通讯地址			联系电话	
技能、特长或爱好						
专业等级		外语等级		计算机等级		
爱好特长						
其他证书						
奖励情况						
工作及实践经历						
起止时间		地区、学校或单位		获得荣誉或经历		
自我评价						

第2步 选择表格内的所有文本,设置其【字体】为"华文楷体",【字号】为"12",【对齐方式】为"水平居中",效果如下图所示。

员工入职信息登记表

第3步 选择"技能、特长或爱好""工作及实践经历""自我评价"文本,调整其【字号】为"14",并添加"加粗",效果如下图所示。

员工入职信息登记表

第4步 根据需要调整行高及列宽,使表格占满整个页面,效果如下图所示。

员工入职信息登记表

5. 美化表格并打印表格

第1步 选中需要设置边框的表格,单击【设计】选项卡下【表格样式】组中的【其他】按钮，在弹出的下拉列表中选择一种表格样式。

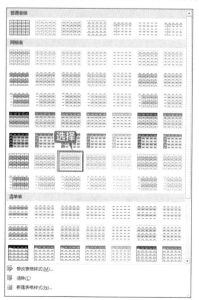

第2步 设置表格样式后的效果如下图所示。

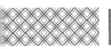

第4步 至此，就完成了员工入职信息登记表的制作。单击【文件】选项卡，在左侧列表中选择【打印】选项，选择打印机，输入要打印的份数，在右面的窗体中查看"员工入职信息登记表"的制作效果，单击【打印】按钮即可进行打印。

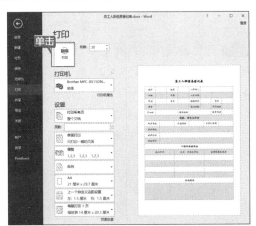

第3步 设置表格样式后，表格中字体样式也会随之改变。还可以根据需要再次修改表格中的字体，效果如下图所示。

14.3 培训流程图

新员工入职培训可以大大提升新员工初始生产率水平，制作培训流程图，可以明确新员工的培训流程，加强新入职员工的管理。帮助新员工与团队建立关系以及增强团队合作精神，同时也能帮助新员工了解公司的文化和价值观。

14.3.1 设计思路

在 Word 2016 中可以制作培训流程图，然后根据需要对流程图进行设置字体格式、形状样式等操作，制作出一份符合公司实际情况并对公司发展有利的培训流程图。

培训流程图主要由以下几点构成。

（1）确定培训项目。

（2）确立培训标准。

（3） 制订培训计划。

（4） 分析评估培训效果。

14.3.2 知识点应用分析

本节主要涉及以下知识点。

（1） 新建文档，设置页面。

（2） 插入艺术字。

（3） 插入形状，并设置形状样式。

（4） 在形状上添加文字。

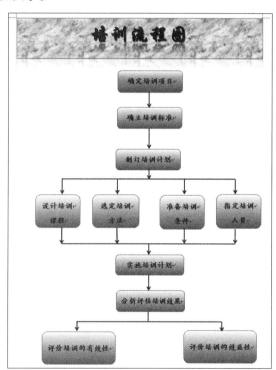

14.3.3 案例实战

制作员工入职培训流程图的具体步骤如下。

1. 新建文档，并进行页面设置

第1步 新建空白 Word 2016 文档，并保存为"培训流程图 .docx"。

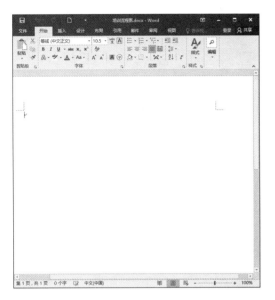

第2步 单击【布局】选项卡下【页面设置】组中的【页边距】按钮，在弹出的下拉列表中单击选择【自定义边距（A）】选项。

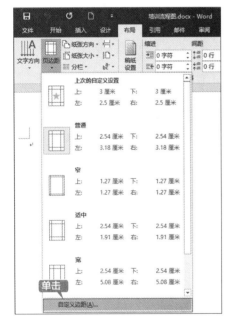

第3步 弹出【页面设置】对话框。在【页边距】选项卡下【页边距】组中可以自定义设置"上""下""左""右"页边距，将【上】【下】页边距均设为"1.2厘米"【左】【右】页边距均设为"2.0厘米"，设置【纸张方向】为"纵向"，在【预览】区域可以查看设置后的效果。

第4步 设置页边距后效果如下图所示。

第5步 单击【页面布局】选项卡【页面设置】选项组中的【纸张大小】按钮，在弹出的下拉列表中选择【其他纸张大小】选项。

第6步 在弹出的【页面设置】对话框中，在【纸张大小】选项组中设置【宽度】为"23厘米"，【高度】为"30厘米"，单击【确定】按钮。

第7步 设置完成后页面效果如下图所示。

2. 插入艺术字并设置艺术字样式

第1步 单击【插入】选项卡下【文本】组中的【艺术字】按钮，在弹出的下拉列表中选择一种艺术字样式。

第2步 即可在 Word 文档中插入"请在此放置您的文字"艺术字文本框。

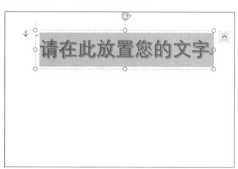

第3步 删除艺术字文本框中的内容，并输入"培训流程图"文本，即可看到创建艺术字后的效果。

第4步 在【开始】选项卡下【字体】组中设置【字体】为"华文行楷"，【字号】为"42"。

第5步 选中艺术字，在【绘图工具】→【格式】选项卡下【大小】组中设置【宽度】为"19厘米"。

第6步 单击【开始】选项卡下【段落】组中的【居中】按钮■，使艺术字在文本框中间显示。效果如下图所示。

第7步 选中艺术字,单击【绘图工具】→【格式】选项卡下【艺术字样式】组中的【文本填充】按钮，在弹出的下拉列表中选择"紫色"选项。

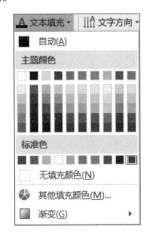

第8步 更改【文本填充】颜色为"紫色"后的效果如下图所示。

第9步 选中艺术字文本，单击【绘图工具】→【格式】选项卡下【艺术字样式】组中的【文本轮廓】按钮，在弹出的下拉列表中选择"深蓝"选项。

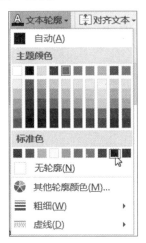

第10步 更改【文本轮廓】颜色为"深蓝"后的效果如下图所示。

第11步 选中艺术字,单击【绘图工具】→【格式】选项卡下【艺术字样式】组中的【文本效果】按钮，在弹出的下拉列表中选择【映像】→【映像变体】选项组中的【紧密映像，4pt 偏移量】选项。

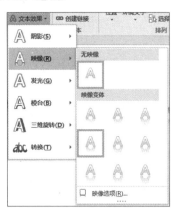

第12步 设置艺术字文本后的效果如下图所示。

第13步 单击【绘图工具】→【格式】选项卡下【形状样式】组中的【其他】按钮，在弹出的下拉列表中选择一种主题样式。

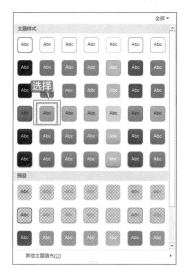

第14步 设置主题样式后的效果如下图所示。

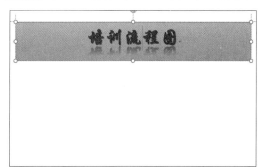

第15步 单击【绘图工具】→【格式】选项卡下【形状样式】组中的【形状填充】按钮，在弹出的下拉列表中选择【纹理】→【白色大理石】选项。

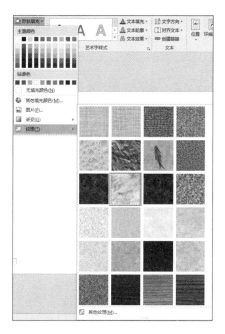

第16步 设置形状填充后效果如下图所示。

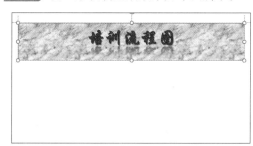

第17步 单击【绘图工具】→【格式】选项卡下【形状样式】组中的【形状效果】按钮右侧的下拉按钮，在弹出的下拉列表中选择【映像】→【映像变体】组中的【紧密映像，接触】选项。

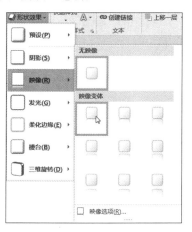

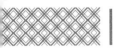
第18步 至此，就完成了艺术字的编辑操作。最终效果如下图所示。

3. 插入自选图形，并设置形状样式

第1步 单击【插入】选项卡下【插图】组中的【形状】按钮，在弹出的【形状】下拉列表中，选择"圆角矩形"形状。

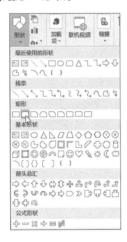

第2步 在文档中选择要绘制形状的起始位置，按住鼠标左键并拖曳至合适大小，松开鼠标左键，完成形状的绘制。

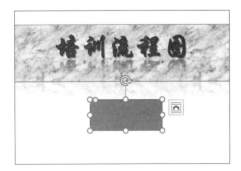

第3步 调整自选图形的大小与位置，单击【绘图工具】→【格式】选项卡下【形状样式】组中的【其他】按钮，在弹出的下拉列表中选择一种样式。

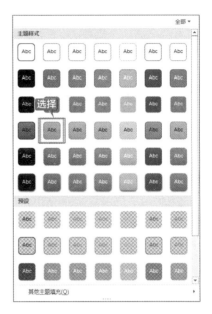

第4步 应用样式后的效果如下图所示。

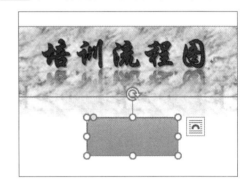

第5步 选择绘制的图形，单击【绘图工具】→【格式】选项卡下【形状样式】组中的【形状填充】按钮，在弹出的下拉列表中选择【渐变】→【其他渐变】选项。

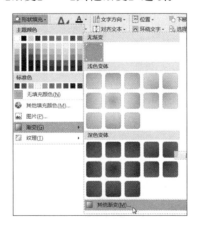

第6步 打开【设置形状格式】窗格，根据需要设置渐变的样式。设置完成，关闭【设置形状格式】窗格。

第7步 设置自选图形样式后的效果如下图所示。

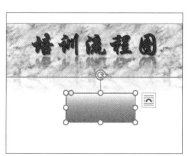

第8步 重复上面的操作，插入其余的自选图形，并移动位置进行排列。

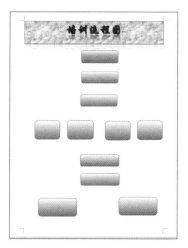

第9步 单击【插入】选项卡下【插图】组中的【形状】按钮，选择"箭头"形状，并按住鼠标左键在第 1 个图形和第 2 个图形之间拖曳绘制箭头形状。

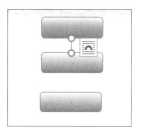

第10步 选择绘制的箭头，单击【绘图工具】→【格式】选项卡下【形状样式】组中的【形状轮廓】按钮，在弹出的下拉列表中选择"紫色"选项，将箭头颜色更改为"紫色"。

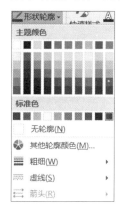

第11步 单击【绘图工具】→【格式】选项卡下【形状样式】组中的【形状轮廓】按钮，在弹出的下拉列表中选择【粗细】→【1.5 磅】选项。

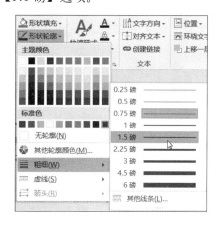

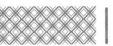
第12步 重复上面的操作，在【箭头】选项下选择一种箭头样式。

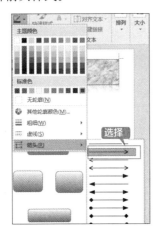

第13步 设置箭头形状样式后的效果如下图所示。

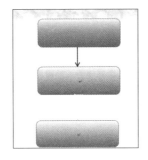

第14步 使用同样的方法，为其他图形间添加箭头形状。

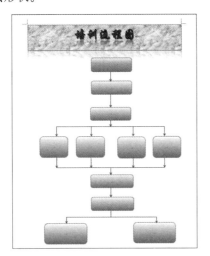

4. 添加文字

第1步 选择一个流程图，单击鼠标右键，在弹出的快捷菜单中选择【添加文字】菜单命令。

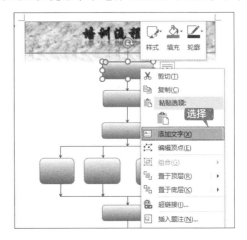

第2步 在流程图中添加文字，并设置文本的【字体】为"华文楷体"，【字号】为"16"，【字体颜色】为"紫色"。

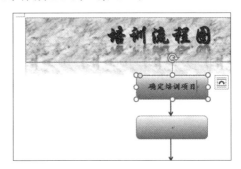

第3步 为其余的自选图形添加文字并设置文本格式，效果如下图所示。

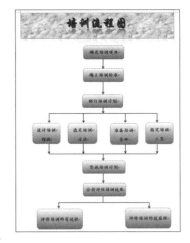

至此，就完成了培训流程图的制作。最后只需要按【Ctrl+S】组合键保存制作的文档即可。

 14.4 公司聘用协议

聘用协议是劳动合同的一种,是确立聘用单位与应聘的劳动者之间权利义务关系的协议。

14.4.1 设计思路

公司聘用协议中应包含岗位职务、合同期限、工作时间、薪资待遇、工作纪律、违约责任等内容。

在 Word 2016 中可以排版制作公司聘用协议,然后根据需要对文档进行设置字体格式、设置段落格式、设计封面等操作,制作出一份符合平等自愿、协商一致原则的公司聘用协议。制作聘用协议是人事管理部门需要掌握的最基本、最常用的办公技巧。

公司聘用协议主要由以下几点构成。

合同双方,合同期限,聘用合同期限等基本信息。

工作性质和考核指标,工作时间和休息休假、劳动保护和劳动条件,劳动报酬。

甲方的权利和义务,乙方的权利和义务,规章制度,劳动保险和福利待遇等。

解除劳动合同的程序,争议处理,双方认为需要约定的其他事项等内容。

14.4.2 知识点应用分析

本节主要涉及以下知识点。

（1）新建文档。

（2）设置字体格式。

（3）设置段落格式。

（4）添加项目符号和编号。

（5）设计封面。

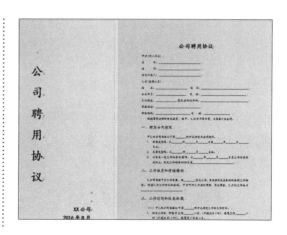

14.4.3 案例实战

制作员工入职信息登记表的具体操作步骤如下。

1. 编辑文本,设置字体格式

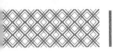

第1步 新建空白文档，并保存为"公司聘用协议.docx"，打开随书光盘中的"素材\ch14\协议"文件，把文档内容复制到新建的文档内。

第2步 在文档开始位置输入标题"公司聘用协议"，选中标题，在【开始】选项卡下【字体】组中设置【字体】为"华文楷体"，【字号】为"二号"，并设置"加粗"效果。

第3步 选中"一、聘用合同期限"文本,设置【字体】为"华文楷体"，【字号】为"小三"。

第4步 根据需要设置其他标题样式。并设置正文【字体】为"楷体"，【字号】为"11"，设置完成后效果如下图所示。

2. 设置段落格式

第1步 将鼠标光标置于标题段落中，单击【开始】选项卡下【段落】组中的【居中】按钮，将文本标题居中显示。

第2步 将鼠标光标放置在文档末尾的"甲方"文本前，按3次【Enter】键，然后设置最后3行文本【对齐方式】为"右对齐"。

第3步 选择要设置间距的文本内容，单击【开始】选项卡下【段落】组中的【段落设置】按钮 。

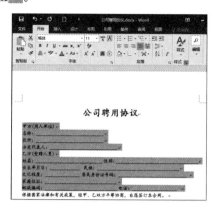

第4步 弹出【段落】对话框，设置【行距】为"1.5倍行距"，单击【确定】按钮。

第5步 根据需要调整对齐文本内容，效果如下图所示。

第6步 选择"一、聘用合同期限"标题上方的一段文本，打开【段落】对话框，单击【特殊格式】文本框后的下拉按钮，在弹出的列表中选择【首行缩进】选项，并设置【缩进值】为"2字符"（单击其后的微调按钮设置，也可以直接输入），然后设置【行距】为"多倍行距"，【设置值】为"1.2"。设置完成，单击【确定】按钮。

第7步 即可看到为所选段落设置段落格式后的效果。

第8步 选择"一、聘用合同期限"标题文本，在【段落】对话框中设置【段前】为"0.5行"，【段后】为"0.5行"，【行距】为"1.5倍行距"，单击【确定】按钮。

第9步 设置后的效果如下图所示。

第10步 使用同样的方法设置其他标题和正文的样式。最终效果如下图所示。

3. 添加编号或项目符号

第1步 选择要添加编号的段落，单击【开始】选项卡下【段落】组中的【编号】按钮，在弹出的下拉列表中选择一种编号样式。

第2步 即可为所选段落添加编号，效果如下图所示。

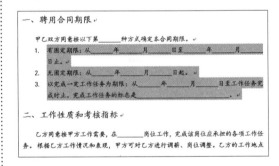

第3步 选择要添加项目编号的文本。

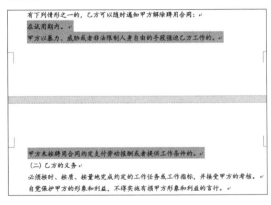

第4步 单击【开始】选项卡下【段落】组中的【项

目符号】按钮 ，在弹出的下拉列表中选择
【定义新项目符号】选项。

第5步 弹出【定义新项目符号】对话框，单
击【符号】按钮。

第6步 弹出【符号】对话框。选择要设置为
自定义项目符号的符号，单击【确定】按钮。

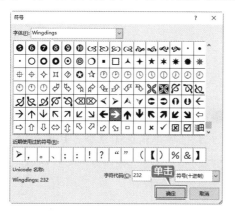

第7步 返回【定义新项目符号】对话框，在【预
览】区域即可看到项目符号效果的预览，单
击【确定】按钮。

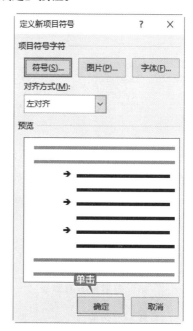

第8步 即可看到为所选段落添加自定义项目
符号后的效果。

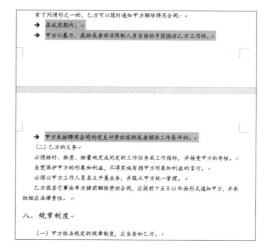

第9步 使用同样的方法，为其他需要添加编
号或项目符号的段落添加编号或项目符号。
效果如下图所示。

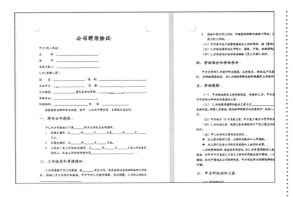

4. 设置页面背景

第1步 单击【设计】选项卡下【页面背景】组中【页面颜色】按钮，在弹出的下拉列表中选择一种颜色，这里选择"深蓝，文字2，淡色 80%"。

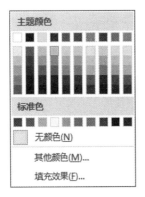

第2步 即可给文档页面填充上纯色背景，效果如下图所示。

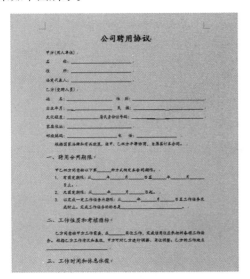

第3步 如果要设置渐变填充，可以再次单击【设计】选项卡下【页面背景】组中【页面颜色】按钮，在弹出的下拉列表中选择【填充效果】选项。

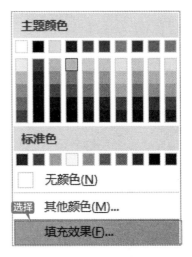

第4步 在弹出的【填充效果】对话框中选择【渐变】选项卡，在【颜色】组中单击【双色】单选项，在【颜色2】选项下方单击颜色框右侧的下拉按钮，在弹出的颜色列表中选择一种颜色，这里选择"蓝色，个性色1，淡色 80%"选项。

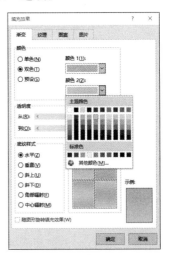

第5步 返回【填充效果】对话框，在下方的【底纹样式】区域单击选中【垂直】单选项，并选中一种变形效果，单击【确定】按钮。

填充效果对话框，**渐变**选项卡

颜色

- ○ 单色(N)　　颜色 1(1)：
- ● 双色(T)
- ○ 预设(S)　　颜色 2(2)：

透明度

从(R)：　　0 %
到(O)：　　0 %

底纹样式　　**变形(A)**

- ○ 水平(Z)
- ● 垂直(V)
- ○ 斜上(U)
- ○ 斜下(D)
- ○ 角部辐射(F)
- ○ 中心辐射(M)

示例：

□ 随图形旋转填充效果(W)

单击

确定　　取消

第 6 步　设置完成后，最终效果如下图所示。

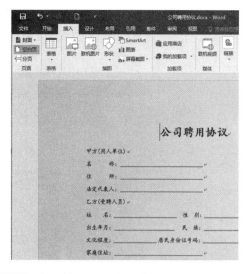

5. 设计封面

第 1 步　将鼠标光标放置在文档开始的位置，单击【插入】选项卡下【页面】组中的【空白页】按钮。

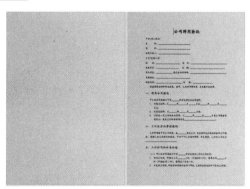

第 2 步　在当前页面之前添加一个新的封面。

第 3 步　在封面中竖向输入"公司聘用协议"文本内容，选中"公司聘用协议"文字，调整字体为"华文楷体"，字号为"48"。

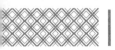

第4步 在封面下方输入落款和日期，并调整【字体】为"楷体"，【字号】为"20"，设置【对齐方式】为"右对齐"。

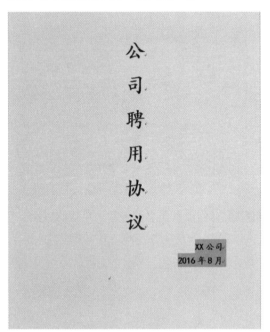

第5步 根据需要将封面页内容调整为占满一页。至此，就完成了"公司聘用协议"文档的制作，按【Ctrl+S】组合键保存制作的文档即可。

第15章
在市场营销中的应用

本章导读

本章主要介绍 Word 2016 在市场营销中的应用，主要包括使用 Word 制作产品使用说明书、市场调研分析报告等。通过本章的学习，读者可以掌握 Word 2016 在市场营销中的应用。

思维导图

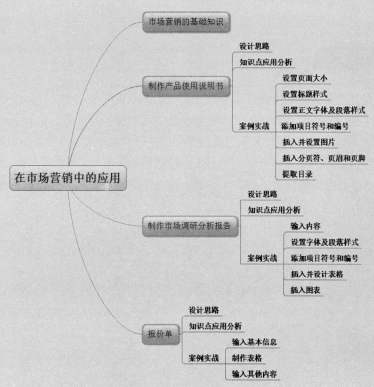

15.1 市场营销的基础知识

市场营销，又称为市场学、市场行销或行销学。市场营销是在创造、沟通、传播和交换产品中，为顾客、客户、合作伙伴以及整个社会带来价值的活动、过程和体系，是以顾客需要为出发点，根据经验获得顾客需求量以及购买力的信息、商业界的期望值，有计划地组织各项经营活动，通过相互协调一致的价格策略、产品策略、渠道策略和促销策略，为顾客提供满意的商品和服务从而实现企业目标的过程。

（1）价格策略主要是指产品的定价，主要考虑成本、市场、竞争等，企业根据这些情况来给产品进行定价。

（2）产品策略主要是指产品的包装、设计、颜色、款式、商标等，目的是制作特色产品，让其在消费者心目中留下深刻的印象。

（3）渠道策略是指企业选用何种渠道使产品流通到顾客手中。企业可以根据不同的情况选用不同的渠道。

（4）促销策略主要是指企业采用一定的促销手段来达到销售产品、增加销售额的目的。

在市场营销领域可以使用 Word 制作市场调查报告、市场分析及策划方案等。

15.2 制作产品使用说明书

产品使用说明书主要是介绍公司产品的说明书，便于用户正确使用公司产品，可以起到宣传产品、扩大消息和传播知识的作用。本节就使用 Word 2016 制作一份产品使用说明书。

15.2.1 设计思路

产品使用说明书主要指关于那些日常生产、生活用品的说明书。产品使用说明书的产品可以是生产消费品行业的，如电视机、耳机；也可以是生活消费品行业的，如食品、药品等。主要是对某一产品的所有情况的介绍或者某产品的使用方法的介绍，诸如介绍其组成材料、性能、存贮方式、注意事项、主要用途等。产品说明书是一种常见的说明文，是生产厂家向消费者全面、明确地介绍产品名称、用途、性质、性能、原理、构造、规格、使用方法、保养维护、注意事项等内容的文字材料。

产品使用说明书主要包括以下几点。

（1）首页，可以是"XX 产品使用说明书"或简单的"使用说明书"。

（2）目录部分，显示说明书的大纲。

（3）简单介绍或说明部分，可以简要地介绍产品的相关信息。

（4）正文部分，详细说明产品的使用说明，根据需要分类介绍。内容不需要太多，只需要抓住重点部分介绍即可，最好能够图文结合。

（5）联系方式部分，包含公司名称、地址、电话、电子邮件等信息。

15.2.2 知识点应用分析

制作产品使用说明书主要涉及以下知识点。

（1）设置文档页面。

（2）设置字体和段落样式。

（3）插入项目符号和编号。

（4）插入并设置图片。

（5）插入分页。

（6）插入页眉、页脚及页码

（7）提取目录。

15.2.3 案例实战

使用 Word 2016 制作产品使用说明书的具体操作步骤如下。

1. 设置页面大小

第1步 打开随书光盘中的"素材 \ch15\ 使用说明书 .docx"文档，并将其另存为"×× 蓝牙耳机使用说明书 .docx"。

第2步 单击【布局】选项卡【页面设置】组中的【页面设置】按钮，弹出【页面设置】对话框，在【页边距】选项卡下设置【上】和【下】边距为"1.3 厘米"、【左】和【右】边距为"1.4

厘米"，设置【纸张方向】为"横向"。

第3步 在【纸张】选项卡下【纸张大小】的下拉列表中选择【自定义大小】选项，并设置【宽度】为"14.8 厘米"、【高度】为"13.2 厘米"。

第1步 选择第1行标题行，单击【开始】选项卡【样式】组中的【其他】标题按钮 ，在弹出的【样式】下拉列表中选择【标题】样式。

第4步 在【版式】选项卡下的【页眉和页脚】区域中单击选中【首页不同】复选框，并设置页眉和页脚距边界距离均为"1厘米"。

第2步 设置其【字体】为"楷体"，【字号】为"二号"，效果如下图所示。

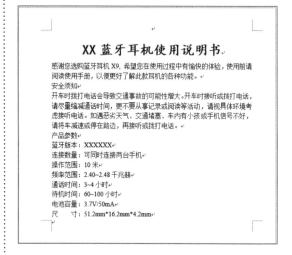

第5步 单击【确定】按钮，完成页面的设置。设置后的效果如下图所示。

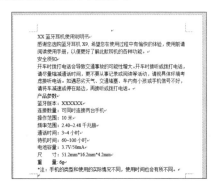

第3步 将鼠标光标定位在"安全须知"段落内，单击【开始】选项卡【样式】组中的【其他】按钮 ，在弹出的【样式】下拉列表中选择【创建样式】选项。

第4步 弹出【根据格式设置创建新样式】对话框，在【名称】文本框中输入样式名称"一级标题样式"，单击【修改】按钮。

第5步 弹出【根据格式设置创建新样式】对话框，在【样式基准】下拉列表中选择【无样式】选项，设置【字体】为"楷体"，【字号】为"12"，并添加【加粗】效果。单击左下角的【格式】按钮，在弹出的下拉列表中选择【段落】选项。

第6步 弹出【段落】对话框，在【常规】组

中设置【大纲级别】为"1级"，在【间距】区域中设置【段前】【段后】均为"1行"，【行距】为"单倍行距"，单击【确定】按钮。返回【根据格式设置创建新样式】对话框中，单击【确定】按钮。

第7步 设置样式后的效果如下图所示。

第8步 双击【开始】选项卡下【剪贴板】组中的【格式刷】按钮，使用格式刷为其他标题设置格式。设置完成，按【Esc】键结束格式刷命令。

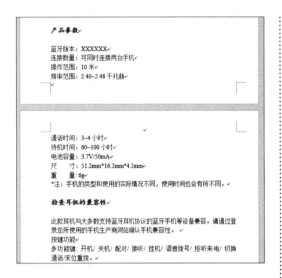

3. 设置正文字体及段落样式

第1步 选中标题下的正文内容，在【开始】选项卡【字体】组中根据需要设置正文的【字体】为"楷体"，【字号】为"11"，效果如下图所示。

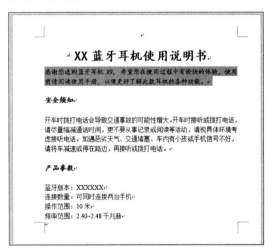

第2步 单击【开始】选项卡【段落】组中的【段落设置】按钮 ⌐，在弹出的【段落】对话框的【缩进和间距】选项卡中设置【特殊格式】为"首行缩进"，【缩进值】为"2字符"。在【间距】组中设置【行距】为"固定值"，【设置值】为"20磅"。设置完成后单击【确定】按钮。

第3步 设置段落样式后的效果如下图所示。

第4步 使用格式刷设置其他正文段落的样式。

第 5 步 在设置说明书的过程中，如果有需要用户特别注意的地方，可以将其用特殊的字体或者颜色显示出来。选择第 2 页的"注意："文本，将其【字体颜色】设置为"红色"，并将其【加粗】显示。

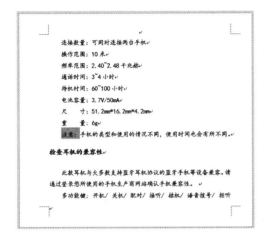

第 6 步 使用同样的方法设置其他"注意："及"警告："文本。

4. 添加项目符号和编号

第 1 步 将鼠标光标放置在"安全须知"文本内，单击【开始】选项卡下【编辑】组中【选择】按钮的下拉按钮，在弹出的下拉列表中选择【选择格式相似的文本】选项。

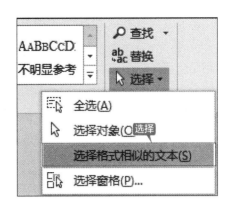

第 2 步 即可选择与该样式相近的所有内容。

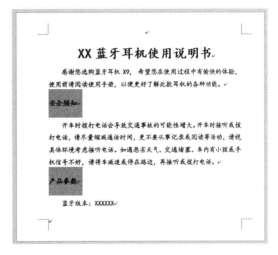

第 3 步 单击【开始】选项卡下【段落】组中【编号】按钮右侧的下拉按钮，在弹出的下拉列表中选择一种编号样式。

第4步 即可看到为所选段落添加编号后的效果。

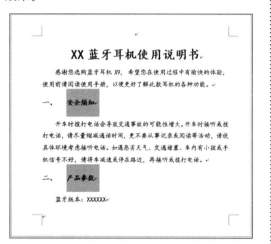

第5步 选中"六、 耳机的基本操作"标题下的"开／关机"内容,单击【开始】选项卡下【段落】组中【编号】按钮右侧的下拉按钮,在弹出的下拉列表中选择一种编号样式。

第6步 添加编号后的效果如下图所示。

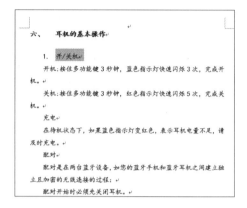

第7步 使用格式刷,将设置编号后的样式应用至其他段落内,效果如下图所示。

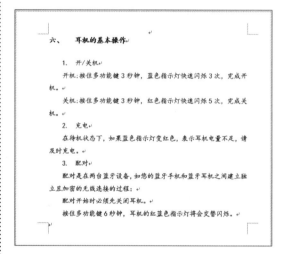

第8步 选中要添加项目符号的内容,单击【开始】选项卡下【段落】组中【项目符号】按钮右侧的下拉按钮,在弹出的下拉列表中选择一种项目符号样式。

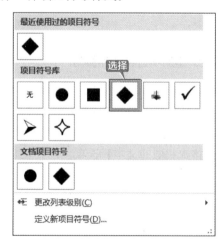

第9步 添加项目符号后的效果如下图所示。

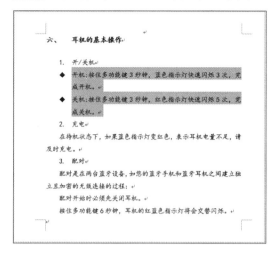

第10步 使用同样的方法，为其他需要添加编号或项目符号的段落添加编号或项目符号。

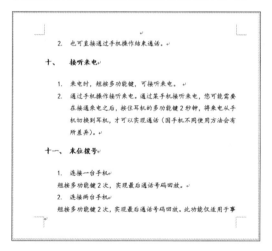

5. 插入并设置图片

第1步 将鼠标光标定位至"检查耳机的兼容性"正文文本后，单击【插入】选项卡下【插图】选项组中的【图片】按钮，弹出【插入图片】对话框，选择随书光盘中的"素材 \ch15\ 图片 01.png"文件，单击【插入】按钮。

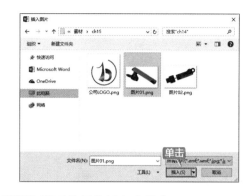

第2步 即可将图片插入文档中。

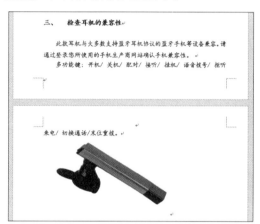

第3步 选中插入的图片，在【格式】选项卡下的【排列】选项组中单击【环绕文字】按钮的下拉按钮，在弹出的下拉列表中选择【四周型】选项。

第4步 根据需要调整图片的位置。

第5步 将鼠标光标定位至"对耳机进行充电"文本后，重复 **第1步** ~ **第3步**，插入随书光盘中的"素材\ch15\图片02.png"文件，并适当地调整图片的大小。

6. 插入分页符、页眉和页脚

第1步 制作使用说明书时，需要将某些特定的内容单独一页显示，这时就需要插入分页符。将鼠标光标定位在"××蓝牙耳机使用说明书"下方第1段后，单击【插入】选项卡下【页面】组中的【分页】按钮 。

第2步 即可看到将所选文本在一页显示的效果。选择"××蓝牙耳机使用说明书"文本，设置其【大纲级别】为"正文"，并在标题与正文之间插入两个空行。

第3步 调整标题文本的位置，使其在文档页面的中间显示。

第4步 插入"公司LOGO.png"图片，设置【环绕文字】为"浮于文字上方"，并调整至合适的位置和大小。

第5步 在图片下方绘制文本框，输入文本"××蓝牙耳机有限公司"，设置【字体】为"楷体"，【字号】为"五号"，并将文本框的【形状轮廓】设置为"无颜色"。

第6步 根据需要调整文档的段落格式，使其工整对齐。

第7步 将鼠标光标定位在第2页中，单击【插入】选项卡下【页眉和页脚】组中的【页眉】按钮，在弹出的下拉列表中选择【空白】选项。

第8步 在页眉的【标题】文本域中输入"××蓝牙耳机使用说明书"，设置【字体】为"楷体"，【字号】为"小五"，将其设置为"左对齐"。

第9步 单击选中【设置】选项卡下【选项】组中的【奇偶页不同】复选框，设置奇偶页有不同的页眉和页脚。

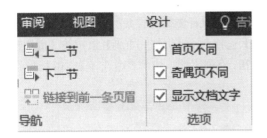

第10步 将鼠标光标放在偶数页页眉位置，插入空白页眉，并输入相关内容，效果如下图所示。

第11步 分别选择奇数页和偶数页页脚，单击【插入】选项卡下【页眉和页脚】组中的【页码】按钮，在弹出的下拉列表中选择【页面底端】→【普通数字3】选项。

第12步 单击【页眉和页脚工具】→【设计】选项卡下【关闭】组中的【关闭页眉和页脚】按钮，即可看到添加页码后的效果。

7. 提取目录

第1步 将鼠标光标定位在第2页开头位置，单击【插入】选项卡下【页面】组中的【空白页】按钮，插入一页空白页。

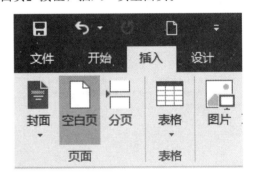

第2步 在插入的空白页中输入"目　录"文本，并根据需要设置字体的样式。

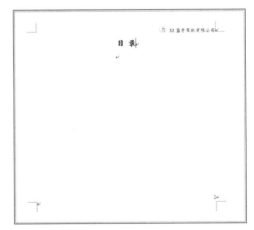

第 3 步 按【Enter】键换行，并清除新行的样式。单击【引用】选项卡下【目录】组中的【目录】按钮，在弹出的下拉列表中选择【自定义目录】选项。

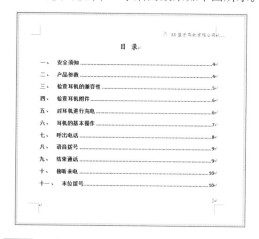

第 4 步 弹出【目录】对话框，设置【显示级别】为"2"，选中【显示页码】【页码右对齐】复选框，单击【确定】按钮。

第 5 步 提取说明书目录后的效果如下图所示。

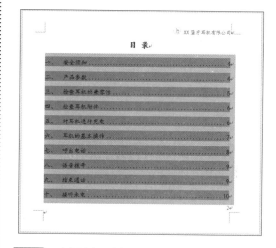

第 6 步 选择目录内容，设置其【字体】为"楷体"，【字号】为"五号"，并设置【行距】为"1.2"倍行距，效果如下图所示。

第 7 步 再次选择所有目录内容，单击【布局】选项卡下【页面】组中【分栏】按钮的下拉按钮，在弹出的下拉列表中选择【两栏】选项。

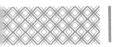

第8步 使目录内容在一个页面显示，效果如下图所示。

提示

提取目录后，如果对正文内容进行了修改，可以选择目录，并单击鼠标右键，在弹出的快捷菜单中选择【更新域】选项。弹出【更新目录】对话框，单击选中【更新整个目录】单选项，单击【确定】按钮更新目录。

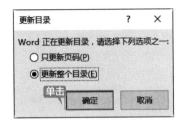

第9步 按【Ctrl+S】组合键保存制作完成的产品说明书文档。最后效果如下图所示。

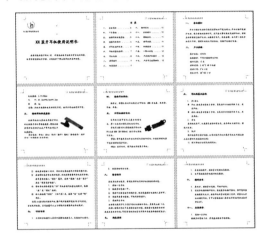

至此，就完成了产品使用说明书的制作。

15.3 制作市场调研分析报告

市场调研分析报告，就是根据市场调查，收集、记录、整理和分析市场对商品的需求状况以及与此有关的资料的文书。本节就使用 Word 2016 制作一份市场调研分析报告。

15.3.1 设计思路

市场调研分析报告是对行业市场规模、市场竞争、区域市场、市场走势及吸引范围等调查资料所进行的分析总结报告，换句话说就是进行深入细致的调查研究，用市场经济规律去分析，透过市场现状，揭示市场运行的规律、本质。市场调研分析报告是市场调研人员以书面形式，反映市场调研内容及工作过程，并提供调研结论和建议的报告。市场调研分析报告是市场调研研究成果的集中体现，其撰写的好坏将直接影响整个市场调研工作的质量。一份好的市场调研分析报告，能给企业的市场经营活动提供有效的导向作用，能为企业的决策提供客观依据。

市场调研分析报告具有以下特点。

（1）针对性。市场调研分析报告是决策机关决策的重要依据之一，必须有的放矢。

（2）真实性。市场调研分析报告必须从实际出发，通过对真实材料的客观分析，得出正确的结论。

（3）典型性。首先对调研得来的材料进行科学分析，找出反映市场变化的内在规律，然后总结出准确可靠的报告结论。

（4）时效性。市场调研报告要及时、迅速、准确地反映、回答现实市场中的新情况、新问题。

制作市场调研分析报告主要包括以下几点。

（1）输入调查目的、调查对象及其情况、调查方式、调查时间、调查内容、调查结果、调查体会等内容。

（2）设置报告文本内容的样式。

（3）以表格和图表的方式展示数据。

15.3.2 知识点应用分析

制作市场调研分析报告主要涉及以下知识点。

（1）设置字体和段落样式。

（2）插入项目符号和编号。

（3）插入并美化表格。

（4）插入并美化图表。

（5）保存文档。

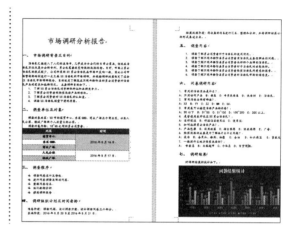

15.3.3 案例实战

使用 Word 2016 制作市场调研分析报告的具体操作步骤如下。

1. 输入内容

第1步 新建空白 Word 文档，并将其保存为"市场调研分析报告.docx"。

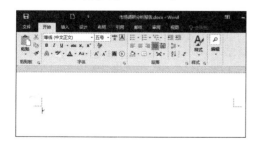

第2步 输入"市场调研分析报告"文本，并设置【字体】为"华文楷体"，【字号】为"28"，设置其【段前】为"1行"，【段后】为"1行"，【对齐方式】为"居中"，效果如下图所示。

市场调研分析报告

第3步 按【Enter】键换行，并清除格式，打开随书光盘中的"素材\ch15\市场调研报告.docx"文档，并将其内容添加至"市场调研分析报告.docx"文档中。

市场调研分析报告

市场调研背景及目的
洁面乳已经进入了人们的生活中，几乎成为女士们的日常必需品，但现在洁面乳不仅是女士的专利，男士也需要改变传统的洗脸观念。目前，市场上男士洁面乳的款式较少，公司研发的 xx 男士洁面乳在市场中反响一般，因此公司市场营销部特别进行一次又关 xx 洁面乳的市场调研，并根据结果制定了这份 xx 洁面乳市场调研报告，目的就是了解现在不同年龄阶层的男士消费者对洁面乳产品的需求和选择情况。主要调研目的如下。
了解 xx 男士洁面乳消费群体特征和品牌竞争力。

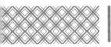
2. 设置字体及段落样式

第1步 选中第1段标题文本，在【开始】选项卡下的【字体】组中根据需要设置正文的【字体】为"华文楷体"，【字号】为"16"，效果如下图所示。

第2步 单击【开始】选项卡下【段落】组中的【段落设置】按钮，在弹出的【段落】对话框【缩进和间距】选项卡的【间距】组中设置【段前】为"0.5行"，【段后】为"0.5行"，并设置【行距】为"单倍行距"，设置完成后单击【确定】按钮。

第3步 设置段落样式后的效果如下图所示。

第4步 使用格式刷设置其他标题段落的样式，效果如下图所示。

第5步 使用同样的方法设置其他正文文本的【字体】为"楷体"，【字号】为"12"，并设置【特殊格式】为"首行缩进""2字符"，【行距】为"单倍行距"，效果如下图所示。

第6步 选择"问卷调研内容"下的正文，设置其【字体】为"楷体"，【字号】为"12"，效果如下图所示。

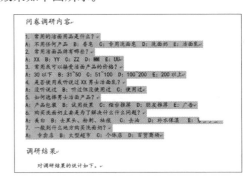

3. 添加项目符号和编号

第1步 选中"市场调研背景及目的"标题文本，单击【开始】选项卡下【段落】组中【编号】按钮右侧的下拉按钮，在弹出的下拉列表中选择一种编号样式。

第2步 添加编号后的效果如下图所示。

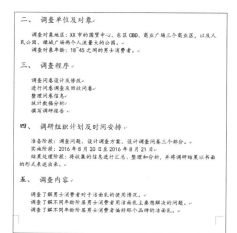

第3步 为其他标题添加编号，效果如下图所示。

第4步 选中"一、 市场调研背景及目的"标题下的最后4行文本，单击【开始】选项卡下【段落】组中【编号】按钮右侧的下拉按钮，在弹出的下拉列表中选择一种编号样式。

第5步 效果如下图所示。

第6步 选中"三、 调查程序"标题下的文本，单击【开始】选项卡下【段落】组中【项目符号】按钮右侧的下拉按钮，在弹出的下拉列表中选择一种项目符号样式。

第7步 添加项目符号后的效果如下图所示。

第8步 为其他需要添加编号和项目符号的文本添加编号和项目符号，效果如下图所示。

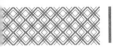

4. 插入并设计表格

第1步 将鼠标光标定位至"三、调查单位及对象"文本后，按【Enter】键换行，并清除当前段落的样式，单击【插入】选项卡下【表格】组中【表格】按钮的下拉按钮，在弹出的下拉列表中选择【插入表格】选项。

第2步 弹出【插入表格】对话框，设置【列数】为"2"，【行数】为"6"，单击【确定】按钮。

第3步 完成表格的插入，并在其中输入相关内容，效果如下图所示。

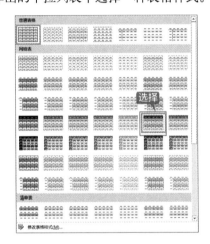

第4步 选择插入的表格，单击【设计】选项卡下【表格样式】组中的【其他】按钮，在弹出的下拉列表中选择一种表格样式。

第5步 应用表格样式后的效果如下图所示。

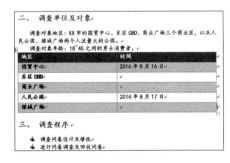

第6步 根据需要设置表格中的字体样式以及行高，效果如下图所示。

第7步 选择第 2 列第 2 行至第 4 行的单元格，并单击鼠标右键，在弹出的快捷菜单中选择【合并单元格】选项。

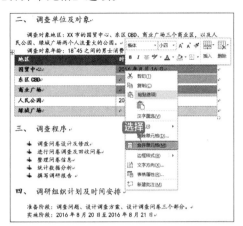

第8步 即可将选择的单元格区域合并，效果如下图所示。

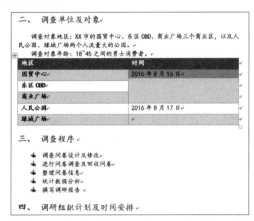

第9步 使用同样的方法，合并第 2 列第 5 行至第 6 行的单元格，效果如下图所示。

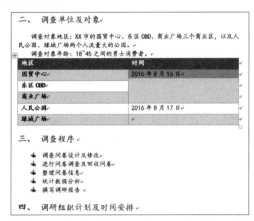

第10步 选择插入的表格，在【布局】选项卡下设置【对齐方式】为"水平居中"，效果如下图所示。

5. 插入图表

第1步 将鼠标光标放置在"调研结果"内容下方，按【Enter】键换行，单击【插入】选项卡下【插图】组中的【图表】按钮。

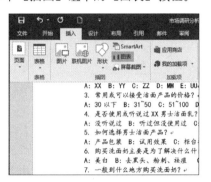

第2步 弹出【插入图表】对话框。选择"簇状柱形图"图表类型，单击【确定】按钮。

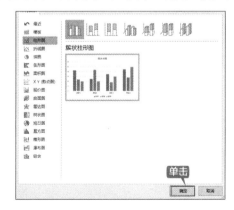

第3步 弹出【Microsoft Word 中的图表】工作簿。在其中输入如图所示的数据（可以打开随书光盘中的"素材 \ch15\ 调研结果 .xlsx"文件并复制其中的数据）。

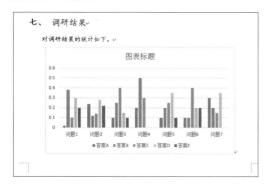

第4步 关闭【Microsoft Word 中的图表】工作簿，完成图表的插入。将图表居中对齐，效果如下图所示。

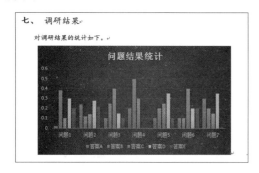

第5步 选择插入的图表，在【设计】选项卡下【图表样式】组中选择一种图表样式并输入图表标题"问题结果统计"，效果如下图所示。

第6步 选择插入的图表，单击【设计】选项卡下【图表布局】组中【添加图表元素】按钮的下拉按钮，在弹出的下拉列表中选择【数据标签】→【数据标签外】选项。

第7步 即可完成添加数据标签的操作。根据需要调整图表的大小，效果如下图所示。

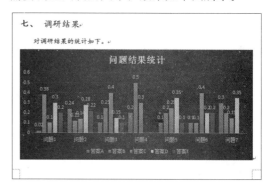

第8步 按【Ctrl+S】组合键保存制作完成的市场调研分析报告文档。最后效果如下图所示。

至此，就完成了市场调研分析报告文档的制作。

15.4 报价单

报价单的作用就是向询价企业汇报需购买商品的准确价格信息，以便让客户及时了解需购买商品的价格，以做好购买货款准备。

15.4.1 设计思路

报价单主要用于供应商给客户的报价，类似价格清单，是货物供应商根据询价单位的请求给出反馈的文档格式,需要清晰地表明询价单位询价的商品的单价、总价、发货方式、可发货日期、发票等详细信息，供询价单位参考。

此外，在报价单上方需要填写报价方和询价单位的基本信息，在报价单的底部需要有报价商家（单位或个人）的公章及签名等。

报价单主要包括以下几项内容。

（1）报价单位基本信息，如单位名称、联系人、联系电话等。

（2）询价单位的基本信息。

（3）询价商品的单价、总价、发货方式以及日期等信息。

（4）提示等内容，主要介绍报价事项、结算方式等需反馈给询价单位的信息。

（5）报价单位信息，最好加盖单位公章，增加可信度。

15.4.2 知识点应用分析

使用 Word 2016 制作报价单，主要涉及以下知识点。

（1）设置字体、字号。

（2）设置段落样式。

（3）绘制表格。

（4）插入自选图形并设置样式。

（5）设置表格样式。

（6）绘制文本框。

15.4.3 案例实战

制作报价单的具体操作步骤如下。

1. 输入基本信息

第1步 新建 Word 文档，并将其另存为"报价单 .docx"文件。

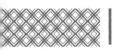

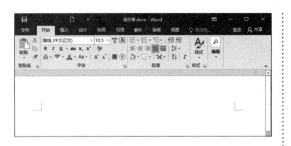

第2步 在文档中输入"报价单"文本，并设置其【字体】为"方正楷体简体"，【字号】为"小初"，并将其设置为【居中】显示。

第3步 选择输入的文本，并单击鼠标右键，在弹出的快捷菜单中选择【段落】选项。

第4步 弹出【段落】对话框，在【间距】组中设置其【段前】为"1行"，【段后】为"0.5行"，单击【确定】按钮。

第5步 即可看到设置段落样式后的效果。根据需要输入报价单位、询价单位的基本信息。可以打开随书光盘中的"素材 \ch15\ 报价单资料 .docx"文件，将第一部分内容复制到"报价单 .docx"文档中。

第6步 根据需要设置字体和字号及段落样式，效果如下图所示。

2. 制作表格

第1步 单击【插入】选项卡下【表格】选项组中【表格】按钮的下拉按钮，在弹出的下拉列表中选择【插入表格】选项。

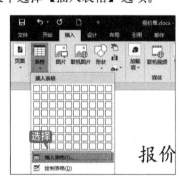

第2步 弹出【插入表格】对话框，设置【列数】为"6"，【行数】为"6"，单击【确定】按钮。

第 3 步 即可完成表格的插入。根据需要输入相关信息，如下图所示。

报价单

报价方：XX 电脑销售公司　　　询价方：XX 科技公司

联系人：王主任　　　　　　　联系人：李经理

联系电话：138****1111　　　　联系电话：138****2222

电子邮箱：wangzhuren@163.com　　电子邮箱：lijingli@163.com

设备名称	型号	数量	单位	单价	总价
打印机	A 型	3	台	1100	3300
台式电脑	B 型	20	台	4000	80000
扫描仪	C 型	3	台	1400	4200

第 4 步 选择最后一行，并单击鼠标右键，在弹出的快捷菜单中选择【插入】→【在下方插入行】选项。

第 5 步 即可在表格下方插入新的行，并输入相关信息。

报价单

报价方：XX 电脑销售公司　　　询价方：XX 科技公司

联系人：王主任　　　　　　　联系人：李经理

联系电话：138****1111　　　　联系电话：138****2222

电子邮箱：wangzhuren@163.com　　电子邮箱：lijingli@163.com

设备名称	型号	数量	单位	单价	总价
打印机	A 型	3	台	1100	3300
台式电脑	B 型	20	台	4000	80000
扫描仪	C 型	3	台	1400	4200
投影仪	E 型	2	台	5000	10000

第 6 步 选择最后一列，在表格最后插入新列，并输入相关内容。

报价方：XX 电脑销售公司　　　询价方：XX 科技公司

联系人：王主任　　　　　　　联系人：李经理

联系电话：138****1111　　　　联系电话：138****2222

电子邮箱：wangzhuren@163.com　　电子邮箱：lijingli@163.com

设备名称	型号	数量	单位	单价	总价	交货日期
打印机	A 型	3	台	1100	3300	可于 2016 年 6 月 25 日送货到贵公司
台式电脑	B 型	20	台	4000	80000	
扫描仪	C 型	3	台	1400	4200	
投影仪	E 型	2	台	5000	10000	
总计						
总计（大						

第 7 步 选择最后一列第 2 行至第 7 行的单元格，单击鼠标右键，在弹出的快捷菜单中选择【合并单元格】选项。

报价方：XX 电脑销售公司　　　询价方：XX 科技公司

联系人：王主任　　　　　　　联系人：李经理

联系电话：138****1111　　　　联系电话：138****2222

电子邮箱：wangzhuren@163.com　　电子邮箱：lijingli@1

设备名称	型号	数量	单位	单价	总价
打印机	A 型	3	台	1100	3300
台式电脑	B 型	20	台	4000	80000
扫描仪	C 型	3	台	1400	4200
投影仪	E 型	2	台	5000	10000
总计					
总计（大					

第 8 步 即可将选择的单元格合并。

报价方：XX 电脑销售公司　　　询价方：XX 科技公司

联系人：王主任　　　　　　　联系人：李经理

联系电话：138****1111　　　　联系电话：138****2222

电子邮箱：wangzhuren@163.com　　电子邮箱：lijingli@163.com

设备名称	型号	数量	单位	单价	总价	交货日期
打印机	A 型	3	台	1100	3300	可于 2016 年 6 月 25 日送货到贵公司
台式电脑	B 型	20	台	4000	80000	
扫描仪	C 型	3	台	1400	4200	
投影仪	E 型	2	台	5000	10000	
总计						
总计（大写）						

第 9 步 使用同样的方法合并其他需要合并的单元格。

报价方：XX 电脑销售公司　　　询价方：XX 科技公司

联系人：王主任　　　　　　　联系人：李经理

联系电话：138****1111　　　　联系电话：138****2222

电子邮箱：wangzhuren@163.com　　电子邮箱：lijingli@163.com

设备名称	型号	数量	单位	单价	总价	交货日期
打印机	A 型	3	台	1100	3300	可于 2016 年 6 月 25 日送货到贵公司
台式电脑	B 型	20	台	4000	80000	
扫描仪	C 型	3	台	1400	4200	
投影仪	E 型	2	台	5000	10000	
总计						
总计（大写）						

第 10 步 将鼠标光标定位至第 6 行第 2 列的单

元格中，单击【布局】选项卡下【数据】组中的【公式】按钮。

第 11 步 弹出【公式】对话框，在【公式】文本框中输入 "=SUM(ABOVE)"，SUM 函数可在【粘贴函数】下拉列表框中选择。在【编号格式】下拉列表框中选择【0】选项。

公式

公式(F):
=SUM(ABOVE)

编号格式(N):
0

粘贴函数(U):   粘贴书签(B):

确定   取消

| 提示 |

【公式】文本框：显示输入的公式。公式 "=SUM(ABOVE)"，表示对表格中所选单元格上面的数据求和。【编号格式】下拉列表框用于设置计算结果的数字格式。

第 12 步 各选项设置完毕后单击【确定】按钮，便可计算出结果。

报价单

报价方：XX 电脑销售公司   询价方：XX 科技公司

联系人：王主任   联系人：李经理

联系电话：138****1111   联系电话：138****2222

电子邮箱：wangzhuren@163.com   电子邮箱：lijingli@163.com

设备名称	型号	数量	单位	单价	总价	交货日期
打印机	A 型	3	台	1100	3300	可于 2016 年 6 月 25 日送货到贵公司
台式电脑	B 型	20	台	4000	80000	
扫描仪	C 型	3	台	1400	4200	
投影仪	E 型	2	台	5000	10000	
总计	97500					
总计（大写）						

第 13 步 在第 7 行第 2 列的单元格中输入 "97500" 的大写 "玖万柒仟伍佰元整"，效

果如下图所示。

报价单

报价方：XX 电脑销售公司   询价方：XX 科技公司

联系人：王主任   联系人：李经理

联系电话：138****1111   联系电话：138****2222

电子邮箱：wangzhuren@163.com   电子邮箱：lijingli@163.com

设备名称	型号	数量	单位	单价	总价	交货日期
打印机	A 型	3	台	1100	3300	可于 2016 年 6 月 25 日送货到贵公司
台式电脑	B 型	20	台	4000	80000	
扫描仪	C 型	3	台	1400	4200	
投影仪	E 型	2	台	5000	10000	
总计	97500					
总计（大写）	玖万柒仟伍佰元整					

第 14 步 根据需要调整表格的列宽和行高，并设置表格内字体的大小，将表格中内容居中显示。

报价单

报价方：XX 电脑销售公司   询价方：XX 科技公司

联系人：王主任   联系人：李经理

联系电话：138****1111   联系电话：138****2222

电子邮箱：wangzhuren@163.com   电子邮箱：lijingli@163.com

设备名称	型号	数量	单位	单价	总价	交货日期
打印机	A 型	3	台	1100	3300	可于 2016 年 6 月 25 日送货到贵公司
台式电脑	B 型	20	台	4000	80000	
扫描仪	C 型	3	台	1400	4200	
投影仪	E 型	2	台	5000	10000	
总计	97500					
总计（大写）	玖万柒仟伍佰元整					

---

3. 输入其他内容

第 1 步 将鼠标光标放在表格上方文本的最后，按【Enter】键换行。

第 2 步 单击【插入】选项卡下【插图】组中【形

状】按钮的下拉按钮，在弹出的下拉列表中选择【直线】形状。

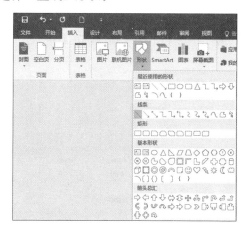

第3步 在鼠标光标所在位置绘制一条横线。

设备名称	型号	数量	单位	单价	总价	交货日期
打印机	A 型	3	台	1100	3300	可于 2016
台式电脑	B 型	20	台	4000	80000	年 6 月 25
扫描仪	C 型	3	台	1400	4200	日送货到贵
投影仪	E 型	2	台	5000	10000	公司
总计					97500	
总计（大写）				玖万柒仟伍佰元整		

第4步 选择绘制的横线，在【格式】选项卡下【形状样式】组中根据需要设置线条的形状轮廓、颜色以及粗细，效果如下图所示。

报价单

报价方：XX 电脑销售公司   询价方：XX 科技公司

联系人：王主任   联系人：李经理

联系电话：138****1111   联系电话：138****2222

电子邮箱：wangzhuren@163.com   电子邮箱：lijingli@163.com

设备名称	型号	数量	单位	单价	总价	交货日期
打印机	A 型	3	台	1100	3300	可于 2016
台式电脑	B 型	20	台	4000	80000	年 6 月 25
扫描仪	C 型	3	台	1400	4200	日送货到贵
投影仪	E 型	2	台	5000	10000	公司
总计					97500	
总计（大写）				玖万柒仟伍佰元整		

第5步 在横线下方输入"以下为贵公司询价产品明细，请详阅。如有疑问，请及时与我

司联系，谢谢！"文本，并根据需要设置字体样式。

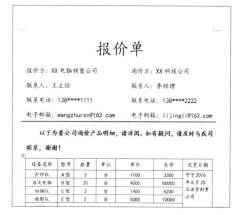

第6步 单击【插入】选项卡下【文本】选项组中【文本框】按钮的下拉按钮，在弹出的下拉列表中选择【绘制文本框】选项。

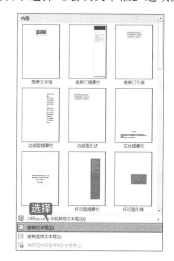

第7步 在表格下方绘制文本框，并将随书光盘中的"素材 \ch15\ 报价单资料 .docx"文件中表格下的"提示"内容复制到绘制的文本框内。

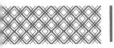

第8步 选择插入的文本框，单击【格式】选项卡下【形状样式】选项组中的【形状轮廓】按钮，在弹出的下拉列表中选择【无轮廓】选项。

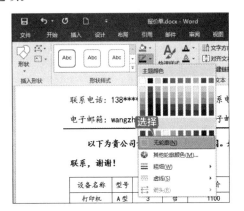

第9步 即可看到将文本框设置为"无轮廓"后的效果。根据需要设置文本框中字体的样式。

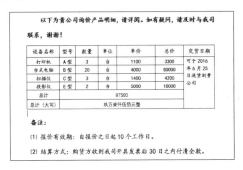

第10步 将随书光盘中的"素材 \ch15\ 报价单资料 .docx"文件中的其他内容复制到"询价单 .docx"文档最后的位置，并根据需要设置字体格式。

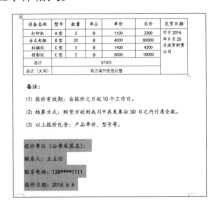

第11步 选择新输入的内容，并单击鼠标右键，在弹出的快捷菜单中选择【段落】选项。打开【段落】对话框，在【缩进】组中设置【左侧】为"15 字符"，单击【确定】按钮。

第12步 至此，就完成了报价单的制作，效果如下图所示。只需要将制作完成的文档反馈给询价单位即可。

高手秘籍篇

第**4**篇

通过本篇的学习，读者可以掌握 Word 文档的打印与共享、文档自动化处理、Word 与其他 Office 组件的协作及 Office 的跨平台应用——移动办公等操作。

第 16 章
Word 文档的打印与共享

本章导读

　　具备办公管理所需的知识与经验，能够熟练操作常用的办公器材，是十分必要的。打印机是自动化办公中不可缺少的组成部分，是重要的输出设备之一。本章主要介绍安装并设置打印机、打印文档、打印技巧、使用 OneDrive 共享文档等的方法。

思维导图

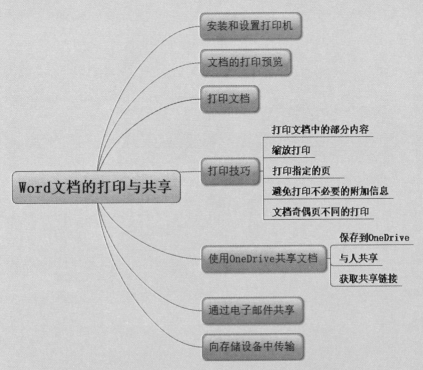

16.1 安装和设置打印机

连接打印机后，电脑如果没有检测到新硬件，可以通过安装打印机的驱动程序的方法添加局域网打印机。具体操作步骤如下。

第1步 在【开始】按钮上单击鼠标右键，在弹出的快捷菜单中选择【控制面板】选项，打开【控制面板】窗口，单击【硬件和声音】列表中的【查看设备和打印机】链接。

第2步 弹出【设备和打印机】窗口，单击【添加打印机】按钮。

第3步 即可打开【添加设备】对话框。系统会自动搜索网络内的可用打印机。选择搜索到的打印机名称，单击【下一步】按钮。

> **提示**
>
> 如果需要安装的打印机不在列表内，可单击下方的【我所需的打印机未列出】链接，在打开的【按其他选项查找打印机】对话框中选择其他的打印机。
>
>

第4步 将会弹出【添加设备】对话框，进行打印机连接。

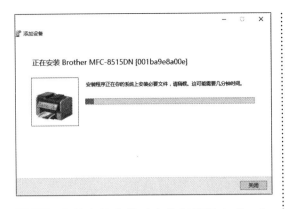

第5步 安装完毕会提示安装打印机完成。如需要打印测试页看打印机是否安装完成，单击【打印测试页】按钮，即可打印测试页。单击【完成】按钮，就完成了打印机的安装。

第6步 在【设备和打印机】窗口中，用户可以看到新添加的打印机。

提示

如果有驱动光盘，直接运行光盘，双击 Setup.exe 文件即可。

第7步 安装完成后，在【开始】按钮上单击鼠标右键，在弹出的快捷菜单中选择【控制面板】选项，打开【控制面板】窗口，单击【硬件和声音】列表中的【查看设备和打印机】链接。

第8步 弹出【设备和打印机】窗口。在要测试的打印机上单击鼠标右键，在弹出的快捷菜单中选择【设置为默认打印机】选项。选择后在打印机图标的右上角将显示一个图标，表示已将该打印机设置为默认打印机。设置完成后即可使用打印机打印文件。

16.2 文档的打印预览

在进行文档打印之前，最好先使用打印预览功能查看即将打印文档的效果，以免出现错误，浪费纸张。

第1步 打开随书光盘中的"素材 \ch16\ 培训资料 .docx"文档。

第2步 在打开的 Word 文档中，单击【文件】选项卡，在弹出的界面左侧选择【打印】选项，在右侧即可显示打印预览效果。

16.3 打印文档

用户在打印预览中对所打印文档的效果感到满意时，就可以对文档进行打印。其方法很简单，具体的操作步骤如下。

第1步 在打开的"培训资料 .docx"文档中，单击【文件】选项卡，在弹出的界面左侧选择【打印】选项，在右侧【打印机】下拉列表中选择打印机。

第2步 在【设置】组中单击【打印所有页】后的下拉按钮，在弹出的下拉列表中选择【打印所有页】选项。

第3步 在【份数】微调框中设置需要打印的份数，如这里输入"3"，单击【打印】按钮即可打印当前文档。

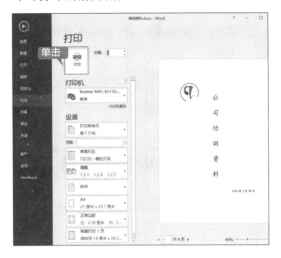

16.4 打印技巧

打印 Word 文档时不仅可以打印当前的文档，还可以利用一些小技巧打印文档中的部分内容，如设置缩放打印、打印指定页面、在一张纸上打印多张页面、避免打印不必要的附加信息、文档奇偶页不同打印等。

16.4.1 打印文档中的部分内容

打印文档时，可以选择打印文档中的部分内容，避免不重要的内容浪费纸张。具体操作步骤如下。

第1步 在打开的"培训资料.docx"文档中，单击【返回】按钮返回文档编辑界面，选择要打印的文档内容。

第2步 选择【文件】选项卡，在弹出的列表中选择【打印】选项，在右侧【设置】区域选择【打印所有页】选项，在弹出的快捷菜单中选择【打印所选内容】选项。

第3步 设置要打印的份数，单击【打印】按钮 ，即可进行打印。

> **提示**
>
> 打印后，就可以看到只打印出了所选择的文本内容

16.4.2 缩放打印

打印 Word 文档时，可以将多个页面上的内容缩放到一页上打印。具体操作步骤如下。

第1步 在打开的"培训资料.docx"文档中，单击【文件】选项卡，在弹出的界面左侧选择【打印】选项，进入打印预览界面。

第2步 在【设置】区域单击【每版打印1页】按钮后的下拉按钮，在弹出的下拉列表中选择【每版打印8页】选项，然后设置打印份数，单击【打印】按钮，即可将8页的内容缩放到一页上打印。

16.4.3 打印指定的页

在 Word 2016 中打印文档时，可以打印指定页面，这些页面可以是连续的，也可以是不连续的。具体操作步骤如下。

第1步 在打开的文档中，选择【文件】选项卡，在弹出的列表中选择【打印】选项，在右侧【设置】区域选择【打印所有页】选项，在弹出的快捷菜单中选择【自定义打印范围】选项。

第2步 在下方的【页数】文本框中输入要打

印的页码，并设置要打印的份数，单击【打印】按钮即可进行打印。

> **提示**
>
> 连续页码可以使用英文半角连接符，不连续的页码可以使用英文半角逗号分隔。

16.4.4 避免打印不必要的附加信息

对 Word 文档进行打印时，用户可以设置不必要的附加信息不显示出来，如域代码。具体操作步骤如下。

第1步 打开随书光盘中的"素材 \ch16\ 培训资料 .docx"文件，单击【开始】选项卡，在弹出的下拉列表中单击【选项】选项。

第2步 弹出【Word 选项】对话框，单击【高级】选项，在右侧的【打印】区域取消选中【打印域代码而非域值】复选框，单击【确定】按钮，即可在打印时避免打印该选项。

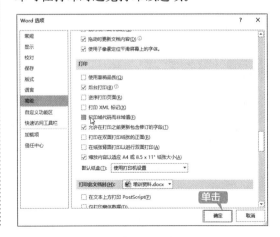

16.4.5 文档奇偶页不同的打印

在 Word 2016 中，打印文档的奇偶页时，可以使奇偶页进行双面打印。具体操作步骤如下。

第 1 步 在打开的"培训资料 .docx"文档中，单击【文件】选项卡，在弹出的界面左侧选择【打印】选项，进入打印预览界面。

第 2 步 在【设置】区域单击【单面打印】右侧的下拉按钮，在弹出的下拉列表中单击【双面打印】选项，即可完成文档奇偶页不同的打印设置。

16.5 使用 OneDrive 共享文档

用户可以使用 OneDrive 把自己的个人文档放在网络或其他存储设备中，以便随时在有互联网的情况下查看和编辑文档，或与别人共享文档。

16.5.1 保存到 OneDrive

Word 2016 用户可以把文档资料保存在 OneDrive 上，不仅可使自己的文档随写随存，也可以提高工作效率。

第 1 步 打开 Word 2016 软件，单击【文件】选项卡，进入后台设置对话框面板。

第2步 有两种方法可以找到【添加位置】服务。一种是单击【打开】选项，另一种是单击【账户】选项。这里我们单击【打开】选项。

第3步 单击【打开】区域的"OneDrive"，然后在右侧单击【登录】按钮。

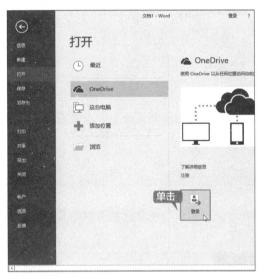

第4步 弹出【登录】对话框。在文本框中输入电子邮件地址，单击【下一步】按钮。

第5步 弹出【登录】对话框。在【密码】文本框中输入账户密码后单击【登录】按钮，即可登录 OneDrive – 个人。

第6步 这个时候可以看到单击【打开】命令时，已经多了新添加的网盘位置，可以非常方便地打开云端 OneDrive 上的文件或者保存文件到云端 OneDrive 上。

16.5.2 与人共享

可以使用 Word 2016 将制作完成的文档以保存到云盘的形式与他人共享，具体操作步骤如下。

第1步 单击【文件】选项卡，在弹出的下拉列表中单击【共享】选项，然后在【与人共享】区域中单击【保存到云】按钮。

第2步 切换至【另存为】选项。在右侧单击"OneDrive－个人"文件夹。

第3步 弹出【另存为】对话框。自动打开保存位置，设置【文件名】为"共享链接"，单击【保存】按钮。

第4步 返回文档后，单击【与人共享】按钮。

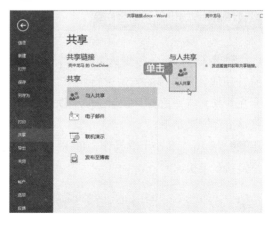

第5步 弹出【共享】窗格，单击【在通讯簿中搜索联系人】按钮。

第6步 弹出【通讯簿：全局地址列表】对话框，选择要分享的联系人，然后单击【收件人】按钮，设置与该联系人共享。

第7步 单击【确定】按钮，即可在【共享】窗格中添加邀请人员，然后单击【共享】按钮。

第8步 在【共享】窗格中即可看到共享用户。

16.5.3 获取共享链接

　　使用 OneDrive 与别人共享时，还可以通过获取共享链接的方法进行共享，这就需要在共享之前先把文件保存在 OneDrive 上。具体操作步骤如下。

第1步 接 16.5.2 小节的操作，单击【获取共享链接】链接。

第2步 在【共享】窗格中单击【创建编辑链接】按钮，即可创建允许共享用户编辑文档的链接。

第3步 在出现的【编辑链接】右侧单击【复制】按钮，即可复制该链接，把链接发送至联系人即可。

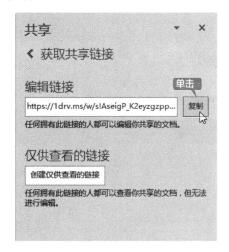

16.6 通过电子邮件共享

　　Word 2016 可以通过发送到电子邮件的方式进行共享，发送到电子邮件主要有【作为附件发送】【发送链接】【以 PDF 形式发送】【以 XPS 形式发送】和【以 Internet 传真形式发送】5 种形式。本节介绍以附件形式进行邮件发送，具体操作步骤如下。

第1步 使用 Word 2016 打开 Word 文档，选择【文件】→【共享】选项，然后单击【电子邮件】选项，接着在右侧单击【作为附件发送】选项。

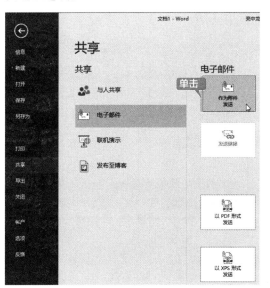

第2步 Outlook 2016会自动启动。在【收件人】中输入收件人邮箱地址和邮件内容，再单击【发送】按钮，即可将该文档以附件的形式发送到指定收件人的邮箱中。

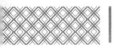

16.7 向存储设备中传输

用户可以将 Word 2016 文档传输到 U 盘等存储设备中，具体的操作步骤如下。

第1步 将存储设备 U 盘插入电脑的 USB 接口中，打开随书光盘中的"素材 \ch16\ 培训资料．docx"文件。

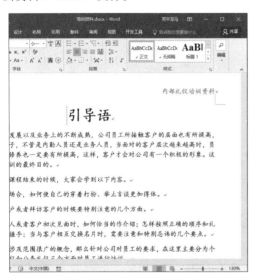

第2步 单击【文件】选项卡，在打开的列表中选择【另存为】选项，在【另存为】区域选择【这台电脑】选项，然后单击【浏览】按钮。

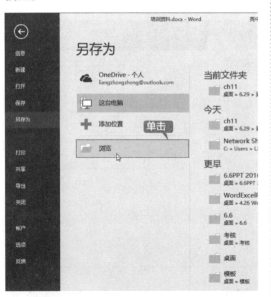

第3步 弹出【另存为】对话框，选择文档的存储位置为存储设备，单击【保存】按钮。

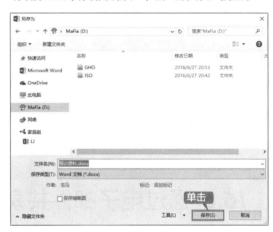

第4步 打开存储设备，即可看到保存的文档。

提示

通过复制该文档，再打开存储设备进行粘贴，也可以将文档传输到存储设备中。本例中的存储设备为 U 盘。如果使用其他存储设备，其操作过程类似，这里不再赘述。

打印会议签到表

会议签到表是记录会议参加人的一种表格，其内容包括会议主题、会议时间、会议地点、会议主持以及会议参加人的签字，还包括会议内容纪要、会议记录等内容。使用会议签到表可以清楚了解会议的主要内容，并掌握与会人员的具体情况。

1. 插入页码

打开随书光盘中的"素材 \ch16\ 会议签到表 .docx"文档，然后为文档设置页眉、页脚和页码。

2. 设置页边距

在【页面设置】对话框中，设置页边距【上】【下】为"1.4 厘米"，【左】【右】为"1.7 厘米"。

3. 设置页眉与页脚

在【页面设置】对话框【版式】选项卡下设置【页眉和页脚】为"奇偶页不同"。

4. 打印文档

在【文件】选项卡下单击【打印】选项，并设置"双面打印"，设置【缩放打印】为"每版打印两页"，单击【打印】按钮，即可打印文档。

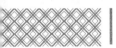

◇ 节省办公耗材——双面打印

打印文档时，可以将文档在纸张上双面打印，节省办公耗材。设置双面打印文档的具体操作步骤如下。

第1步 在打开的"培训资料 .docx"文档中，单击【文件】选项卡，在弹出的界面左侧选择【打印】选项，显示打印预览界面。

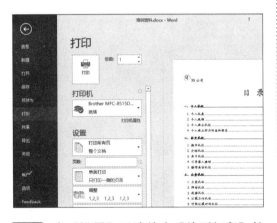

第2步 在【设置】区域单击【单面打印】按钮后的下拉按钮，在弹出的下拉列表中选择【双面打印】选项，然后选择打印机并设置打印份数，单击【打印】按钮即可双面打印当前文档。

> **┃提示┃**
>
> 双面打印包含"翻转长边的页面"和"翻转短边的页面"两个选项，选择"翻转长边的页面"选项，打印后的文档便于按长边翻阅；选择"翻转短边的页面"选项，打印后的文档便于按短边翻阅。

◇ 打印电脑中未打开的文档

在 Windows 10 中，可以不打开 Word 文档，对文档直接打印。选中要打印的文档并单击鼠标右键，在弹出的菜单列表中单击【打印】选项，即可自动打开该文档，并进行打印处理，打印添加完成后会自动关闭文档。

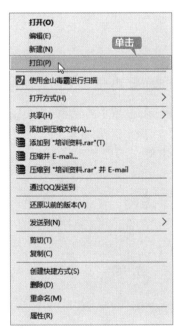

第17章
文档自动化处理

本章导读

使用 Word 时，有时需要重复进行某项工作，此时可以将一系列的命令和指令组合到一起，形成新的命令，以实现任务执行的自动化。本章主要通过介绍宏与 VBA 的使用、域的使用以及邮件合并等内容系统阐述文档自动化处理的操作。

思维导图

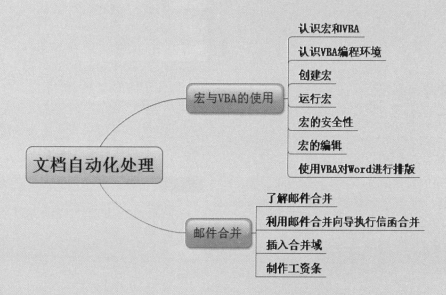

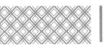

17.1 宏与 VBA 的使用

宏的用途非常广泛，其中最典型的应用就是可将多个选项组合成一个选项的集合， Visual Basic for Applications（VBA）是 Visual Basic 的一种宏语言。本节就来介绍宏与 VBA 在 Word 中的使用。

17.1.1 认识宏和 VBA

在使用宏和 VBA 之前，首先需要认识宏和 VBA。

1. 宏的定义

宏是由一系列的菜单选项和操作指令组成的、用来完成特定任务的指令集合。Visual Basic for Applications（VBA） 是 一 种 基 于 Visual Basic 的宏语言。实际上宏是一个 Visual Basic 程序，这条命令可以是文档编辑中的任意操作或操作的任意组合。无论以何种方式创建的宏，最终都可以转换为 Visual Basic 的代码形式。

如果在 Office 办公软件中重复进行某项工作，可用宏使其自动执行。宏将一系列的命令和指令组合在一起，形成一个命令，以实现任务执行的自动化。用户可以创建并执行一个宏，以替代人工进行一系列费时而重复的操作。

2. 什么是 VBA

VBA 是 Visual Basic for Applications 的缩写，它是 Microsoft 公司在其 Office 套件中内嵌的一种应用程序开发工具。VBA 与 VB 具有相似的语言结构和开发环境，主要用于编写 Office 对象（如窗口、控件等）的时间过程，也可以用于编写位于模块中的通用过程。但是，VBA 程序保存在 Office 2016 文档内，无法脱离 Office 应用环境而独立运行。

3. VBA 与宏的关系

在 Microsoft Office 中，使用宏可以完成许多任务，但是有些工作却需要使用 VBA 而不是宏来完成。

VBA 是一种应用程序自动化语言。所谓应用程序自动化，是指通过脚本让应用程序自动化完成一些工作，如设置文本字体样式或段落样式、打开文档、关闭文档等，使宏完成这些工作的正是 VBA 。

VBA 子过程总是以关键字 Sub 开始的，接下来是宏的名称（每个宏都必须有一个唯一的名称），然后是一对括号，End Sub 语句标志着过程的结束，中间包含该过程的代码。

宏有两个方面的好处：一是在录制好的宏基础上直接修改代码，可以减轻工作量；二是在 VBA 编写中碰到问题时，从宏的代码中可以学习解决方法。

但宏的缺陷就是不够灵活，为了使数据库易于维护，我们在碰到这些情况时，应尽量使用 VBA 来解决：使用内置函数或自行创建函数、处理错误消息等。

4. VBA 与宏的用途及注意事项

使用 VBA 和宏的主要作用就是将一系列命令集合到一起，在 Office 中可以加速日常编辑或格式的设置，使一系列复杂的任务得以自动执行，从而简化操作。

（1）可以摆脱乏味的多次重复性操作。

（2）将多步操作整合到一起，成为一个命令集合，一次性完成多步操作。

（3）让 Office 自动化操作取代人工操作。

（4）增强 Office 程序的易用性，帮助用户轻松实现想要完成的任务。

使用 VBA 和宏时需要注意以下几点。

（1）使用宏时要设置宏的安全性，防止宏病毒。

（2）录制宏后可以在 VBE 编辑器中编辑代码，使代码简化。

17.1.2 认识 VBA 编程环境

Visual Basic 窗口就是编写 VBA 程序的地方，可以直接在 Visual Basic 窗口通过输入代码创建宏。在使用 VBA 编写程序之前，首先了解一下 VBA 的编程环境。

1. 打开 VBA 编辑器

在 Word 2016 中打开 VBA 编辑器有 2 种方法。

方法 1：单击【Visual Basic】按钮。

第 1 步 在 Word 2016 功能区的任意空白处单击鼠标右键，在弹出的快捷菜单中选择【自定义功能区】选项。

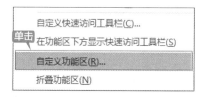

第 2 步 在弹出的【Word 选项】对话框中单击选中【自定义功能区】列表框中的【开发工具】复选框。单击【确定】按钮，关闭对话框。

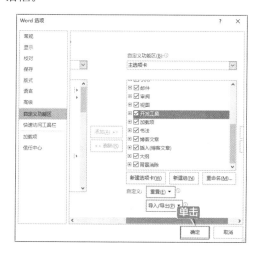

第 3 步 即可在 Word 2016 界面显示【开发工具】选项卡。单击【开发工具】选项卡下【代码】选项组中的【Visual Basic】按钮。

第 4 步 即可打开 VBA 编辑器。

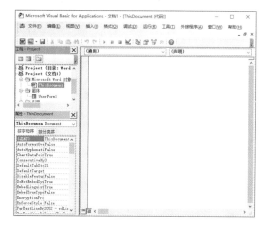

方法 2：使用快捷键。

按【Alt+F11】组合键即可打开 VBA 编辑器。

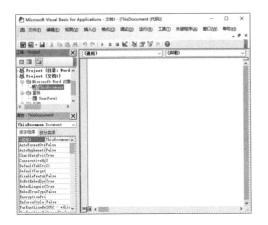

2. VBA 编辑器主窗口

进入 VBA 编辑器后，首先看到的就是 VBA 编辑器的主窗口，主窗口通常由【菜单栏】【工具栏】【工程资源管理器】【属性窗口】和【代码窗口】组成。

（1）菜单栏。

VBA 的【菜单栏】包含了 VBA 中各种组件的命令。单击相应的命令按钮，在其下拉列表中可以选择要执行的命令，如单击【插入】命令按钮，即可调用【插入】的子菜单命令。

（2）工具栏。

默认情况下，工具栏位于菜单栏的下方，显示各种快捷操作工具。

（3）工程资源管理器。

在【工程 –VBAProject】窗口中可以看到所有打开的 Word 工作簿和已加载的加载宏。【工程 –VBAProject】窗口中最多可以显示工程里的 4 类对象，即 Microsoft Word 对象（包括 Sheet 对象和 ThisWorkbook 对象）、窗体对象、模块对象和类模块对象。如果关闭了【工程 –VBAProject】窗口，需要时可以单击【视图】菜单栏中的【工程资源管理器】菜单命令或者直接使用组合键【Ctrl+R】，重新调出【工程 –VBAProject】窗口。

（4）属性窗口。

属性窗口位于【工程资源管理器】的下方，列出了所选对象的属性及其当前设置。当选定多个控件时，属性窗口则包含全部已选定控件的属性设置，可以分别切换到【按字母序】或【按分类序】选项卡查看控件的属性，也可以在属性窗口中编辑对象的属性。使用快捷键【F4】可以快速调用属性窗口。

（5）代码窗口。

代码窗口是编辑和显示 VBA 代码的地方，由对象列表框、过程列表框、代码编辑区、过程分隔线和视图按钮组成。

3. 立即窗口

从菜单栏中执行【视图】→【立即窗口】菜单命令，或者按【Ctrl+G】组合键，都可以快速打开立即窗口。在【立即窗口】中输入一行代码，按【Enter】键即可执行该代码。如输入"Debug.Print 3 + 15"后，按【Enter】键，即可得到结果"18"。

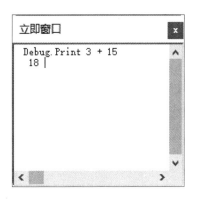

4. 本地窗口

从菜单栏中执行【试图】→【本地窗口】菜单命令，即可打开【本地窗口】，【本地窗口】主要是为调试和运行应用程序提供的，用户可以在这些窗口中看到程序运行中的错误点或某些特定的数据值。

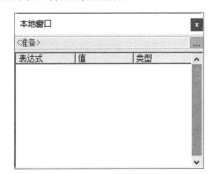

17.1.3 创建宏

宏的用途非常广泛，其中最典型的应用是将多个选项组合成一个选项的集合，以加速日常编辑或格式的设置，使一系列复杂的任务得以自动执行，从而简化所做的操作。本节主要介绍如何录制宏和使用 Visual Basic 创建宏。

1. 录制宏

执行录制宏命令后，在 Word 2016 中进行的任何操作都能记录在宏中，可以通过录制的方法来创建"宏"。具体操作步骤如下。

第1步 打开随书光盘中的"素材 \ch17\ 宏与 VBA.docx"文档，选择"录制宏"文本，单击【开发工具】选项卡下【代码】组中的【录制宏】按钮 录制宏。

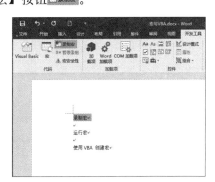

第2步 弹出【录制宏】对话框，在此对话框中可设置宏的名称、宏的保存位置、说明等，这里设置【宏名】为"录制新宏"，然后单击【确定】按钮。

第3步 此时即处于录制宏的状态，对所选文本进行的各项操作都会被记录下来，设置【字体】为"楷体"，【字号】为"24"，并添加【加粗】效果。

第4步 录制完成，单击【开发工具】选项卡下【代码】组中的【停止录制】按钮，就完成了录制宏的操作。

2. 使用 VBA 创建宏

除了使用录制的方法创建宏外，还可以直接使用 VBA 创建宏。具体操作步骤如下。

第1步 在打开的"宏与 VBA.docm"素材文件中，单击【开发工具】选项卡下【代码】选项组中的【Visual Basic】按钮。

第2步 打开【Visual Basic】窗口，选择【插入】→【模块】选项。

第3步 弹出【模块 1】窗口，将需要设置的代码（素材 \ch17\15.1.txt）输入或复制到【模块 1】窗口中。

第 4 步　编写完宏后，选择【文件】→【保存宏与 VBA】选项，然后关闭 VBA 窗口。

17.1.4　运行宏

　　宏的运行是执行宏命令并在屏幕上显示运行结果的过程。在运行一个宏之前，首先要明确这个宏将进行什么样的操作。运行宏有多种方法。

1. 使用宏对话框运行

　　在【宏】对话框中运行宏是较常用的一种方法。使用【宏】对话框运行宏的具体操作步骤如下。

第 1 步　在打开的"宏与 VBA.docm"文件中，选择"运行宏"文本。

第 2 步　单击【开发工具】选项卡下【代码】选项组中的【宏】按钮，弹出【宏】对话框，在【宏的位置】下拉列表框中选择【所有的活动模板和文档】选项。

第 3 步　在【宏名】列表框中选择要执行的宏"录制新宏"，单击【运行】按钮执行宏命令。

第4步 即可看到对所选择内容执行宏命令后的效果。

2. 使用 VBA 窗口运行宏

使用 VBA 编辑器创建宏后，可以直接在 VBA 编辑窗口中运行宏。具体操作步骤如下。

第1步 在打开的"宏与 VBA.docm"文件中，选择"使用 VBA 创建宏"文本，并在 VBA 窗口中执行【运行】→【运行子过程／用户窗体】选项或者按【F5】键。

第2步 即可运行使用 VBA 窗口创建的宏。运行后效果如下图所示。

3. 单步运行宏

单步运行宏的具体操作步骤如下。

第1步 打开【宏】对话框，在【宏名】列表框中选择宏命令，单击【单步执行】按钮。

第2步 弹出编辑窗口，选择【调试】→【逐语句】选项，或者按【F8】键执行单步运行宏。

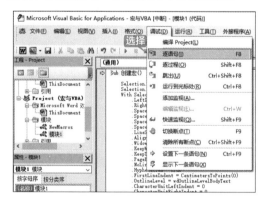

17.1.5 宏的安全性

宏在为用户带来方便的同时，也带来了潜在的安全风险，因此，掌握宏的安全设置就可以帮助用户有效地降低使用宏的安全风险。

1. 宏的安全作用

宏语言是一类编程语言，其全部或多数计算是由扩展宏完成的。宏语言并未在通用编程中广泛使用，但在文本处理程序中应用普遍。

宏病毒是一种寄存在文档或模板的宏中的计算机病毒。一旦打开这样的文档，其中的宏就会被执行，于是宏病毒就会被激活，转移到计算机上，并驻留在 Normal 模板上。从此以后，所有自动保存的文档都会"感染"上这种宏病毒，而且如果其他用户打开了感染病毒的文档，宏病毒又会转移到他的计算机上。

因此，设置宏的安全是十分必要的。

2. 修改宏的安全级

为保护系统和文件，请不要启用来源未知的宏。如果有选择地启用或禁用宏，并能够访问需要的宏，可以将宏的安全性设置为"中"。这样，在打开包含宏的文件时，就可以选择启用或禁用宏，同时能运行任何选定的宏。

第 1 步 单击【开发工具】选项卡下【代码】组中的【宏安全性】按钮。

第 2 步 弹出【信任中心】对话框，单击选中【禁用所有宏，并发出通知】单选项，单击【确定】按钮即可。

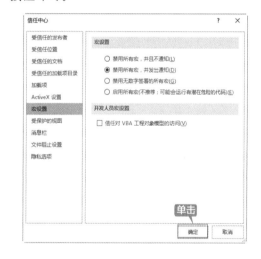

17.1.6 宏的编辑

无论是使用录制的方法创建的宏还是直接在 VBA 中输入的宏代码，都可以根据需要进行编辑。具体操作步骤如下。

第 1 步 在打开的"宏与 VBA.docx"文件中，单击【开发工具】选项卡下【代码】选项组中的【宏】按钮。

第2步 弹出【宏】对话框，选择要编辑的宏名称。这里选择"录制新宏"，单击【编辑】按钮。

第3步 打开 VBA 编辑窗口，并显示录制的宏代码。

第4步 将【字体】更改为"华文行楷"，【字号】更改为"26"。

第5步 选择要修改样式的文本内容，并执行修改后的宏。

第6步 编辑宏并执行宏命令后的效果如下图所示。

17.1.7 使用 VBA 对 Word 进行排版

使用 VBA 可以方便地对 Word 进行排版。特别是在版式重复时，使用 VBA 可以节省大量的时间。

1. 创建 VBA 代码

第1步 打开随书光盘中的"素材 \ch17\Word 排版 .docx"文件，单击【开发工具】选项卡下【代码】选项组中的【宏】按钮。

第2步 弹出【宏】对话框，在【宏名】文本框中输入"设置标题"，单击【创建】按钮。

第3步 弹出 VBA 编辑窗口，输入下面的代码（素材 \ch17\17.1.txt）。

```
Selection.Font.Name = "华文楷体"
Selection.Font.Size = 22
With Selection.ParagraphFormat
    .LeftIndent = CentimetersToPoints(0)
    .RightIndent = CentimetersToPoints(0)
    .SpaceBefore = 2.5
    .SpaceBeforeAuto = False
    .SpaceAfter = 2.5
    .SpaceAfterAuto = False
    .LineSpacingRule = wdLineSpaceSingle
    .Alignment = wdAlignParagraphJustify
    .WidowControl = False
    .KeepWithNext = False
```

```
    .KeepTogether = False
    .PageBreakBefore = False
    .NoLineNumber = False
    .Hyphenation = True
    .FirstLineIndent = CentimetersToPoints(0)
    .OutlineLevel = wdOutlineLevelBodyText
    .CharacterUnitLeftIndent = 0
    .CharacterUnitRightIndent = 0
    .CharacterUnitFirstLineIndent = 0
    .LineUnitBefore = 0.5
    .LineUnitAfter = 0.5
    .MirrorIndents = False
    .TextboxTightWrap = wdTightNone
    .CollapsedByDefault = False
    .AutoAdjustRightIndent = True
    .DisableLineHeightGrid = False
    .FarEastLineBreakControl = True
    .WordWrap = True
    .HangingPunctuation = True
        .HalfWidthPunctuationOnTopOfLine = False
        .AddSpaceBetweenFarEastAndAlpha = True
        .AddSpaceBetweenFarEastAndDigit = True
        .BaseLineAlignment = wdBaselineAlignAuto
    End With
```

第4步 再次单击【开发工具】选项卡下【代码】选项组中的【宏】按钮，弹出【宏】对话框，在【宏名】文本框中输入"设置正文"，单击【创建】按钮。

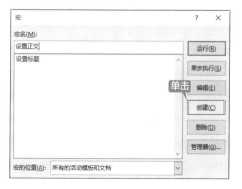

第5步 弹出 VBA 编辑窗口，输入下面的代码（素材 \ch17\17.2.txt）。

```
Selection.Font.Name = " 华文楷体 "
Selection.Font.Size = 20
With Selection.ParagraphFormat
    .LeftIndent = CentimetersToPoints(0)
    .RightIndent = CentimetersToPoints(0)
    .SpaceBefore = 0
    .SpaceBeforeAuto = False
    .SpaceAfter = 0
    .SpaceAfterAuto = False
    .LineSpacingRule = wdLineSpace1pt5
    .Alignment = wdAlignParagraphJustify
    .WidowControl = False
    .KeepWithNext = False
    .KeepTogether = False
    .PageBreakBefore = False
    .NoLineNumber = False
    .Hyphenation = True
        .FirstLineIndent = CentimetersToPoints
(0.35)
    .OutlineLevel = wdOutlineLevelBodyText
    .CharacterUnitLeftIndent = 0
    .CharacterUnitRightIndent = 0
    .CharacterUnitFirstLineIndent = 2
    .LineUnitBefore = 0
    .LineUnitAfter = 0
    .MirrorIndents = False
    .TextboxTightWrap = wdTightNone
    .CollapsedByDefault = False
    .AutoAdjustRightIndent = True
    .DisableLineHeightGrid = False
    .FarEastLineBreakControl = True
    .WordWrap = True
    .HangingPunctuation = True
        .HalfWidthPunctuationOnTopOfLine =
False
        .AddSpaceBetweenFarEastAndAlpha =
True
        .AddSpaceBetweenFarEastAndDigit =
True
```

```
    .BaseLineAlignment = wdBaselineAlign
Auto
    End With
```

第6步 再次单击【开发工具】选项卡下【代码】选项组中的【宏】按钮，弹出【宏】对话框，在【宏名】文本框中输入"设置表格"，单击【创建】按钮。

第7步 弹出 VBA 编辑窗口，输入下面的代码（素材 \ch17\17.3.txt）。

```
Selection.Tables(1).Select
    myRows = Selection.Rows.Count
Selection.Rows(1).Select
    Selection.Font.Name = " 黑体 "
    Selection.Font.Name = "Times New Roman"
    Selection.Font.Size = 11
    Selection.Font.Bold = False
With Selection.Cells
With .Shading
        .BackgroundPatternColor =
wdColorGray15
    End With
    End With
        Selection.ParagraphFormat.Alignment =
wdAlignParagraphCenter
Selection.Tables(1).Rows(2).Select
    Selection.MoveDown Unit:=wdLine,
Count:=myRows - 2, Extend:=wdExtend
```

```
Selection.Font.Name = " 宋体 "
Selection.Font.Name = "Times New Roman"
Selection.Font.Size = 10
Selection.MoveDown Unit:=wdLine,
Count:=1
```

2. 运行宏

第1步 选择"1. 长江路店"文本，在【宏】对话框中选择"设置标题"选项，然后单击【运行】按钮。

第2步 即可看到设置标题后的效果。

第3步 选择标题下的文字，在【宏】对话框中选择"设置正文"选项，然后单击【运行】按钮。

第4步 即可看到设置正文版式后的效果。

第5步 选择第1个表格，在【宏】对话框中选择"设置表格"选项，然后单击【运行】按钮。

第6步 即可看到设置表格版式后的效果。

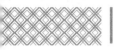

XX 公司各店销售情况

1. 长江路店

长江路店在近 6 个月的销售中处于平稳上升的趋势，各类家电产品销售数量稳居各分店首位，下表所示为长江路店详细销售情况。

序号	产品	销量（台）
1	空调	1252
2	冰箱	902
3	洗衣机	1542
4	电视	756
5	热水器	889
6	电饭煲	2514
7	电饼铛	1870

2. 黄河路店

黄河路店近 6 个月的销售情况不理想，各类家电产品销售数量均不高，空调销售位居各分店末位，下表所示为黄河路店详细销售情况。

序号	产品	销量（台）
1	空调	653
2	冰箱	890
3	洗衣机	1008

XX 公司各店销售情况

1. 长江路店

长江路店在近 6 个月的销售中处于平稳上升的趋势，各类家电产品销售数量稳居各分店首位，下表所示为长江路店详细销售情况。

序号	产品	销量（台）
1.	空调	1252
2.	冰箱	902
3.	洗衣机	1542
4.	电视	756
5.	热水器	889
6.	电饭煲	2514
7.	电饼铛	1870

2. 黄河路店

黄河路店近 6 个月的销售情况不理想，各类家电产品销售数量均不高，空调销售信息居各分店末位，下表所示为黄河路店详细销售情况。

序号	产品	销量（台）
1.	空调	653
2.	冰箱	890
3.	洗衣机	1008
4.	电视	504
5.	热水器	780
6.	电饭煲	1800
7.	电饼铛	980

第 7 步 使用同样的方法可以为其他内容设置版式。

17.2 邮件合并

使用邮件合并功能自动化处理文档，可以减少大量重复性的工作，节约时间，提高用户的工作效率。

17.2.1 了解邮件合并

如果要处理文件的主要内容相同，只是具体数据有变化，可以使用 Word 2016 提供的邮件合并功能处理这些文档，只修改少数不同内容，不改变相同部分内容。不仅操作简单，而且还可以设置各种格式，方便打印，还能满足不同客户的不同需求。

使用邮件合并功能，首先需要建立两个文档，一个包括所有文件共有内容的主 Word 文档（比如未填写的信封等）和一个包括变化信息的数据源（填写的收件人、发件人、邮编等），然后使用邮件合并功能在主文档中插入变化的信息，合成文件后，用户可以将其保存为 Word 文档打印出来，也可以以邮件形式发送出去。

邮件合并功能主要用于以下几类文档的处理。

（1）批量打印信封。按照统一的格式，将电子表格中的邮编、收件人地址和收件人姓名打印出来。

（2）批量打印信件。主要从电子表格中调用收件人，更换称呼，信件内容固定不变。

（3）批量打印请柬。主要从电子表格中调用收件人，更换称呼，请柬内容固定不变。

（4）批量打印工资条。从电子表格调用工资相关数据。

（5）批量打印个人简历。从电子表格中调用不同字段数据，每人一页，对应不同信息。

（6）批量打印学生成绩单。从电子表格中取出个人信息，与打印工资条类似，但需要设置

评语字段，编写不同评语。

（7）批量打印各类获奖证书。在电子表格中设置姓名、获奖名称和等级。

（8）批量打印准考证、明信片、信封等个人报表。

总之，只要有一个标准的二维数表数据源（电子表格、数据库）和一个主文档，就可以使用 Word 2016 提供的邮件合并功能，方便地将每一项在不同的页显示并打印出来。

17.2.2 利用邮件合并向导执行信函合并

通过邮件合并功能可以批量制作信函，节省大量重复的工作。下面就介绍使用邮件合并分步向导执行信函合并的具体操作步骤。

第1步 执行信函合并，首先需要有一个包含数据源的文档，及一个主文档。打开随书光盘中的"素材\ch17\邀请函.docx"主文档文件。

第2步 单击【邮件】选项卡下【开始邮件合并】组中【开始邮件合并】按钮的下拉按钮，在弹出的下拉列表中选择【邮件合并分步向导】选项。

第3步 弹出【邮件合并】窗格，单击选中【信函】单选项，单击【下一步：开始文档】按钮。

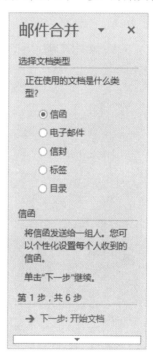

第4步 在【第2步，共6步】界面中单击选中【使用当前文档】单选项，并单击【下一步：选择收件人】按钮。

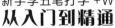
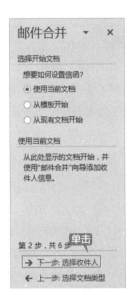

第5步 在【第3步，共6步】界面中单击选中【使用现有列表】单选项，并单击【浏览】按钮。

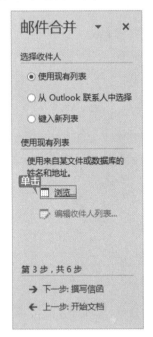

第6步 弹出【选取数据源】对话框，选择数据源，这里选择随书光盘中的"素材 \ch17\ 客户联系地址 .xlsx"数据源文件，单击【打开】按钮。

第7步 弹出【选择表格】对话框，选择【客户地址】选项，单击【确定】按钮。

第8步 弹出【邮件合并收件人】对话框，直接单击【确定】按钮。

第9步 返回【第3步，共6步】界面，直接单击【下一步：撰写信函】按钮。

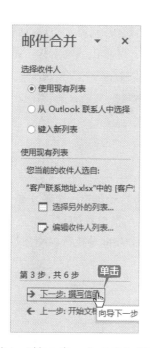

第 10 步 进入【第 4 步，共 6 步】界面，将鼠标指针放在"尊敬的"文本后，然后选择【其他项目】选项。

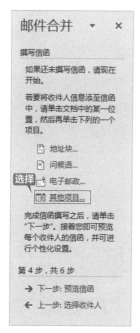

第 11 步 弹出【插入合并域】对话框，在【域】列表框中选择【客户姓名】选项，单击【插入】按钮，然后单击【关闭】按钮。

第 12 步 返回【第 4 步，共 6 步】界面，单击【下一步：预览信函】按钮。

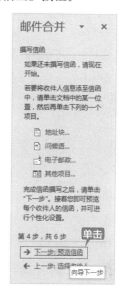

第 13 步 此时，即可在"尊敬的"后面看到插入的姓名。

第 14 步 在【第 5 步，共 6 步】界面直接单击【下一步：完成合并】按钮。

第 15 步 进入【第 6 步，共 6 步】界面，单击【编辑单个信函】选项。

第 16 步 弹出【合并到新文档】对话框，选中【全部】单选项，并单击【确定】按钮。

第 17 步 即可自动创建一个新文档，并且将每一个客户显示在单独的页面中，就完成了使用邮件合并分步向导执行信函合并的操作。

17.2.3 插入合并域

进行邮件合并时，通过插入合并域，可将数据源中需要在主文档显示内容的数据列的标题名称显示在主文档中。完成邮件合并后，Word 会将这些域替换为数据源标题列下方的实际内容。

> **提示**
>
> 插入合并域并不是一个单独的操作，需要在合并数据源后，才能执行该操作。下面仅介绍插入合并域的方法，具体的操作可以参考 15.3.4 小节。

插入合并域时首先需要将鼠标光标定位至要插入合并域的位置，然后单击【邮件】选项卡下【编写和插入域】选项组中【插入合并域】按钮 的下拉按钮，在弹出的下拉列表中选择要插入的合并域选项即可。

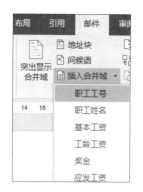

17.2.4 制作工资条

下面以制作工资条为例介绍域与邮件合并的操作。具体操作步骤如下。

第1步 打开随书光盘中的"素材 \ch17\ 工资条 .docx"文档，单击【邮件】选项卡下【开始邮件合并】组中【开始邮件合并】按钮 ，在弹出的下拉列表中选择【普通 Word 文档】选项。

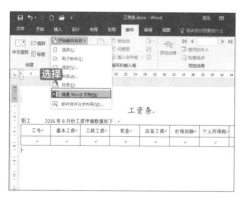

第2步 单击【开始邮件合并】组中【选择收件人】按钮 ，在弹出的下拉列表中选择【使用现有列表】选项。

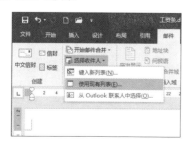

第3步 打开【选取数据源】对话框，选择数据源存放的位置。这里选择随书光盘中的"素材 \ch17\ 工资明细表 .docx"文档，单击【打开】按钮。

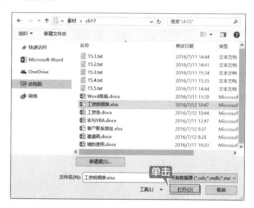

第4步 弹出【选择表格】对话框，选择【工资汇总】选项，单击【确定】按钮。

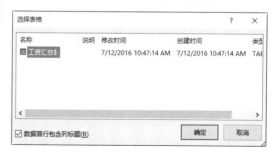

第5步 将鼠标光标定位至"职工"文本后空白的中间位置，单击【邮件】选项卡下【编写和插入域】选项组中【插入合并域】按钮 。

第6步 弹出【插入合并域】对话框，选择【职工姓名】选项，单击【插入】按钮，然后单击【关闭】按钮。

第7步 此时就将职工姓名域插入到鼠标光标所在的位置。

第8步 将鼠标光标定位至表格第2行第1列的单元格中，单击【邮件】选项卡下【编写和插入域】选项组中【插入合并域】按钮的下拉按钮，在弹出的下拉列表中选择【职工工号】选项。

第9步 也可以完成插入合并域的操作，效果如下图所示。

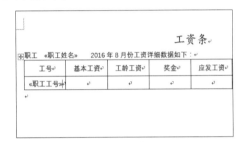

第10步 使用相同的方法插入其他域。

第11步 插入完成，单击【邮件】选项卡下【完成】组中【完成并合并】按钮的下拉按钮，在弹出的下拉列表中选择【编辑单个文档】选项。

第12步 弹出【合并到新文档】对话框。单击选中【全部】单选项，并单击【确定】按钮。

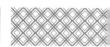

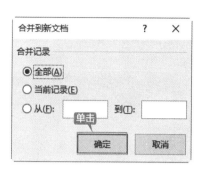

第13步 此时新建了名称为"信函1"的 Word 文档。每个 Word 页面中显示一位员工的工资条详细数据，效果如下图所示。

第14步 每个工资条单独占用一个页面，打印时会浪费资源，可以删除相邻工资条之间的分隔符，使其集中显示并打印，效果如下图所示。

◇ 加载 Word 加载项

通常创建的宏会保存到 Normal 文件中，如果要在新文档中使用已经创建好的宏文件，就可以加载 Word 加载项。具体操作步骤如下。

第1步 单击【开发工具】选项卡下【加载项】选项组中的【Word 加载项】按钮。

第2步 弹出【模板和加载项】对话框。单击【文档模板】组中的【选用】按钮。

第3步 弹出【选用模板】对话框。选择要使用的 Normal 文件，单击【打开】按钮。

第4步 返回【模板和加载项】对话框，然后单击【确定】按钮，就完成了加载 Word 加载项的操作，之后便可以加载宏命令。

第18章
Word 与其他 Office 组件协作

本章导读

在办公过程中，经常会遇到在 Word 文档中使用表格或者需要使用 PPT 展示文档部分内容的情况，这时就可以通过 Office 组件间的协作，方便地进行相互调用，提高工作效率。本章主要介绍 Word 与其他 Office 组件协作的方法。

思维导图

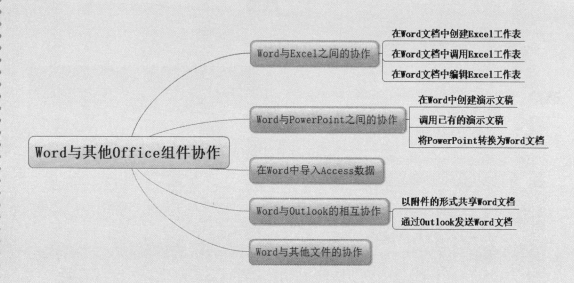

18.1 Word 与 Excel 之间的协作

在 Word 2016 中不仅可以创建 Excel 工作表，还可以直接调用已有的 Excel 工作表，使文档的内容更加清晰，表达的意思更加完整，并能节约大量时间，提高工作效率。

18.1.1 在 Word 文档中创建 Excel 工作表

在 Word 2016 中可以直接创建空白 Excel 工作表，具体操作步骤如下。

第 1 步 新建空白 Word 2016 文档，将其重命名为"创建 Excel 工作表 .docx"。单击【插入】选项卡下【表格】组中【表格】按钮的下拉按钮，在弹出的下拉列表中选择【Excel 电子表格】选项。

第 2 步 即可在 Word 文档中创建一个空白的 Excel 工作表，并进入编辑状态，并且在上方将显示 Excel 2016 的功能区。

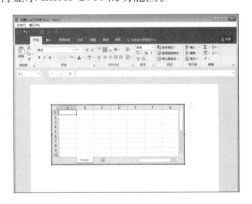

第 3 步 选择 A1 单元格，即可进入单元格的编辑状态，在其中就可以使用编辑 Excel 表格的方法输入内容并设置样式。根据需要在表格中输入内容，效果如下图所示。

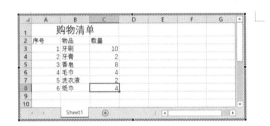

第 4 步 在文档其他位置处单击，就可以结束 Excel 编辑状态，查看创建的 Excel 工作表效果。

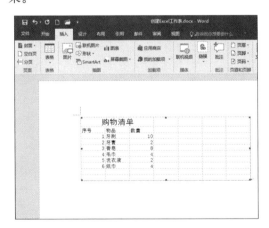

第 5 步 如果需要适当调整 Excel 工作表显示窗口的大小，可以双击工作表，进入工作表编辑状态，然后将鼠标指针放在窗口右下角

的控制点上，按住鼠标左键并拖曳鼠标，即可调整工作表显示窗口的大小。

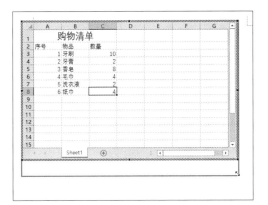

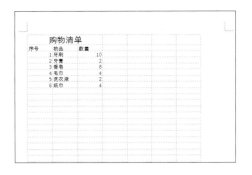

第6步 调整窗口大小后的效果如下图所示。

18.1.2 在 Word 文档中调用 Excel 工作表

除了在 Word 中直接创建 Excel 工作表外，还可以直接调用已有的 Excel 工作表，调用 Excel 工作表的具体操作步骤如下。

第1步 打开随书光盘中的"素材 \ch18\ 调用 Excel 工作表 .docx"文档。

第2步 将鼠标光标定位于文档结尾的位置，单击【插入】选项卡下【文本】选项组中的【对象】按钮□的下拉按钮，在弹出的下拉列表中选择【对象】选项。

第3步 弹出【对象】对话框。单击【由文件创建】

选项卡下的【浏览】按钮。

第4步 弹出【浏览】对话框。选择随书光盘中的"素材 \ch18\ 销售情况表 .xlsx"文档，单击【插入】按钮。

第5步 返回至【对象】对话框，可以看到插入文档的路径，单击【确定】按钮。

第6步 插入工作表后，将其设置为居中对齐，效果如下图所示。

18.1.3 在 Word 文档中编辑 Excel 工作表

调用 Excel 工作表后，可以根据需要编辑 Excel 工作表，如输入新文本、计算数据以及插入美化图表等。在 Word 文档中编辑 Excel 工作表的具体操作步骤如下。

第1步 接 18.1.2 小节的操作，双击插入的 Excel 工作表即可进入编辑状态。

第2步 根据需要适当地调整 Excel 工作表的窗口，并在 G2 单元格中输入"总计"文本。

第3步 将 A1:G1 单元格区域合并，并居中显

示标题，设置标题【字体】为"楷体"，【字号】为"15"，并添加一种底纹颜色，效果如下图所示。

第4步 选择 A2:G8 单元格区域，设置【对齐方式】为"居中"。选择 G3 单元格，单击编辑栏中的【插入函数】按钮 f_x。

第5步 弹出【插入函数】对话框，在【选择函数】列表框中选择【SUM】选项，单击【确定】按钮。

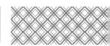

第 9 步 即可完成图表的创建。根据需要调整图表的位置，效果如下图所示。

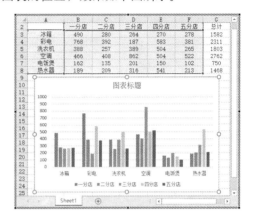

第 10 步 设置图表标题为"各分店销售额"，并添加"数据标签"图表元素，效果如下图所示。

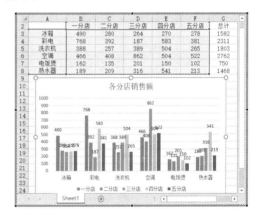

第 11 步 选择创建的图表，单击【设计】选项卡下【图表样式】组中【其他】按钮 ，在弹出的下拉列表中选择"样式 8"选项。

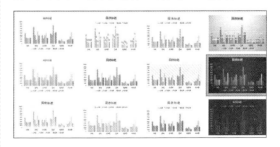

第 12 步 即可看到设置图表样式后的效果。

第 6 步 弹出【函数参数】对话框，设置【Number1】为"B3:F3"，单击【确定】按钮。

第 7 步 即可在 G3 单元格中计算出"冰箱"各分店的总销量。使用填充功能，填充至 G8 单元格，计算出各类电器所有分店的销售额。

第 8 步 选择 A2:F8 单元格区域，单击【插入】选项卡下【图表】组中【插入条形图或柱形图】按钮的下拉按钮，在弹出的下拉列表中选择【二维柱形图】组中的【簇状柱形图】图表样式。

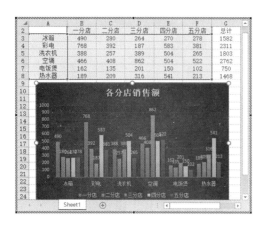

第13步 在其他位置单击，完成在 Word 文档中编辑 Excel 工作表的操作。最终效果如下图所示。

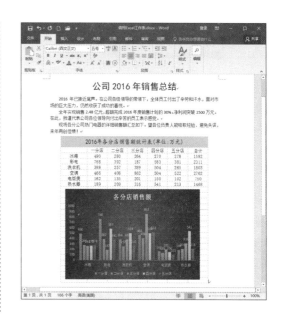

18.2 Word 与 PowerPoint 之间的协作

Word 和 PowerPoint 各自具有鲜明的特点，两者结合使用，会使办公的效率大大增加。

1. 在 Word 中创建演示文稿

在 Word 2016 中插入演示文稿，可以使 Word 文档内容更加生动活泼。插入演示文稿的具体操作步骤如下。

第1步 打开随书光盘中的"素材 \ch18\ 十一旅游计划 .docx"文档。

第2步 将光标定位于"行程规划："文本下方，单击【插入】选项卡下【文本】选项组中的【对象】按钮 □对象。

第3步 弹出【对象】对话框。单击【新建】选项卡下【对象类型】组中的"Microsoft PowerPoint Presentation"选项，单击【确定】按钮。

第4步 即可在文档中新建一个空白的演示文

稿，效果如下图所示。

第 5 步 设置幻灯片的主题样式，在其中输入标题，并新建空白幻灯片页面。

第 6 步 根据需要在幻灯片页面输入内容。

第 7 步 编辑完成演示文稿后，效果如下图所示。

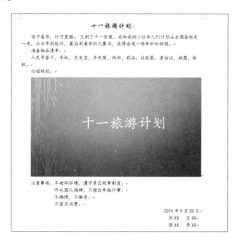

第 8 步 双击新建的演示文稿即可进入放映状态，效果如下图所示。

2. 调用已有的演示文稿

除了直接在 Word 2016 文档中插入新的演示文稿外，还可以根据需要调用已有的演示文稿。具体操作步骤如下。

第 1 步 新建空白 Word 文档。单击【插入】选项卡下【文本】选项组中【对象】按钮的下拉按钮，在弹出的下拉列表中选择【对象】选项。

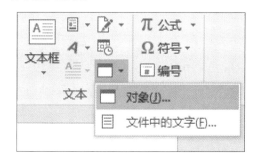

第2步 弹出【对象】对话框。选择【由文件创建】选项卡，单击【文件名】后的【浏览】按钮。

第3步 弹出【浏览】对话框。选择要调用的演示文稿文件，单击【插入】按钮。

第4步 返回【对象】对话框后，单击【确定】按钮。

第5步 即可完成在 Word 2016 中调用已有演示文稿的操作。

第6步 如果要编辑演示文稿，可以在插入的演示文稿上单击鼠标右键，在弹出的快捷菜单中选择【"Presentation"对象】→【编辑】选项，即可开始编辑演示文稿。

第7步 如果要放映调用的演示文稿，可以直接双击插入的演示文稿或者在插入的演示文稿上单击鼠标右键，在弹出的快捷菜单中选择【"Presentation"对象】→【显示】选项即可。

> **提示**
>
> 选择【"Presentation"对象】→【打开】选项，可以使用 PowerPoint 2016 打开插入的演示文稿并进行编辑。选择【"Presentation"对象】→【转换】选项，可以打开【转换】对话框，选择要转换到的类型。

3. 将 PowerPoint 转换为 Word 文档

可以将 PowerPoint 演示文稿中的内容转化到 Word 文档中，以方便阅读、检查和打印。具体操作步骤如下。

第1步 打开随书光盘中的"素材 \ch18\ 产品宣传展示PPT.pptx"演示文稿，选择【文件】选项卡，单击左侧的【导出】选项，在右侧【导出】区域单击【创建讲义】选项下的【创建讲义】按钮。

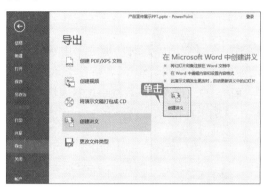

第2步 弹出【发送到 Microsoft Word】对话框，选中【Microsoft Word 使用的版式】组中【空行在幻灯片下】单选项，然后选中【将幻灯片添加到 Microsoft Word 文档】组中的【粘贴】单选项，单击【确定】按钮，即可将演示文稿中的内容转换为 Word 文档。

18.3 在 Word 中导入 Access 数据

Word 2016 可以将 Access 数据库中的表和查询添加到 Word 文档中，但由于导入 Access 数据库的命令不显示在 Word 界面，首先需要在 Word 2016 界面添加该命令。在 Word 2016 界面添加 Access 数据库的命令及在 word 2016 中导入 Access 数据库的具体操作步骤如下。

第1步 启动 Word 2016，单击【快速访问工具栏】后的【自定义快速访问工具栏】按钮，在弹出的下拉列表中选择【其他命令】选项。

第2步 弹出【Word选项】对话框，在右侧的【从下列位置选择命令】下拉列表中选择"不在功能区中的命令"选项，在下方的列表框中

选择【插入数据库】选项，单击【添加】按钮将其添加到右侧【自定义快速访问工具栏】列表框中，然后单击【确定】按钮。

第3步 即可将【插入数据库】按钮添加至快速访问工具栏中，单击该按钮。

第4步 打开【数据库】对话框，单击【数据源】组中的【获取数据】按钮。

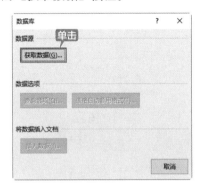

第5步 打开【选取数据源】对话框，选择要导入的 Access 数据库文件，单击【打开】按钮。

第6步 返回【数据库】对话框，即可看到添加的数据库文件。单击【查询选项】按钮。

第7步 弹出【查询选项】对话框，在其中可以设置筛选记录、排序记录或者选择域。如果要保持默认，可以直接单击【确定】按钮。

第8步 在【数据库】对话框中单击【表格自动套用格式】按钮，弹出【表格自动套用格式】对话框，在【格式】列表框中选择表格格式，单击【确定】按钮。

第9步 返回【数据库】对话框，单击【插入数据】按钮，弹出【插入数据】对话框，单击选中【全部】单选项和【将数据作为域插入】复选框，单击【确定】按钮。

第10步 即可将 Access 数据导入 Word 2016 文档中，效果如下图所示。

ID	姓名	住址	手机号码	座机号码
1	张 XX	北京	13800000000	11111111
2	刘 XX	上海	13811111111	22222222
3	吴 XX	广州	13822222222	33333333
4	吕 XX	南京	13833333333	44444444
5	朱 XX	天津	13844444444	55555555
6	马 XX	重庆	13855555555	11112222

> **提示**
>
> 在 Word 文档中，数据库表格能够像 Word 中的表格那样直接进行编辑处理，如添加行列、更改表中数据或设置文字格式等。

18.4 Word 与 Outlook 的相互协作

Word 文档编辑完成后，可以直接通过电子邮件附件的形式将文档发送给其他用户。本节就来介绍 Word 与 Outlook 的相互协作。

1. 以附件的形式共享 Word 文档

可以直接通过 Word 2016 的共享功能，将 Word 文档通过电子邮件以附件、连接、PDF、XPS 或 Internet 传真的形式发送给其他用户。下面以通过附件发送为例介绍，具体操作步骤如下。

第 1 步 打开随书光盘中的"素材 \ch18\ 公司奖惩制度 .docx"文档，选择【文件】选项卡下的【共享】选项，在右侧的【共享】区域选择【电子邮件】选项，并单击【作为附件发送】按钮。

第 2 步 弹出 Outlook 2016 的【邮件】界面。在【收件人】文本框中输入收件人的邮箱地址，并在下方输入其他相关内容。单击【发送】按钮，即可将 Word 文档以附件的形式发送给其他用户。

2. 通过 Outlook 发送 Word 文档

在 Outlook 的邮件界面中可以将 Word 文档以附件的形式插入到要发送的邮件中，也可以直接调用并编辑 Word 文档。通过邮件调用并编辑 Word 文档的具体操作步骤如下。

第 1 步 启动 Outlook 软件，单击【开始】选项卡下【新建】组中的【新建电子邮件】按钮。

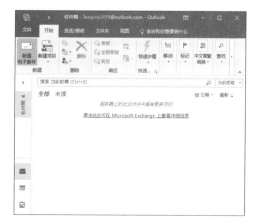

第2步 弹出【邮件】界面。将鼠标光标定位至内容区域，单击【插入】选项卡下【文本】组中的【对象】按钮 对象。

| 提示 |

　　如果要以附件的形式发送 Word 文档，可以单击【插入】选项卡下【添加】组中的【附加文件】按钮，在弹出的下拉列表中选择【浏览此电脑】选项，然后选择要发送的 Word 文档。

第3步 弹出【对象】对话框，选择【由文件创建】选项卡，单击【文件名】后的【浏览】按钮。

| 提示 |

　　在【新建】选项卡下可以选择要新建的文档类型，新建空白文档。

第4步 弹出【浏览】对话框，选择要调用的 Word 文档文件，单击【插入】按钮。

第5步 返回【对象】对话框后，单击【确定】按钮。

第6步 即可完成在调用已有 Word 2016 文档的操作，效果如下图所示。之后用户就可以根据需要编辑文档。

第7步 编辑完成后，输入收件人邮箱地址及主题，单击【发送】按钮即可。

18.5 Word 与其他文件的协作

Word 除了可与 Office 组件中的 Excel、PowerPoint、Outlook、Access 等组件进行协作外，还可以与 PDF、文本文档、网页等文件协作。它们的操作比较简单，可以直接使用 Word 打开这些文件并进行编辑保存。下面以 Word 与文本文档协作为例介绍，具体操作步骤如下。

第1步 选择要打开的文本文档，并单击鼠标右键，在弹出的快捷菜单中选择【打开方式】→【Word】选项，或者直接将文本文档拖曳到 Word 2016 窗口的标题栏上。

第2步 弹出【文件转换 – 奖惩条例 .txt】对话框，单击选中【Windows（默认）】单选项，单击【确定】按钮。

第3步 即可使用 Word 2016 打开文本文档。在其中可以根据需要编辑文档样式。

提示

编辑文档后，可以将其保存为文本文档格式，也可以将其另存为 Word 文档格式。

◇ 将 PDF 转换成 Word

不仅可以将 Word 文档以 PDF 的形式保存，还可以将已有的 PDF 文档在 Word 2016 中打开并编辑，然后将其转换为 Word 格式。具体操作步骤如下。

第1步 选择要打开的 PDF 文档，并单击鼠标右键，在弹出的快捷菜单中选择【打开方式】→【Word】选项，或者直接将 PDF 文档拖曳到 Word 2016 窗口的标题栏上。

第2步 弹出【Microsoft Word】提示框，直接单击【确定】按钮。

第3步 即可使用 Word 2016 打开 PDF 文档。

第4步 如果要将打开的文档转换为 Word 格式，只需要选择【文件】→【另存为】→【此电脑】→【浏览】命令。打开【另存为】对话框，选择存储位置，单击【保存类型】后的下拉按钮，选择【Word 文档（*.docx）】选项，单击【保存】按钮，就完成了将 PDF 转换成 Word 的操作。

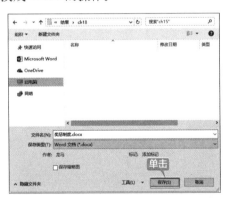

◇ 取消 Word 文档中的所有超链接

文档中包含超链接会影响文档的编辑效果，因此，文档最终编辑完成后，可以取消 Word 文档中的所有超链接。下面介绍几种快速取消 Word 文档中的所有超链接的方法。

方法 1：使用快捷键。

使用快捷键取消文档中所有超链接是最直接、最快速的方法。具体操作步骤如下。

第1步 打开随书光盘中的"素材 \ch18\ 礼仪培训资料 .docx"文档，其中就包含了一些超链接文本。

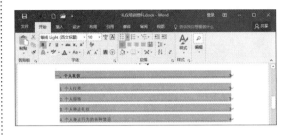

第2步 按【Ctrl+A】组合键选择所有文本，然后按【Ctrl+Shift+F9】组合键，即可快速取消文档中的所有超链接。

方法 2：通过 TXT 文档中转。

选择并复制所有 Word 文档中的内容，将其粘贴至 TXT 文档中，TXT 文档中的文本内容就不包含超链接了，之后只需要再次将 TXT 文档中的内容粘贴至 Word 文档中即可。

方法 3：使用选择性粘贴功能。

使用选择性粘贴功能也可以快速取消文档中包含的所有超链接。复制所有的文档内容，在要粘贴到的文档中单击【开始】选项卡下【剪贴板】组中【粘贴】按钮的下拉按钮，在弹出的下拉列表中选择【选择性粘贴】选项，弹出【选择性粘贴】对话框，选择【粘贴】单选项，在【形式】列表框中选择【无格式文本】选项，单击【确定】按钮，即可将选择的文本粘贴为无格式的文本，也就取消了 Word 文档中的所有超链接。

第19章

Office 的跨平台应用
——移动办公

本章导读

在移动设备可以使用 Office 软件实现随时随地办公，轻轻松松甩掉繁重的工作。本章介绍认识移动办公、在手机中处理邮件、使用手机 QQ 协助办公、使用手机处理办公文档等内容。

思维导图

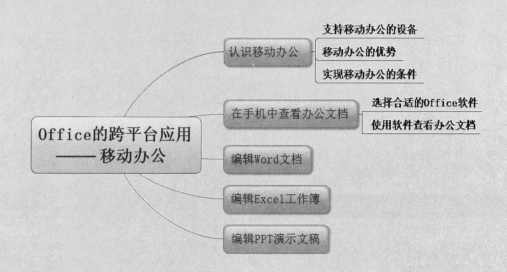

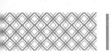

19.1 认识移动办公

移动办公也可称为"3A办公"，即办公人员可在任何时间（Anytime）、任何地点（Anywhere），处理与业务相关的任何事情（Anything）。这种全新的办公模式，可以让办公人员摆脱时间和空间的束缚，随时进行随身化的公司管理和沟通，有效提高效率，推动企业效益增长。

1. 支持移动办公的设备

（1）手持设备。支持 Android、iOS、Windows Phone、Symbian 及 BlackBerry OS 等操作系统的智能手机、平板电脑等都可以实现移动办公，如 iPhone、iPad、三星智能手机、华为手机等。

（2）超极本。集成了平板电脑和 PC 电脑的优势，携带更轻便，操作更灵活，功能更强大。

2. 移动办公的优势

（1）操作便利简单。移动办公只需要一部智能手机或者平板电脑，操作简单、便于携带，并且不受地域限制。

（2）处理事务高效快捷。使用移动办公，无论出差在外，还是正在上下班的路上，都可以及时处理办公事务，能够有效地利用时间，提高工作效率。

（3）功能强大且灵活。信息产品的发展以及移动通信网络的日益优化，使很多原来需要在电脑上处理的工作都可以通过移动办公的手机终端来完成。同时，针对不同行业领域的业务需求，可以对移动办公进行专业的定制开发，可以灵活多变地根据自身需求自由设计移动办公的功能。

3. 实现移动办公的条件

（1）便携的设备。要想实现移动办公，首先需要有支持移动办公的设备。

（2）网络支持。收发邮件、共享文档等很多操作都需要在连接网络的情况下进行，所以网络的支持必不可少。目前最常用的网络有 3G 网络、4G 网络及 Wi-Fi 无线网络等。

19.2 在手机中查看办公文档

在手机中可以使用软件查看并编辑办公文档，并可以把编辑完成的文档分享给其他人，可以节省办公时间，随时随地办公。

19.2.1 选择合适的 Office 软件

随着移动办公的普遍，越来越多的移动版 Office 办公软件也应运而生，最为常用的有微软 Office 365 移动版、金山 WPS Office 移动版及苹果 iWork 办公套件。本节主要介绍以下 3 款移动版 Office 办公软件。

（1）微软 Office 365 移动版。

Office 365 移动版是微软公司推出的一款移动办公软件，包含了 Word、Excel、PowerPoint 3 款独立应用程序，支持装有 Android、iOS 和 Windows 操作系统的智能手机和平板电脑使用。

Office 365 移动版办公软件，用户可以免费查看、编辑、打印和共享 Word、Excel 和 PowerPoint 文档。不过，如果使用高级编辑功能就需要付费升级 Office 365，这样用户可以在任何设备安装 Office 套件，包括电脑和 iMac，还可以获取 1TB 的 OneDrive 联机存储空间及软件的高级编辑功能。

Office 365 移动版与 Office 2016 办公套件相比，在界面上有很大不同，但其使用方法及功能实现是相同的，因此熟悉电脑版 Office 的用户可以很快上手移动版。

（2）金山 WPS Office 移动版。

WPS Office 是金山软件公司推出的一款办公软件，对个人用户永久免费，支持跨平台的应用。

WPS Office 移动版内置文字 Writer、演示 Presentation、表格 Spreadsheets 和 PDF 阅读器四大组件，支持本地和在线存储的查看和编辑，用户可以用 QQ 账号、WPS 账号、小米账号或者微博账号登录，开启云同步服务，对云存储上的文件进行快速查看及编辑、文档同步、保存及分享等。下图即为 WPS

Office 中表格界面。

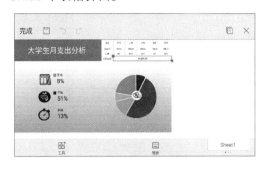

（3）苹果 iWork 办公套件。

iWork 是苹果公司为 OS X 以及 iOS 操作系统开发的办公软件，并免费提供给苹果设备的用户。

iWork 包含 Pages、Numbers 和 Keynote 3 个组件。Pages 是文字处理工具，Numbers 是电子表格工具，Keynote 是演示文稿工具，分别兼容 Office 的三大组件。iWork 同样支持在线存储 、共享等，方便用户移动办公。下图即为 Numbers 界面。

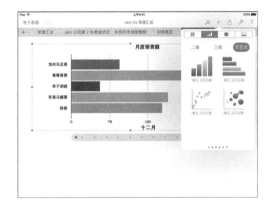

19.2.2 使用软件查看办公文档

下载使用手机软件可以在手机中随时随地查看办公文档，节约办公时间，具有即时即事的特点。具体操作步骤如下。

第1步 在 Excel 程序主界面中，单击【打开】→【此设备】选项，然后选择 Excel 文档所在的文件夹。

单击要打开的工作簿名称，即可打开该工作簿。

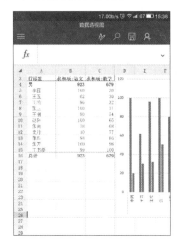

也可以在手机文件管理器中，找到存储的 Excel 工作簿，直接单击打开。

19.3 编辑 Word 文档

移动信息产品的快速发展，移动通信网络的普及，使人们只需要一部智能手机或者平板电脑就可以随时随地进行办公，使得工作更简单、更方便。本节以支持 Android 手机的 Microsoft Word 为例，介绍如何在手机上编辑 Word 文档。具体操作步骤如下。

第1步 下载并安装 Microsoft Word 软件。将随书光盘中的"素材 \ch19\ 公司年度报告 .docx"文档通过微信或QQ发送至手机中，在手机中接收该文件后，单击该文件并选择打开的方式。这里使用 Microsoft Word 打开该文档。

第2步 打开文档后，单击界面上方的 按钮，全屏显示文档，然后单击【编辑】按钮，进入文档编辑状态。选择标题文本，单击【开始】面板中的【倾斜】按钮，使标题以斜体显示。

第3步 单击【突出显示】按钮，可自动为标题添加底纹，突出显示标题。

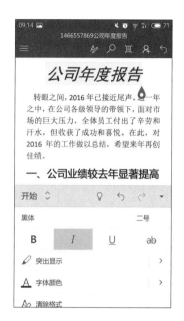

第4步 单击【开始】面板，在打开的列表中选择【插入】选项，切换至【插入】面板，在【插入】面板选择要插入表格的位置，单击【表格】按钮。

第5步 完成表格的插入。单击 ▼ 按钮，隐藏【插入】面板。选择插入的表格，在弹出的输入面板中输入表格内容。

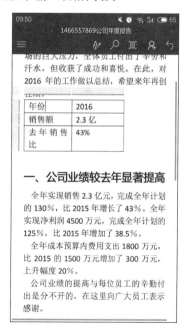

第6步 再次单击【编辑】按钮 ，进入编辑状态，选择【表格样式】选项，在弹出的【表格样式】列表中选择一种表格样式。

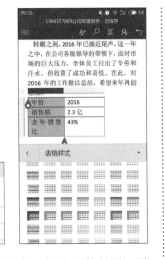

辑完成，单击【保存】按钮即可完成文档的修改。

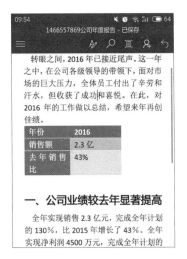

第 7 步 即可看到设置表格样式后的效果。编

19.4 编辑 Excel 工作簿

本节以支持 Android 手机的 Microsoft Excel 为例，介绍如何在手机上制作销售报表。

第 1 步 下载并安装 Microsoft Excel 软件，将 "素材 \ch19\ 自行车 .xlsx" 文档存入电脑的 OneDrive 文件夹中，同步完成后，在手机中使用同一账号登录并打开 OneDrive，单击 "自行车 .xlsx" 文档，即可使用 Microsoft Excel 打开该工作簿。选择 D2 单元格，单击【插入函数】按钮 f_x，输入 "="，然后折叠选择函数面板。

第 2 步 按 C2 单元格，并输入 "*"，然后再按 B2 单元格，单击 ✓ 按钮，即可得出计算结果。使用同样的方法计算其他单元格的结果。

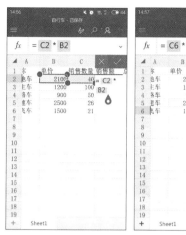

按钮。在底部弹出的功能区选择【插入】
→【图表】→【柱形图】按钮，选择插入的
图表类型和样式，即可插入图表。

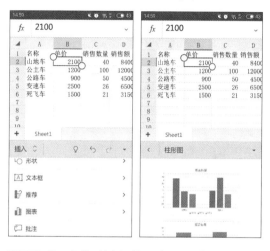

第3步 选中 E2 单元格，单击【编辑】按钮
，在打开的面板中选择【公式】选项，选
择【自动求和】公式，并选择要计算的单元
格区域，单击 按钮，即可得出总销售额。

第5步 即可看到插入的图表。用户可以根据
需求调整图表的位置和大小。

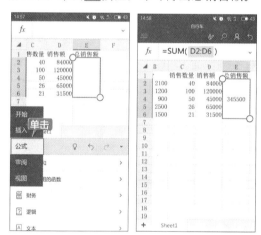

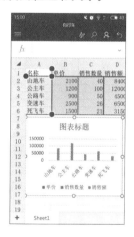

第4步 选择任意一个单元格，单击【编辑】

19.5 编辑 PPT 演示文稿

本节以支持 Android 手机的 Microsoft PowerPoint 为例，介绍如何在手机上编辑 PPT。

第1步 将随书光盘中的"素材 \ch19\ 公司业绩分析 .docx"文档通过微信或 QQ 发送至手机中，
在手机中接收该文件后，单击该文件并选择打开的方式。这里使用 Microsoft PowerPoint 软件
打开该文档。

第2步 在打开的面板中选择【设计】选项，在打开的【设计】面板中单击【主题】按钮，在弹出的列表中选择【红利】选项。

第3步 为演示文稿应用新主题的效果如下图所示。

第4步 单击屏幕右下方的【新建】按钮 ⊞，新建幻灯片页面，然后删除其中的文本占位符。

第5步 再次单击【编辑】按钮 ，进入文档编辑状态，选择【插入】选项，打开【插入】面板，单击【图片】选项，选择图片。

第 6 步 在打开的【图片】面板中，单击【照片】按钮，弹出【选择图片】面板，选择【图库】选项卡，选择【微信】选项。

第 7 步 选中图片并单击【确定】按钮，即可插入需要的照片。还可以对图片进行样式、裁剪、旋转以及移动等操作。编辑完成，即可看到编辑图片后的效果。

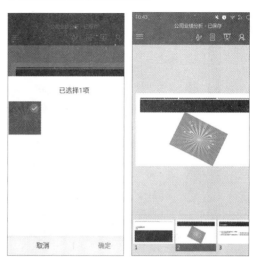

第 8 步 完成演示文稿的编辑后，单击顶部的【分享】按钮 👤，在弹出的【作为附件分享】界面选择共享的格式。这里我们选择"演示文稿"选项。

第 9 步 在弹出的【作为附件共享】面板中，可以看到许多共享方式，这里选择微信方式。

第 10 步 单击【发送给朋友】按钮，打开【选择】面板，在面板中选择要分享文档的好友。

在打开的面板中单击【分享】按钮，即可把办公文档分享给选中的好友。

◇ 用手机 QQ 打印办公文档

如今手机办公越来越便利，随时随地都可以处理文档和图片等，在这种情况下，可否将编辑好的 Excel 文档，直接通过手机连接打印机进行打印呢？

一般较为常用的方法有两种。一种是手机和打印机同时连接同一个网络，在手机和电脑端分别安装打印机共享软件，实现打印机的共享，这样的软件有打印工场、打印助手等；另一种是通过账号进行打印，则不囿于局域网的限制，但是仍需要手机和电脑联网，安装软件通过账号访问电脑端打印机进行打印，最为常用的就是 QQ。

本技巧就以 QQ 为例，前提是需要手机端和电脑端同时登录 QQ，且电脑端已正确安装打印机及驱动程序。具体操作步骤如下。

第 1 步 登录手机 QQ，进入【联系人】界面，单击【我的设备】分组下的【我的打印机】选项。

第2步 进入【我的打印机】界面。单击【打印文件】或【打印照片】按钮，可添加想打印的文件和照片。

第3步 如单击【打印文件】按钮，则显示【最近文件】界面，用户可选择最近手机访问的文件进行打印。

第4步 如最近文件列表中没有要打印的文件，则单击【全部文件】按钮，选择手机中要打印的文件，单击【确定】按钮。

第5步 进入【打印选项】界面，可以选择要使用的打印机、打印的份数、是否双面，设置后，单击【打印】按钮。

第6步 返回【我的打印机】界面，即会将该文件发送到打印机进行打印输出。

◇ 使用语音输入提高在手机上的打字效率

在手机中输入文字可以使用打字输入，也可以手写输入，但通常输入都较慢，使用语音输入可以提高在手机上的打字效率。本节以搜狗输入法为例介绍语音输入。

第1步 在手机上打开"便签"界面，即可弹出搜狗输入法的输入面板。

第2步 在输入法面板上长按【空格】按钮 ，出现【说话中】面板后即可进行语音输入。输入完成后，即可在面板中显示输入的文字。